Pero Mićić
Bright Future Business

Wir übernehmen Verantwortung! Ökologisch und sozial!

- Verzicht auf Plastik: kein Einschweißen der Bücher in Folie
- Nachhaltige Produktion: Verwendung von Papier aus nachhaltig bewirtschafteten Wäldern, PEFC-zertifiziert
- Stärkung des Wirtschaftsstandorts Deutschland: Herstellung und Druck in Deutschland

Pero Mićić

Bright Future Business

So machen Sie Ihr Unternehmen jetzt zukunftssicher

Bibliografische Information der Deutschen Nationalbibliothek

Die Deutsche Nationalbibliothek verzeichnet diese Publikation
in der Deutschen Nationalbibliografie; detaillierte bibliografische Daten
sind im Internet über http://dnb.d-nb.de abrufbar.

ISBN 978-3-96739-109-1

Lektorat: Susanne von Ahn, Hasloh
Umschlaggestaltung: total italic (Thierry Wijnberg), Amsterdam / Berlin
Umschlagbild und Grafiken: Helen Penava, Hi&Lo GmbH | www.hilo-agency.de
Autorenfoto: FutureManagementGroup AG
Satz und Layout: Das Herstellungsbüro, Hamburg | www.buch-herstellungsbuero.de
Druck und Bindung: Salzland Druck, Staßfurt

www.gabal-verlag.de
www.gabal-magazin.de
www.facebook.com/Gabalbuecher
www.twitter.com/gabalbuecher
www.instagram.com/gabalbuecher

PEFC zertifiziert
Dieses Produkt stammt aus nachhaltig
bewirtschafteten Wäldern und kontrollierten
Quellen.

PEFC
PEFC/04-31-2261

www.pefc.de

Inhalt

1. Zukunftsfreude gegen Zukunftsangst

1.1. Have A Bright Future!

Have a bright future! Mögen Sie eine glänzende Zukunft haben! Mit diesem Gruß und Wunsch habe ich seit den 1990er-Jahren viele meiner Mails, Publikationen und Vorträge beendet. Wir alle kennen dieses Gefühl der Vorfreude auf die Zukunft. Ob es die Freude auf einen schulischen oder beruflichen Abschluss ist, den kommenden Urlaub, das Abitur der Tochter, die neue Wohnung, den neuen Job oder das neue Unternehmen. Wie geht es Menschen, die sich auf etwas in der Zukunft Liegendes freuen? Es geht ihnen gut. Sie leisten mehr, sie sind glücklicher, gesünder und sie leben sogar länger. Sie entscheiden zukunftsintelligenter. Und sie sind in ihrem Verhalten angenehmer für ihre Mitmenschen. Jeder Mensch hat das Recht, immer eine positive Zukunft vor sich zu sehen. Mit Zukunftsfreude überwinden Sie Zukunftsangst. Und Sie können sich selbst, Ihre Familie, Ihr Team und Ihr Unternehmen mit minimalem Aufwand deutlich stärker und erfolgreicher machen.

In diesem Buch will ich mit Ihnen eine gemeinsame Erkenntnisreise machen. Hin zum Kern des Unternehmertums. Zu wirksamer Führung durch mehr Zukunftsintelligenz, zu mehr Erfolg, Sicherheit und Freude – zu einer glänzenden Zukunft.

1.2. Für die nächste Generation

»Ich bin als Unternehmer der Treuhänder für die nächste Generation.« So sagt es Johannes Winklhofer, Familienunternehmer und Vorstand der iwis SE & Co. KG mit Hauptsitz in München[1]. Iwis hat weltweit rund 3.000 Mitarbeiter und ist unter der Führung von Johannes Winklhofer um ein Vielfaches erfolgreich gewachsen. Wir haben 2009 erstmals für neue Geschäftsfelder zusammengearbeitet.

Johannes Winklhofer hat wie kaum ein anderer mir bekannter Unternehmer bewiesen, dass Kontinuität und Innovation sich nicht ausschließen. Im Gegenteil. Als er im Jahr 1999 das Unternehmen von seinem Vater übernahm, machte es rund 80 Millionen Euro Jahresumsatz. Es wurden nur Kunden im Umkreis von 200 Kilometern bedient. Bis 2022 ist das Unternehmen auf 740 Millionen Euro Umsatz gewachsen und hat eigene produzierende Standorte in den USA und China. »Megatrends, darum musst du dich selbst kümmern«, empfiehlt Winklhofer jedem Unternehmer. Dass die Elektromobilität kommt, war ihm schon 2002 klar. Lange vor dem Rest der Automobil-Manager hat er die Signale erkannt. Nur wann und wie schnell diese Transformation kommen würde, war noch offen. Als er das Ruder übernahm, hingen 85 Prozent des Umsatzes von Teilen für Verbrennungsantriebe ab. Heute sind es nur noch 30 Prozent. Iwis verdiente damals gutes Geld mit Steuertrieben, den Ketten, die die Kurbel- und Nockenwelle wie auch die Ventile eines Verbrennungsmotors im Gleichtakt halten. Gegen heftige Widerstände aus Familie und Belegschaft brach er zu neuen Horizonten auf und erschloss für iwis neue Geschäftsfelder. Aus seinem Zukunftsbild bezog er seine innere Gewissheit, auf dem richtigen Weg zu sein. Er war sicher, dass er das angestammte Geschäft infrage stellen und Alternativen dafür schaffen musste, bevor es technologisch disruptiert und iwis daran scheitern würde. Mittlerweile wird die Entwicklung von iwis von mehreren Trends getragen. Iwis hat neue Geschäftsfelder in der Ernährungsindustrie, der Logistik und folgerichtig auch in intelligenter Mobilität erschlossen. Johannes Winklhofer ist sicher: »Diejenigen Unternehmen sind zukunftssicher, die die frühen schwachen Signale am Markt erkennen und verstehen und ihr Geschäft daraufhin weiterentwickeln.«

Johannes Winklhofer führt sein Unternehmen mit einem Zeithorizont von dreißig Jahren. Kontinuität ist ein entscheidender Faktor für Zukunftsorientierung. Denn wem bewusst ist, dass er die Folgen seiner heutigen Entscheidungen mit höchster Wahrscheinlichkeit auch selbst genießen oder ausbaden muss, wird im Hier und Jetzt zukunftsintelligent denken, entscheiden und handeln. Solche Leader haben »Skin in the Game«, wie man im Englischen sagt. Sie setzen ihre eigene Haut aufs Spiel. In Familienunternehmen ist die Zukunftsorientierung praktisch per Definition eingebaut. Denn die Zukunft des Unternehmens sitzt meist morgens mit am Frühstückstisch. Die Zukunft ist in Gestalt der nächsten Generation von Töchtern, Söhnen und Neffen immer personifiziert präsent.

Im Gesellschaftsvertrag von iwis und der Familienverfassung der Winklhofers ist festgelegt, dass jede Generation Treuhänder für die nächste Generation ist. Das Unternehmen darf nicht verkauft werden. Erst ab einer Eigenkapitalquote von 65 Prozent dürfen Gewinne ausgeschüttet werden. »Als Unternehmer weiß ich natürlich, wie ich eine Eigenkapitalquote von 65 Prozent verhindern kann«, sagt Winklhofer mit einem Augenzwinkern.

Ob iwis zukunftssicher ist, habe ich Johannes Winklhofer gefragt. Wenn er iwis an die nächste Generation übergibt, wird iwis ein zukunftssicheres Unternehmen sein, sagt er. Aber Zukunftssicherheit ist kein dauerhafter Zustand. Man muss sie sich praktisch täglich neu erarbeiten. »Wir haben den Ersten und den Zweiten Weltkrieg überstanden, die Kriege in Vietnam und Korea, die Ölkrise, die Finanzkrise, Corona und jetzt auch noch Putin. Wir sind auf entscheidende Megatrends ausgerichtet. Wir haben eine klare Mission und Vision. Wir verbessern das Leben vieler Menschen, beispielsweise in der Ernährungsindustrie. Und wir haben gelernt, schnell zu entscheiden und agil umzusetzen«, resümiert Winklhofer die Situation von iwis.

Unternehmer[2] wie Johannes Winklhofer mit iwis motivieren mein Team und mich immer wieder aufs Neue. Sie beweisen in der harten Wirklichkeit der Wirtschaft, dass Zukunftsmanagement heute der zentrale Erfolgsfaktor ist. Der bewusste Umgang mit den Zukunftsgedanken der Unternehmer und aller Mitarbeiter im Unternehmen hilft, Bedrohungen zu erkennen, solange sie noch klein sind, und Chancen frühzeitig zu identifizieren, wenn sie noch groß sind.

Die Zukunftsannahmen muss ein Unternehmen immer wieder prüfen und anpassen. Es muss sich eine motivierende und robuste Mission als Existenzberechtigung geben. Mit einer intelligenten Positionierung lässt es sich zu einem einzigartigen Anbieter machen und mit dem Team eine anziehende Vision verfolgen. Oder kurz:

> **Es gilt, das Team und das Unternehmen mit Zukunftsintelligenz in eine glänzende Zukunft zu führen.**

Gibt es überhaupt berechtigte Hoffnung, dass die Zukunft der Menschheit gut oder gar glänzend wird? Oder haben die Zukunftszyniker recht, die in allen Fortschritten nur verdeckte Rückschritte sehen?

1.3. Zum Scheitern verurteilt?

In den vergangenen Jahrzehnten haben wir als Menschheit enorme Fortschritte erzielt. Wir haben den Hunger halbiert, Krankheiten ausgerottet, Unfalltote und Opfer von Gewaltverbrechen reduziert. Man könnte sagen, dass früher fast alles schlechter war. Also alles gut? Leider nein. Unsere gute Zukunft ist bei Weitem nicht garantiert. Wir sind noch lange nicht in der Lage, den Gesamtausstoß an klimaschädlichen Gasen wie Kohlendioxid und dem 25-mal schädlicheren Methan wirksam zu reduzieren. Wir haben unseren Beitrag zum Klimawandel nicht im Griff und laufen Gefahr, dass viele Regionen der Erde durch Hitze und steigende Meeresspiegel unbewohnbar werden. Hunderte Millionen Menschen werden aus ihrer Heimat flüchten müssen und natürlich selten in Scharen willkommen sein. Dramatische Probleme und tödliche Konflikte werden die Folge sein.

Die verfügbare landwirtschaftliche Fläche wird nach heutigen Maßstäben stark schrumpfen. Sie hat heute schon ein Maximum erreicht. Die stark gesteigerten Ernteerträge haben wir teilweise mit hoher Bodenbelastung erkauft. Wir konnten zwar den Hunger halbieren, aber Armut, Hunger und Durst gibt es immer noch. Und drei Milliarden Menschen können sich keine gesunde Ernährung leisten.

Wir holzen die Wälder weiter ab, wenn auch in geringerem Tempo. Ständig verkleinern wir die Lunge der Erde und machen unsere Emissionen noch schädlicher. Kunststoffabfälle in den Ozeanen haben ein unvorstellbares Ausmaß angenommen.

Unser Finanz- und Währungssystem ist instabil. Es gibt Schuldenberge, die niemals mehr beglichen werden können. Schulden, die praktisch nur durch Inflation in realem Wert abgebaut werden können. Zwar wächst der Wohlstand weltweit, jedoch hatten Hunderte Millionen Arbeitnehmer mit geringen und mittleren Qualifikationen in sehr vielen Ländern seit Jahrzehnten keinen Zuwachs an realem Einkommen, während die Einkommen aus Kapitalvermögen exponentiell zunahmen.

Die sozialen Medien, allen voran Facebook, Twitter, Youtube und Telegram, haben das Gegenteil von dem bewirkt, was man zu Beginn von ihnen erwartet hatte. Wir hofften, dass die Vielfalt der Perspektiven und Meinungen zu einem besseren Verständnis der Welt und somit zu mehr Objektivität führen würde. Tatsächlich führten die sozialen Medien zu einem ungekannten Maß an unabsichtlicher Fehlinformation und gezielter Falschinformation, darauf aufbauend zu einer Flut von Verschwörungsideologien wie dem absurden QAnon-Kult. Ohne Facebook hätte es vermutlich keinen Brexit und keinen Präsidenten Donald Trump gegeben. Russische und andere Akteure haben es darauf abgesehen, die demokratischen Gesellschaften durch soziale Konflikte zu schwächen[3]. Die menschliche Psyche ist offensichtlich sehr anfällig dafür, in die Irre geführt zu werden. Wir entscheiden uns emotional für eine Sicht auf die Welt und suchen und finden dann die »Informationen«, die unsere Meinung bestätigen. – Und sortieren aus, was unserer Weltsicht widerspricht. Das bringt manche Mitmenschen dazu, allen Ernstes zu glauben, dass Hunderte Regierungen weltweit sich bis ins Detail abgesprochen haben, um die Menschheit zu unterdrücken, Bevölkerungen auszutauschen oder gar gleich zu dezimieren. Und das, wo sich noch nicht einmal ein Dutzend Minister einer einzigen Regierung auf eine gemeinsame Linie einigen können. Wir leben in einer postfaktischen Zeit.

Viel Vertrauen ist verloren gegangen. Das Vertrauen in Regierungen ist über Jahrzehnte gesunken. Das Vertrauen in Mitmenschen ebenso, vor allem in den letzten zwanzig Jahren.

Eines meiner Prinzipien ist, dem anderen zunächst immer positive Absichten zu unterstellen. Danach gefragt, kann sich kaum ein Mensch erinnern, wann er zum letzten Mal etwas aus wirklich böser Absicht getan hat. Aber dennoch werden den Mitmenschen und vorzugsweise den Politikern und Managern in jeder Handlung schlechte Absichten zugetraut. Über Jahrhunderte nahm der Anteil der einigermaßen demokratisch regierten Menschen auf der Erde immer weiter zu. Seit einigen Jahren hat sich dieser Trend umgekehrt. Nicht nur haben Autokraten und Diktatoren wieder mehr Macht an sich gerissen, es passiert sogar das lange Unvorstellbare: Ein wachsender Teil der Menschen wünscht sich und wählt wieder autoritäre Führer. Selbst dann, wenn ihre massiven charakterlichen Defizite so offensichtlich sind wie bei Donald Trump. Manchen ist alles recht, nur um das Establishment oder den vermeintlichen »Deep State« zu zerstören.

Schon diese wenigen Beispiele machen offensichtlich, wie zahlreich und groß die ökologischen, ökonomischen und sozialen Probleme weltweit sind. Kein Wunder, dass mich manche Menschen ungläubig bis mitleidig ansehen, wenn ich ihnen »Have a bright future!« zurufe. Was macht mich trotz allem vorsichtig optimistisch?

1.4. Gesellschaft am Scheideweg

Wie soll eine zerstrittene, ideologisch polarisierte Menschheit all diese Probleme lösen? Es gibt doch Gründe dafür, dass bisher noch alle großen Kulturen seit Uruk irgendwann zusammengebrochen sind. Einer der entscheidenden Gründe war, dass man versuchte, das bestehende System mit »mehr vom Gleichen« zu bewahren. Die Zivilisationen haben sich über die gesamte Geschichte nicht damit hervorgetan, dass sie schnell genug umlernen, neu denken und neu gestalten konnten. Sind unsere vielen selbst gemachten Krisen somit die Vorboten des unvermeidlichen Niedergangs? Haben wir den Höhepunkt unserer Zivilisation gesehen? Wird ab jetzt die Welt nur noch schlechter?

Wir können leider nicht ausschließen, dass wir scheitern. Wenn wir in die Geschichte schauen, stehen die Chancen schlecht, dass ausgerechnet wir es besser machen als die früheren Kulturen. Es ist in unserer Geschichte ja leider eher der Regelfall als die Ausnahme, dass Zivilisationen ihren Höhepunkt erreichen und dann niedergehen. Sie scheitern, weil sie sich nicht schnell genug an neue Verhältnisse anpassen können. Oder nicht wollen, so unglaublich das auch ist. Eine erschreckende Wahrheit. Denn die Verhältnisse um uns herum haben sich noch nie so schnell verändert wie heute und in nächster Zukunft. Zukunftsintelligenz war noch nie lebensnotwendiger.

Es wird ein immenser Aufwand betrieben, um den Wandel zum Neuen aufzuhalten und das Bestehende zu retten.

Immer glaubt die Mehrheit der Menschen, dass sie heute in der besten aller möglichen Welten leben und dass alles, was da Neues und anderes kommt, ihre Welt schlimmer macht. Jede Generation glaubte das, wenn sie nicht gerade in Zeiten großer Not lebte. Diese Sehnsucht nach Stabilität ist rational betrachtet irrational. Wer glaubt ernsthaft, dass wir heute in der besten aller möglichen Welten angekommen sind? Dass wir ab jetzt nur noch bewahren müssen?

Wie die Maschinenstürmer des frühen neunzehnten Jahrhunderts können wir uns die Berufe und Jobs der Zukunft nicht vorstellen. Ihre Lösung war die Zerstörung der fortschrittlichen Webstühle und Fabriken. Und so versuchen auch heute noch viele Menschen, die Gegenwart zu bewahren und das Neue zu verhindern. Es ist nicht auszuschließen, dass die Maschinenstürmer in einer neuen Form wiederkommen und Gewalt anwenden.

Fossile Energien werden immer noch mit unglaublichen 5.900 Milliarden US-Dollar jährlich subventioniert[4]. Wozu? Die europäische Landwirtschaft wird mit der Folge subventioniert, dass Agrarprodukte aus Entwicklungsländern keine Chance haben. Nicht nur die Regierungen betreiben »mehr vom Gleichen«. Unternehmen aus der Erdölindustrie und der traditionellen Automobilindustrie haben mehr als zwei Jahrzehnte lang regelrechte Desinformationskampagnen gegen die Elektromobilität durchgeführt oder zumindest unterstützt. Das Ergebnis ist, dass sich in weiten Teilen der Bevölkerung auch heute noch hanebüchene Mythen und Fehlannahmen darüber halten. So etwa, dass die Akkus nach wenigen Jahren schon giftiger Elektroschrott sind, der nur noch entsorgt werden kann. Und dass ein Elektroauto weit über 100.000 Kilometer fahren muss, um weniger Kohlendioxid auszustoßen als ein Diesel. Beides ist natürlich weit entfernt von der Wirklichkeit. Es ist erschreckend, wie viel dafür getan wird, dass das Alte fortbesteht, selbst wenn es die Lebensqualität der Menschen eindeutig belastet statt fördert. Das Geld und die Zeit, die wir in die Erhaltung überkommener, veralteter und schädlicher Systeme und Geschäfte investieren, sind langfristig falsch angelegt. Nicht nur sind diese Investments nicht rentabel, wenn wir alle echten Kosten einberechnen: Sie werden uns langfristig sogar massiv schaden.

Krisen bringen die Verhältnisse in Fluss. Sie sind neben all dem Leid auch immer Anlässe und Gelegenheiten zur Verbesserung.

> **Es gab in der Welt noch nie so viele Chancen, die Lebensqualität der Menschen nachhaltig zu steigern. Sie sind zahlreicher als jemals zuvor in unserer Geschichte, aber sie sind nicht mehr so offensichtlich wie früher.**

Die Werkzeuge, mit denen wir die Chancen nutzen können, sind unter anderem die vielen technologisch-methodischen Innovationen. Doch es kommt noch besser. In den nächsten Jahren und Jahrzehnten werden wir weitere unvorstellbar wirkungsvolle Technologien, Methoden und Werkzeuge an die Hand bekommen. Sie wirken immer stärker zusammen. Mit diesen Werkzeugen können wir die heutigen und kommenden Probleme der Menschheit lösen und die Zunahme der globalen Lebensqualität aus den jüngsten Jahrzehnten fortsetzen. Aber das passiert nicht von alleine. Das entscheidende Werkzeug ist deshalb Zukunftsintelligenz: die Fähigkeit, aus der Zukunft zu lernen, um im täglichen Tun die für eine gute Zukunft förderlichen Entscheidungen zu treffen und konsequent umzusetzen. Dazu gehört auch, Risiken einzugehen, um Chancen zu verwirklichen. Ohne mehr Zukunftsintelligenz wird das nichts.

1.5. Gute Zukunft in Sicht

Nehmen wir für den Moment an, dass wir es schaffen, die Zunahme der Lebensqualität fortzusetzen. Gehen wir davon aus, dass wir ab jetzt zukunftsintelligenter handeln. Dann sehen wir vor uns eine Zukunft, in der die Lebensqualität aller Menschen auf der Erde immer weiter zunimmt.

Die Lebensqualität ist das Einzige, was ewig weiterwachsen darf und soll.

Wer für eine Begrenzung des Wachstums plädiert, hat eine andere Definition von Wachstum. Es geht selbstverständlich nicht darum, noch mehr zu konsumieren, noch mehr Ressourcen zu verbrauchen und den Stress der Menschen noch weiter zu steigern. Es geht um Wachstum der Lebensqualität für den Einzelnen, der sie am besten für sich selbst definiert. Und es geht um Lebensqualität aus einer globalen Perspektive, in der die Natur geschont oder wiederhergestellt wird, in der alle Menschen ihre Bedürfnisse befriedigen können und sicher, gesund und lange leben können. Ich sehe nicht, im Gegensatz zu Yuval Harari[5] und anderen, dass wir irgendwann zwangsläufig am Wirtschaftswachstum zugrunde gehen werden. Das Wachstum des Besseren ist zwangläufig auch der Niedergang des Schlechteren. Es wächst also niemals alles gleichzeitig und ewig. Ohne den Drang nach persönlichem und unternehmerischem Wachstum würde das Bessere seltener entstehen, wenn überhaupt. Den Menschen die Lust an Fortschritt und Wachstum zu nehmen, wäre ein schwerwiegender Fehler. Zum Glück wird es ohnehin niemandem gelingen.

Nach einem Zeitalter des Überlebens gingen wir in eines der Ausbeutung über. Wir verbrauchen endliche und unwiederbringliche Ressourcen, um unsere Lebenswelt zu betreiben. Das kommende Zeitalter wird eines der Schöpfung sein[6]. Damit es nicht religiös klingt, nennen wir es lieber Wertschöpfung. Wo und womit schaffen wir diese zunehmende Lebensqualität? Ich nenne nur einige Beispiele aus unzähligen Chancen für eine gute Zukunft mit mehr Lebensqualität:

1. Quellen für Nachrichten und Informationen, in denen Fehl- und Falschinformation kaum eine Chance haben. Quellen, deren Wahrheitsgehalt mit Verfahren gesichert wird, die von einer großen Mehrheit der Menschen mitgestaltet und unterstützt werden. So könnten wir eine neuerliche Phase der Aufklärung und Vernunft beginnen, die alle anderen Lösungen erleichtert.
2. Gesundheitslösungen, die durch Früherkennung, intelligente Diagnostik und immer wirksamere Therapien die Gesundheit der Menschen zu bezahlbaren Preisen bewahren und ihr Leben

verlängern. Es ist beispielsweise nicht unrealistisch, dass in zwanzig Jahren niemand mehr an Krebs sterben muss.

3. Eine Wirtschaft, die wie die Natur nach dem Prinzip des Kreislaufs funktioniert, keinen Abfall produziert und die nicht auf Ausbeutung basiert. »Reduce, Reuse, Recycle«, lautet das Motto der Circular Economy.

4. Eine ausreichende Nahrungsmittelproduktion, die weitaus weniger Ressourcen und landwirtschaftliche Fläche benötigt als heute. Die zudem logistisch so organisiert ist, dass kein Mensch mehr unter Hunger oder Durst leidet.

5. Eine vollständig regenerative Energieversorgung. Dazu braucht es keine Durchbrüche und Wunder. Die Lösung besteht aus Sonne, Wind, Wasserkraft, Stromspeichern und einem intelligenten Energiemanagement.

6. Eine dezentrale Energiegewinnung, die jeden Haushalt und Betrieb wie auch jedes Land gegen Energieinflation, Blackouts und Kriegsfolgen immunisiert.

7. Individuelle Mobilität, die ohne Umweltbelastung und mit wenig Stress von jedem Menschen preiswert genutzt werden kann. Das ist geteilte Mobilität mit weniger Fahrzeugen, aber nicht durch Verbote von Autos, sondern durch hocheffiziente Robotaxis.

8. Technologien und Methoden, mit denen wir Emissionen aller Art minimieren und die bereits ausgestoßenen wieder neutralisieren können.

9. Berufe und Jobs, die Menschen gerne ausüben, mit denen sie einen guten Lebensstandard finanzieren können und für die sie weder ihre Gesundheit noch ihre Würde opfern müssen.

10. Eine solide Altersvorsorge, die nicht auf dem kurzsichtigen Umverteilungsprinzip beruht und deshalb in einer Rentenkatastrophe zu enden droht. Es soll eine Altersvorsorge sein, die Menschen hilft, in produktives Vermögen zu investieren, das sie nach ihrem Ableben der nächsten Generation vererben können.

Das sind keine Szenen aus einem naiven Traum. Das ist fast alles schon mit heute verfügbaren Mitteln realisierbar. Eine ernste Folge all dessen dürfen wir nicht übersehen:

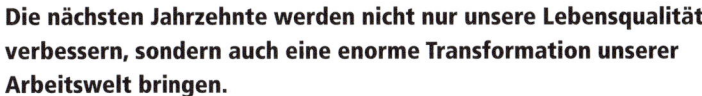

Die nächsten Jahrzehnte werden nicht nur unsere Lebensqualität verbessern, sondern auch eine enorme Transformation unserer Arbeitswelt bringen.

Und das nicht in linearer Form, sodass wir uns langsam umgewöhnen können. Disruptiver Wandel passiert in exponentieller Form von S-Kurven. Erst langsam und lange kaum erkennbar, und dann mit zunehmender Geschwindigkeit, bis eine neue Ära erreicht ist. Viele Innovationen werden Millionen heutiger Berufe verschwinden lassen. Hunderte Millionen Menschen leben von ihrer Arbeit in mittlerweile veralteten Industrien, die unsere Lebensqualität nicht mehr steigern, sondern eher reduzieren. Es ist verständlich, dass die Menschen, die mit diesen Berufen ihren Lebensunterhalt verdienen, keine glühenden Anhänger von Neuerungen sind – obwohl sie langfristig für das Ganze gesehen sinnvoller sind. Solange Innovationen, die unsere Lebensqualität steigern, gleichzeitig auch Menschen erwerbslos machen, wenn auch nur zeitweilig, werden diese Innovationen behindert und verhindert. Es hilft nicht, zu appellieren, dass das kurzsichtig ist und dass solche Innovationen langfristig allen helfen.

Man sagt, dass zwei Drittel der heutigen Schüler in Jobs arbeiten werden, die wir heute noch gar nicht kennen. Eine faszinierende Perspektive. In den 1970er-Jahren sagten die Zukunftsforscher voraus, dass wir nur noch zwanzig Stunden pro Woche arbeiten werden, weil die Computer und Roboter die ganze Arbeit machen werden. In gewisser Weise hatten sie recht. Was damals die Aufgaben der Menschen waren, erledigen heute zum guten Teil Computer, Maschinen und Roboter. Sie haben allerdings nicht berücksichtigt, dass Aufgaben und Jobs entstehen werden, die damals jenseits ihrer Vorstellungskraft lagen. Wie sollten sie sich auch eine User-Interface-Designerin oder einen Drohnen-Disponenten vorstellen?

Trotz aller Automatisierung: Solange Menschen noch Probleme und Wünsche haben, wird uns die Arbeit nicht ausgehen.

Ob all diese Arbeit auch gut bezahlt wird, ist hingegen nicht sicher. Es ist jedenfalls höchste Zeit, die neuen Aufgaben, Jobs und Berufe zu entwickeln und zu schaffen. Langfristig gesehen müssen wir Erwerbsarbeit vermutlich neu denken. Die althergebrachte Form des Einkommenserwerbs nach dem Prinzip »Lebenszeit gegen Geld« werden wir allmählich ablösen müssen. Massenhafte »abhängige Beschäftigung« sollte wirklich nicht unserer Weisheit letzter Schluss gewesen sein. Dafür gibt es drei Ansätze:

1. ein Basis-Einkommen zahlen, möglichst nicht ganz bedingungslos,
2. mehr Menschen zu Selbstständigkeit und Unternehmertum mit mehreren Auftraggebern verhelfen,
3. mehr Menschen an produktivem Vermögen in Form von Unternehmensanteilen beteiligen. Schon Ludwig Erhard forderte das.

Wenn wir uns einigermaßen zukunftsintelligent verhalten, werden die kommenden Jahre und Jahrzehnte im Ganzen gesehen die Lebensqualität der Menschen weltweit deutlich anheben. Wir erleben heute schon den Nutzen neuer Werkzeuge, allen voran der künstlichen Intelligenz, die uns in Bereichen wie Gesundheit, Energie und Verkehr zu neuen, nachhaltigen Lösungen für die größten Probleme der Menschheit bringen werden. Die Zukunft wird dann unvorstellbar gut. Jedenfalls *kann* sie es werden.

Wir können und müssen im Hier und Jetzt tun und lassen, was für eine gute Zukunft richtig ist. Wir müssen mehr unternehmen. Und wer soll das alles tun? »Die Politik«, wie es oft anonymisierend heißt? Ihnen und mir ist klar, dass die Politik nicht wirklich die Probleme löst. Sie erleichtert oder erschwert die Lösung von Problemen. Wer sie löst, sind unternehmerische Menschen. Ob nun als Unternehmer im konventionellen Sinne oder als angestellte Lebensunternehmer. Zukunftsweisenden Unternehmern kommt also eine Schüsselrolle zu. Meist sind es gerade die Newcomer und Außenseiter, die die neue Ära schaffen. Denn die Etablierten profitieren zu sehr von den alten Verhältnissen, als dass sie viel ändern wollen.

Es könnte alles so positiv und einfach sein. Leider gibt es da ein Problem. Ein riesiges sogar. In unseren Köpfen.

1.6. Homo präsens in der Kurzfrist-Falle

Wir haben die Meere nahezu leergefischt. Warum? Weil wir jetzt viel Fisch haben wollen! Ja, Nachhaltigkeit können wir später immer noch sichern. Praktisch alle Staatshaushalte sind wegen chronisch kurzsichtiger Entscheidungen defizitär. Es wird konsequent mehr ausgegeben als eingenommen. Warum? Weil es sich für die Politiker im Hier und Jetzt gut anfühlt, für Wohltaten beliebt zu sein und wiedergewählt zu werden. Wir können ihnen genau genommen noch nicht einmal einen Vorwurf machen, weil wir es ja selbst sind, die sie wählen, damit sie uns möglichst schnell Gutes tun. Seit den 1960ern werden die Warnungen vor dem Klimawandel immer lauter. Viele aber klammern sich heute noch an die alten Lösungen wie Verbrennungsantriebe und fossil betriebene Heizungen. Warum? Weil wir Angst vor dem Neuen haben, weil wir Vorurteile haben und weil es uns zu anstrengend ist, uns umzugewöhnen. Und das, obwohl wir buchstäblich die Existenz der Menschheit damit gefährden. Menschen finden allerlei schwache Argumente gegen die intelligenteren Lösungen für Energie, Mobilität und Ernährung, nur um ihre Gewohnheiten nicht ändern und das Neue nicht erlernen zu müssen.

> **Ständig opfern wir unsere gute Zukunft für das Wohlgefühl in der Gegenwart. Wir sind gebaut für ein Leben im Hier und Jetzt. Wir sind Homo präsens.**

Warum das so ist? Weil wir aus einer Zeit kommen, in der die Zukunft nicht gezählt hat. Der auf die Gegenwart fokussierte Belohnungsschaltkreis in unseren Köpfen hat uns vor Jahrtausenden gute Dienste geleistet. Was gut für uns war, hat uns angezogen. Was schlecht für uns war, hat uns abgestoßen. Wir konnten auf Autopilot durchs Leben gehen. Und heute? Was gut und richtig für unsere Zukunft ist, ist heute oftmals das Schwierige. Und das heute Angenehme und Leichte kann uns langfristig immensen Schaden zufügen. Die Evolution ist leider zu langsam. Unser Gehirn ist praktisch das gleiche wie vor 20.000 Jahren. Wir haben unsere Welt schneller verändert, als sich die Biochemie in unseren Köpfen hin zu mehr Zukunftsintelligenz entwickeln konnte.

Das menschliche Gehirn ist geprägt durch seine Vergangenheit. Für die langfristige Zukunft hat es nur einen sehr kleinen Teil seiner Kapazität vorgesehen. Wir reisen in eine immer schnellere und komplexere Zukunft, während unsere Aufmerksamkeit auf den Rückspiegel gerichtet ist. Unter dem MRT-Hirnscanner zeigt sich klar, dass wir – einfach gesagt – zwei unterschiedliche neuronale Systeme im Kopf haben: eines für die Zukunft und eines für die Gegenwart. Was wir tatsächlich tun, entscheidet sich überwiegend nach der Stärke unserer Emotionen. Das Fatale daran ist, dass unser Jetzt-Hirn ein emotionaler Riese und unser rationales Zukunfts-Hirn ein emotionaler Zwerg ist. Das ist der Grund dafür, dass der tägliche Kampf in unserem Oberstübchen so einseitig ist. Das ist der Grund, weshalb wir viel zu oft zukunftsdumm handeln.

Das emotionale Jetzt-Ich, das unser oft so zukunftsblindes Handeln erzeugt, wird durch einen extrem stark wirkenden Botenstoff-Cocktail unterstützt. Je nach Art des Vergnügens geben uns Endorphine, Serotonin, Oxytozin und allerlei andere Botenstoffe die schönen Gefühle. Essen, Trinken, Kuscheln, Sex, Sport, Spiele, Drogen, Soaps, Geld, Gewinne, Anerkennung und Macht: Was unserem Gehirn Vergnügen bereitet, das merkt es sich. Jedes Mal wird seine Erinnerung lebhafter und stärker. Es wird süchtig danach. Es wird sogar herrschsüchtig. Denn damit wir unserem Gehirn gehorchen und ihm sein Vergnügen verschaffen, hat es sich das Verlangen ausgedacht und auch dafür einen mächtigen Botenstoff: Dopamin. »Mach das noch mal«, treibt uns unser Gehirn immer wieder zum Wohlgefühl, an das es sich so lebhaft erinnert. Manchmal schreit es uns förmlich an. Vor 20.000 Jahren war das perfekt, wie gesagt.

Doch heute? Essen im Überfluss, Alkohol in beliebigen Mengen, harte Drogen und leicht verfügbare Kredite gab es damals nicht. Disruptive Wettbewerber, die man ganz lange ignorieren kann, bis sie einem in exponentiellem Tempo das Geschäft wegnehmen, gab es auch nicht. Es gab nur die in der Gegenwart sichtbaren Feinde. »Lebe ganz im Hier und Jetzt« hat wunderbar funktioniert. Damals. Heute führt uns genau der gleiche kurzsichtige Belohnungsschaltkreis in unserem Kopf viel zu häufig ins Verderben.

> **Wenn wir uns in der Welt umschauen und das Verhalten der Menschen betrachten, wird deutlich, dass wir in den letzten Jahrzehnten nicht zukunftsintelligenter geworden sind.**

Eher im Gegenteil. Die Menschen verhalten sich im Durchschnitt zukunftsdümmer. Wir können intellektuell und emotional mit der zunehmenden Geschwindigkeit und Komplexität der Welt immer weniger Schritt halten. Es darf uns nicht wundern, dass so viele Zeitgenossen von ihrem Leben und ihrer Arbeit überfordert sind. Dass eine Krise der anderen folgt, macht es nicht leichter. Zukunftsangst herrscht überall. Wer Angst hat, sieht keine glänzende Zukunft. Wer Angst hat, will überleben und wird noch kurzsichtiger – und aggressiver. Oder resigniert. Man kann es den Menschen noch nicht einmal verdenken, dass sie keine Motivation mehr haben, intensiv an die Zukunft zu denken. Die besonders Überforderten finden für alles, was ihnen Angst macht, ganz einfache Erklärungen: Eine globale satanische Elite will die Menschen versklaven oder gleich die ganze Menschheit dezimieren oder zumindest das Volk austauschen. Die Retter sind dann ausgerechnet Trump oder Putin.

Das alles sieht nach einem hoffnungslosen Fall aus. Es scheint extrem schwierig zu sein, eine »Bright Future« zu sehen und danach zu handeln. Sind unsere Staaten, Organisationen und Unternehmen somit zum Scheitern und die Menschheit zum Aussterben verdammt?

1.7. Keine Zeit für Zukunft

Seit über dreißig Jahren bin ich nun mit meiner Mission unterwegs: Unternehmer und Führungskräfte zu inspirieren und auszurüsten, damit sie eine glänzende Zukunft ihres Geschäfts denken, schaffen und sichern können. Wir waren damals das erste private Zukunftsmanagement-Unternehmen im deutschen Sprachraum.

Heute kann man sich kaum mehr vorstellen, wie wenig präsent die Zukunft damals im Jahr 1991 war. Es gab in dieser Zeit im Vergleich zu heute so gut wie keine Bilder von der Zukunft. Zukunft war fast immer nur Text. Sie blieb weitgehend unsichtbar. Heute weiß man nicht mehr, wo man vor lauter Zukunft zuerst hinschauen soll. Alles so schön bunt hier. Die Herausforderung ist jetzt, sich in dieser Flut an Zukunft zurechtzufinden.

Doch es gibt auch eine dunkle und schwierige Seite unserer Arbeit im Zukunftsmanagement. Sie kennen sie schon. Wieder ist es der Homo präsens im Menschen. Es ist die Kurzfrist-Falle, in der Unternehmer, Führungskräfte und im Prinzip alle Menschen so oft feststecken. Oder anders formuliert:

> **Die Zukunft ist dem menschlichen Gehirn im Zweifelsfall nahezu gleichgültig. Sie muss warten.**

Zukunft ist wichtig, ja, das stimmt schon. Aber warten wir mal ab, bis das SAP-Projekt durch ist. Bis wir die Post-Merger-Integration hinter uns haben. Bis wir den Vertrieb neu aufgestellt haben. Bis wir das Loch im Auftragseingang gestopft haben. Bis die Lieferketten wieder funktionieren. Wir müssen jetzt wirklich hart rudern. Ob wir auf dem richtigen Kurs sind, darüber können wir auch morgen noch philosophieren. Dabei haben wir einen Großteil unserer heutigen Probleme nur deshalb, weil wir in der Vergangenheit zu wenig aus der Zukunft gelernt haben.

Sie können es vermutlich schon nicht mehr hören: Nicht im Unternehmen, sondern am Unternehmen arbeiten sollst du als Unternehmer. Von wegen. Das Tagesgeschäft frisst einen auf. Mehr geht einfach nicht. Technologie hilft zwar, beschleunigt aber die Prozesse, sodass wir in gleicher Zeit noch mehr arbeiten und managen müssen. Wir sind mit E-Mail und Videokonferenz zwar nachweislich viel produktiver geworden, aber die eingesparte Zeit ist nirgendwo zu erkennen. Sie steht uns nicht etwa zur Verfügung, um in Ruhe über die richtige Strategie nachzudenken. Wir brauchen sie, um zusätzlich entstandenen Verantwortungen und Aufgaben gerecht zu werden und die gestiegene Komplexität zu verarbeiten. Ich muss mich schon fast wundern und dankbar sein, dass Sie dieses Buch lesen.

Wir brauchen mehr Zukunftsintelligenz. Mehr Aufmerksamkeit und Zeit für die Zukunft sind nötiger denn je. Nicht um sie vorauszusagen. Das war noch nie möglich. Sondern um Orientierung, Sicherheit und Fokus zu schaffen. Doch genau das Gegenteil passiert. Und zwar aus dem gleichen Grund. Über Zukunft und Strategie nachzudenken und mit großer innerer Gewissheit Entscheidungen zu treffen, wurde weitaus komplexer und schwieriger. Es wurde auch anstrengender.

Deshalb wird es nur zu gerne auf morgen verschoben, und das von Tag zu Tag. Ein klares und positives Zukunftsbild zu haben, ist immer notwendiger geworden. Das weiß und sagt auch jeder. Doch genau solch ein Zukunftsbild bekommen viele Unternehmer einfach nicht mehr hin. Sie nehmen sich die Zeit nicht und sind folglich noch mehr im Blindflug. Wir befinden uns in einem Teufelskreis.

Gibt es einen Ausweg? Ist es möglich, den Teufelskreis zu durchbrechen? Ja, es gibt einen Weg.

Ich will Sie mit diesem Buch ermutigen und inspirieren, ein mächtiges Werkzeug einzusetzen, das Zukunftsängste weitgehend neutralisieren kann. Um das Werkzeug zu bekommen und anwenden zu lernen, müssen wir uns in die Tiefen eines Gebietes begeben, das die Menschheit immer noch nicht vollumfänglich ergründet und verstanden hat. Wir müssen unsere Erkenntnisreise im menschlichen Gehirn fortsetzen.

1.8. Zukunftsfreude

Wenn man Party-Gäste dazu zwingt, sich eine Woche im Voraus zu entscheiden, was sie vom Buffet auf der anstehenden Party essen wollen, passiert etwas Auffälliges: Der im gewählten Essen enthaltene Anteil an einfachen, also den schlechten Kohlehydraten, an Zucker und an ungesundem Fett ist relativ niedrig. Deutlich niedriger, als wenn man die Gäste einfach spontan vom Buffet wählen lässt[7].

Haben Sie sich schon mal schlechte Vorsätze zum neuen Jahr vorgenommen? Wohl kaum. Unsere Vorsätze sind immer gut. So wie auch unsere Visionen und Ziele. Wenn wir über etwas in der Zukunft Liegendes entscheiden, fällt unsere Wahl regelmäßig ziemlich vernünftig aus. Der zukunftsorientierte Teil unseres Gehirns weiß sehr wohl, was uns und anderen guttut und was letztlich das Richtige ist. Aber wenn es dann so weit ist, dass unser Jetzt-Ich unseren Vorsatz in die Tat umsetzen soll, dann entscheidet nicht unser rationales Zukunfts-Hirn, sondern unser hochemotionales und eben meist unvernünftiges Jetzt-Hirn.

Über dieses Problem der Kurzfrist-Falle und über das Zukunfts-Ich habe ich ein ganzes Buch geschrieben: »Wie wir uns täglich die Zukunft versauen.«[8]

Können wir dieses Problem irgendwie lösen? Nicht einfach, aber es geht. Die Neurologen und Psychologen wissen schon lange: Wenn uns unsere Zukunft wirklich wichtig ist, wenn sie also mit starken Emotionen aufgeladen ist, dann sind wir tatsächlich in der Lage, weitsichtig und vernünftig zu handeln. Dann gelingt es uns, im Hier und Jetzt das zu tun, was für eine gute Zukunft richtig ist. Selbst wenn es uns schwerfällt. Ein starkes Zukunfts-Ich verstärkt sich selbst. Denn zukunftsintelligentes Handeln fällt uns nur am Anfang schwer und erfordert unsere leicht erschöpfte Willenskraft. Sobald Menschen spüren, dass sie das Richtige für die Zukunft tun, sobald sie Zukunftsfreude erleben, belohnt sich dieses Verhalten selbst. Zukunftsfreude schafft zukunftsintelligentes Verhalten. Das Ziel ist, das Maß der Lebensqualität über das gesamte Leben eines Menschen und einer Organisation zu maximieren.

 Wir brauchen eine Vision von einer erstrebten Zukunft, die unsere Sucht nach dem Wohlfühlen im Hier und Jetzt überstrahlt und übertrumpft.

Das klingt fast esoterisch. Doch schauen Sie auf die vielen üblen Folgen der menschlichen Kurzsichtigkeit. Vom Individuum mit seiner Gesundheit über das Scheitern von Unternehmen bis zu den globalen Konflikten und den Schäden für die Biosphäre, die die gesamte Menschheit bedrohen. Die biochemisch eingebaute Kurzsichtigkeit des Homo präsens ist in ihrer Wirkung eine der schlimmsten Eigenschaften des Menschen. Wenn es eine Strategie gibt, mit der wir unsere Kurzsichtigkeit überwinden können, mit der wir unser Leben und unser Wirken zukunftsintelligenter gestalten können, ist sie nicht weniger als die entscheidende Strategie für eine gute Zukunft eines jeden und aller Menschen miteinander. Vielleicht sogar unsere Rettung.

Zukunftsfreude heilt Zukunftsangst. Zukunftsfreude zieht uns in eine gute Zukunft. Sie hilft, auch in schwierigen Zeiten Zuversicht zu bewahren und sich selbst und seine Mitarbeiter wirksamer zu führen. Nur leider haben Sie keinen Knopf, mit dem Sie Ihre Zukunftsfreude einschalten, und keinen Regler, mit dem Sie sie regulieren können. Zukunftsfreude kann durch Zufall, durch Glück und durch die Aktivitäten anderer Menschen entstehen. So zum Beispiel, wenn jemand Sie großzügig in seinem Testament berücksichtigt. Doch in der Regel liegt es fast immer an Ihnen, Ihr Zukunfts-Ich selbst zu ersinnen und Ihre Zukunftsfreude selbst zu erzeugen. Wenn Sie es nicht tun, bleibt sie aus. Mehr noch, Ihr Zukunftsbild trübt sich sogar nach und nach ein, wenn Sie es nicht aktiv gestalten. Warum? Weil sich die Verhältnisse um uns herum ständig ändern. Und das immer schneller und immer intensiver. Womit wir fest gerechnet haben, das fällt weg. Womit wir nicht gerechnet haben, das passiert. Wenn wir unser Zukunftsbild und damit unser Verhalten dann nicht anpassen, kann unsere Zukunft nur dunkler werden.

Manche wenden ein, dass man dann doch gleich ganz auf ein Zukunftsbild verzichten, die Zukunft einfach auf sich zukommen lassen und sich flexibel anpassen kann. Klar, das kann man machen. Wer im Leben nicht etwas Nennenswertes erreichen will, wer den Verlauf seines Lebens weitgehend dem Zufall überlassen will, wer sein kurzsichtiges Jetzt-Ich alle Entscheidungen treffen lassen will, der kann darauf verzichten, ein starkes Zukunfts-Ich aufzubauen. Alle anderen bitte nicht.

Ohne Zukunftsbild ist Agilität im besten Fall nur die Ausrede für Orientierungslosigkeit. Wenn Sie den Markt falsch einschätzen, nicht auf gefährliche Überraschungen vorbereitet sind, wenn Sie im falschen Markt mit einer schwachen Mission und Positionierung und einer unrealistischen Vision unterwegs sind oder wenn Ihr Geschäftsmodell veraltet ist, können Sie im Tagesgeschäft noch so agil, exzellent und fleißig sein. Die Gefahr ist groß, dass Sie trotzdem scheitern.

Ein mittlerweile beliebter Einwand gegen alle Visionen, Strategien und Pläne ist, dass der Mensch doch gar keinen freien Willen hat. Dass wir einer naiven Illusion zum Opfer fallen, wenn wir uns Ziele setzen und Pläne machen. Dass unser Unbewusstes für uns die Entscheidungen trifft und wir sie wie ein Pressesprecher nur im Nachhinein logisch erklären. Jüngst hat Yuval Harari in seinem Buch »21 Lektionen für das 21. Jahrhundert«[9] diese Tatsache sogar als Grund dafür genannt, dass damit die politische Philosophie, die die Freiheit des Einzelnen in den Mittelpunkt stellt, am Ende ist[10]. Unser bewusster Wille ist das, was uns unser weitgehend unbewusst arbeitendes Gehirn wollen lässt. Was wir als bewussten Willen erleben, wird von unserem unbewussten limbischen System bestimmt, bevor es uns bewusst wird. Es entscheidet sich vorbewusst, also bevor wir es wissen. Wir können uns daher nicht aussuchen, was wir wollen. Es stimmt somit: Wir haben keinen rational gebildeten freien Willen. Darin sind sich die Neurologen heute weitgehend einig. Aber: Wir können zwar nicht alles bewusst wollen, aber wir können sehr wohl herausfinden, was »es« in uns will. Und genau diesen Willen unseres Jetzt-Ich können wir in unser Zukunfts-bild einfließen lassen.

Zusammengefasst: Jeder Mensch, der sein Zukunfts-Ich klar vor sich sieht, kann damit seine oft schädliche Kurzfrist-Orientierung überwinden. Unser Zukunfts-Ich darf keine logische Kopfsache sein. Dann wirkt es nicht. Wir müssen unser Zukunfts-Ich sozusagen lieben, uns darauf freuen, damit wir ihm mit unserem heutigen Verhalten Gutes tun und Schaden von ihm abwenden, selbst wenn es uns heute schwerfällt. So hat unser Zukunfts-Ich bessere Chancen gegen unser nahezu zukunftsblindes Jetzt-Ich. So können wir uns von unserem Zukunfts-Ich beraten lassen. So wird der Mensch in seinem Denken und Handeln deutlich zukunftsintelligenter.

Was hat das nun mit Ihnen als Unternehmer zu tun?

1.9. Die wichtigste Unternehmer-Aufgabe

Was ist Ihre wichtigste Aufgabe als Unternehmer und Führungskraft? Das kommt drauf an, wen Sie fragen. Fragen Sie die Marketing-Leute, dann ist Marketing die Chefsache. Fragen Sie die Personal-Leute, dann müssen Sie vor allem dafür sorgen, dass es Ihren Beschäftigten gut geht. Wenn Sie die Produktionsleitung fragen, sorgen Sie am besten für exzellente Produkte. Wenn Sie mich fragen, ist es etwas ganz anderes.

Wir können gleich alle Aktivitäten aussortieren, die andere in Ihrem Unternehmen erledigen können. Denn wenn die Aufgabe delegierbar ist, braucht es den Unternehmer nicht dafür, also kann es nicht Ihre wichtigste Aufgabe sein.

Stellen Sie sich vor, Sie wollen einen Berg besteigen. Welchen Berg Sie dafür auswählen, bestimmt praktisch alles Weitere. Was Sie mitnehmen, wie Sie trainieren, wie Sie vorgehen. Wenn Sie losgestiegen sind, können Sie nicht zwischendurch mal eben schnell zu einem anderen Berg wechseln. Sie müssen wieder hinabsteigen, Verluste in Kauf nehmen und durch das Tal der Krise gehen, bevor Sie den vermutlich richtigeren Berg besteigen. Da Ihr Leben endlich ist, haben Sie unwiederbringliche Lebenszeit verloren. Auch wenn Sie eine Reise machen wollen, ist Ihre Entscheidung über den Zweck und das Ziel der Reise diejenige mit den größten Auswirkungen. Deshalb sind Ihre Entscheidungen darüber, in welchem Geschäft Sie tätig sein wollen (Mission), wie Sie für Ihre Kunden besonders sein wollen (Position) und was Sie damit erreichen wollen (Vision), die Entscheidungen mit den größten und stärksten Auswirkungen auf Ihr Unternehmen.

 Führen bedeutet, eine Bewegung zu erzeugen. Bewegung braucht Richtung. Richtung braucht ein Ziel, ein Zukunftsbild. Ohne Zukunftsbild können Sie nicht führen!

Das Zukunftsbild in den Köpfen Ihres Teams bestimmt, was jeder in Ihrem Team wahrnimmt, was er oder sie denkt, für richtig und falsch hält und folglich auch, wie Ihre Mitarbeiter ihre Zeit und ihre Ressourcen einsetzen – was sie also täglich tun. Das Zukunftsbild des Marktes bestimmt, warum und wozu Sie sich überhaupt entwickeln und verändern müssen. Das schafft den Anlass, den Antrieb und die Motivation. Ihr Unternehmen ist auch das Resultat aus den Zukunftsgedanken Ihres Teams. Ein überzeugendes Zukunftsbild schafft Fokus, konzentriert die Kräfte, reduziert Konflikte und macht mehr Freude. Im Ergebnis macht es ein Unternehmen zukunftssicherer. Ihre wichtigste und nicht delegierbare Aufgabe ist deshalb – Trommelwirbel – Ihr Zukunftsbild!

Sie können nicht delegieren, zu bestimmen, was genau Ihr Unternehmen überhaupt sein soll. Sie können auch nicht delegieren, wie Sie die Zukunft Ihres Marktes einschätzen. Sie können sich Studien und Berater kaufen, Sie können sich von Mitarbeitern Analysen und Vorschläge machen lassen. Aber Sie können sich nicht Ihre persönliche Einschätzung und Ihre Entscheidungen kaufen. Die treffen Sie selbst oder zusammen mit Ihrem Führungsteam.

Wohlgemerkt: Dass das Zukunftsbild Ihre wichtigste Aufgabe ist, heißt nicht, dass Sie dieser Aufgabe ganz allein nachkommen sollen. Selbstverständlich können und sollten Sie die Wahrnehmungen, Erfahrungen, Ideen und Wünsche Ihrer Mitarbeiter einbeziehen. Die Strategieentscheidungen müssen aber Sie oder Ihr Führungsteam treffen. Was hier möglicherweise wie ein Rückfall in autoritäre Führung klingt, ist in Wirklichkeit eine existenziell wichtige Maxime. Aus zwei Gründen:

1. Das Zukunftsbild Ihres Unternehmens darf nicht alle Wünsche berücksichtigen. Wenn alle Wünsche bedient werden, ist Ihre Ausrichtung zwangsläufig unscharf. Ihr Unternehmen muss von Ihren Kunden als klar und eindeutig ausgerichtet wahrgenommen werden. Sonst fällt es nicht auf und geht in der Vielfalt der Angebote unter. Das erfordert Verzicht, also viele Entscheidungen gegen bestimmte Optionen. Wenn alle mitentscheiden, ist das so gut wie ausgeschlossen.

2. Ihr Zukunftsbild beschreibt konkret einen faszinierenden, gemeinsam erstrebten und realisierbaren zukünftigen Zustand Ihres Unternehmens. Mit Ihrem Zukunftsbild definieren Sie Ihr Unternehmen. Sie schaffen sich eine mentale Vorlage wie für ein Puzzle, die zeigt, was aus all den Aktivitäten in Zukunft resultieren soll.

Wenn Menschen mit Freude auf eine bessere Zukunft hinarbeiten, ändert das tatsächlich den Botenstoff-Cocktail im Kopf.

 Ein emotional positiv aufgeladenes Zukunfts-Ich macht den einzelnen Menschen zukunftsintelligenter.

Ein positives Zukunfts-Ich macht den Einzelnen erfolgreicher und gesünder. Wie hängt das nun mit Ihrem unternehmerischen Zukunftsbild zusammen? Ganz einfach. Ihr Zukunftsbild ist das Zukunfts-Ich Ihres Unternehmens, oder anders: Ihr Zukunfts-Wir. Mit einem von der Mehrheit des Teams stark unterstützten Zukunfts-Wir werden die

Entscheidungen und Aktivitäten in Ihrem Unternehmen zukunfts-intelligenter, zukunftssicherer und schlicht erfolgreicher.

Ihre wichtigste Unternehmer-Aufgabe ist also, das Zukunfts-Wir Ihres Unternehmens zu bestimmen und zu entwickeln. Es ist Ihre wichtigste Aufgabe und die einzige, die Sie nicht delegieren können. Es ist des-halb die Aufgabe, der Sie die meiste Aufmerksamkeit, Zeit und Ener-gie widmen sollten. Das Zukunfts-Wir ist das Bild einer glänzenden Zukunft Ihres Unternehmens, das für Sie, Ihr Führungsteam und für möglichst jeden in Ihrem Team so attraktiv ist, dass man sich im Tages-geschäft mit Freude stark engagiert. Dazu gehört auch, Ihr Zukunfts-Wir regelmäßig zu überprüfen und zu aktualisieren.

Ein klares Zukunftsbild können Sie als Orientierungspunkt für jede tägliche Entscheidung verwenden. Was ist heute zu tun und zu lassen, damit Sie Ihrem Zukunftsbild näherkommen? Es gibt Ihnen eine inne-re Gewissheit darüber, was im Hier und Jetzt falsch und richtig ist. Mit einem klaren Referenzrahmen, den Sie intellektuell wie emotional für richtig halten, können Sie Ihr Unternehmen, Ihr Team und sich selbst sehr wirkungsvoll führen.

 Wenn Sie kein Zukunftsbild Ihres Unternehmens haben, können Sie nicht wissen, was heute die richtigen Entscheidungen sind.

So logisch und einfach das auch klingt, so erschreckend selten werden Unternehmen mit einem überzeugenden Zukunftsbild geführt. Die »Strategie«, bewusst in Anführungszeichen gesetzt, besteht in vielen Unternehmen darin, die aktuellen und absehbaren Probleme zu lösen. Das ist keine Strategie. Eine gute Strategie soll den Problemen vorgrei-fen, solange sie noch klein sind, oder sie möglichst verhindern. Und sie soll helfen, Chancen zu erkennen, solange sie noch groß sind, bevor sie für jeden im Markt offensichtlich geworden sind. Wie soll man Pro-blemen vorgreifen und Chancen frühzeitig erkennen, wenn man kein Bild von der erstrebten Zukunft hat?

Wo stehen wir jetzt in unserer Erkenntnisreise? Zusammengefasst: Die Welt wurde immer schneller und komplexer. Wir müssten uns *eigentlich* viel stärker mit der Zukunft befassen als jemals zuvor, damit wir wieder ein Gefühl von Orientierung bekommen. Doch unser Gehirn ist kurzsichtig. Unser Zukunfts-Ich weiß zwar zumeist, was richtig wäre, aber das Jetzt-Ich ist zu stark. Die Zukunftsangst geht um. Setzen wir ihr aber ein starkes Zukunfts-Ich entgegen, kann Zukunftsdummheit durch Zukunftsintelligenz und Zukunftsangst durch Zukunftsfreude neutralisiert und übertrumpft werden. Was das Zukunfts-Ich des Menschen ist, ist das Zukunfts-Wir des Unternehmens. Da alles davon abhängt, ist ein anziehendes und überzeugendes Zukunftsbild der stärkste Erfolgsfaktor, den Sie einsetzen können.

Oder fehlt da noch etwas? O ja, etwas existenziell Wichtiges fehlt.

1.10. Die zweitwichtigste Unternehmer-Aufgabe

Ihr Zukunfts-Wir ist Ihr inneres Zukunftsbild. Sie betrachten die Welt inside-out. Sie denken und handeln von innen nach außen. Sie sind aktiver Gestalter Ihrer Zukunft. Die Kernfrage, die durch Ihr inneres Zukunftsbild beantwortet wird, ist, was und wie Ihr Unternehmen in Zukunft sein soll. Wie ein Segler bestimmen Sie Ihre Destination und wie Sie dorthin kommen. Dann segeln Sie. Doch worauf muss der Segler unbedingt achten? Wovon hängen sein Erfolg und gar seine Existenz ab? Exakt, vom Umfeld. Vom Wetter, von den Winden und den Strömungen. Er darf die Kräfte im Umfeld nicht ignorieren, sonst riskiert er zu scheitern – oder gar seinen Tod. Das innere Zukunftsbild, also Ihr Zukunfts-Ich und das Zukunfts-Wir Ihrer Mitsegler, reicht folglich nicht aus. Ihr Zukunftsbild muss noch aus einem zweiten Teil bestehen.

 Es ist das äußere Zukunftsbild, mit dem Sie Fragen an die Zukunft Ihres Umfelds stellen und beantworten.

Was kommt auf Sie zu? Was brauchen Kunden in Zukunft? Was brauchen sie nicht mehr? Wie verändern die Kunden ihr Verhalten? Wie verändert sich die Gesellschaft? Wie verändern neue Technologien Ihren Markt? Welche neuen Wettbewerber werden auftauchen? Mit diesen Fragen bestimmen Sie Ihren Wissensbedarf über die wahrscheinlichen Entwicklungen in Ihrem Umfeld. Sie beobachten Trends, Technologien und Innovationen. Sie lesen die Projektionen, Szenarien und Prognosen, die Experten über die Zukunft der Welt im Allgemeinen und Ihres Geschäftsfelds im Besonderen veröffentlichen. Und Sie bilden sich auf dieser Basis Ihre eigenen Annahmen über die zukünftigen Entwicklungen Ihres Umfelds.

Mit Ihrem äußeren Zukunftsbild blicken Sie outside-in, von außen nach innen. In diesem zweiten Teil Ihres Zukunftsbildes können Sie nur passiv beobachten und einschätzen, denn Sie können den Gang der Welt normalerweise nicht ändern. So wie der Segler das Wetter, die Winde und die Meeresströmungen nicht ändern kann. Natürlich kann niemand die Zukunft voraussagen. Und trotzdem beruht jede Ihrer unternehmerischen Entscheidungen auf Ihren Annahmen über die Zukunft. Das geht gar nicht anders. Sie treffen ständig grundlegende Entscheidungen über die Ausrichtung Ihres Unternehmens, die Sie nicht eben schnell wieder ändern können. So wie der schon erwähnte Bergsteiger nicht einfach den Berg wechseln kann. Der Clou ist nämlich: Sie können gar nicht *keine* Zukunftsannahmen über Ihr Umfeld haben. Denn immer, wenn Sie eine Entscheidung treffen, wetten Sie auf eine bestimmte Zukunft.

Nach meiner Erfahrung hat ein beträchtlicher Teil der Unternehmer nicht vor Augen, wie radikal sich die Märkte in den nächsten Jahren verändern werden. Künstliche Intelligenz, Robotik und Gentechnologie sind nur drei starke von vielen Treibern für den drastischen Wandel der Lebenswelt. Von autonomen Fahrzeugen bis zum Metaverse: Wir werden viele unserer gewohnten Lebensbereiche kaum noch wiedererkennen. Wer im Blindflug ist, wird die Bedrohungen und Chancen viel zu spät erkennen.

Nach all den unerwarteten Ereignissen der letzten Jahre hat mittlerweile jeder begriffen, dass die Zukunft nicht nur in Wahrscheinlichkeiten gedacht werden darf. Wir müssen sie auch in Form von Unwahrscheinlichkeiten betrachten. In Überraschungen nämlich. Welche Überraschungen müssen wir einkalkulieren? Wo könnten wir uns irren? Wie könnten sich unsere Annahmen als falsch erweisen? Genau genommen müssten wir es »potenzielle Überraschungen« nennen. Überraschend ist eine Entwicklung oder ein Ereignis dann, wenn wir zwar schon darüber nachgedacht, es aber für unwahrscheinlich gehalten haben. Dass Russland die Ukraine angreifen, die japanische Küste von einem Tsunami getroffen oder eine Pandemie Millionen Menschen umbringen könnte, war zumindest den Fachleuten bekannt. Allein, die Mehrheit hat es für die jeweils nächsten Jahre als unwahrscheinlich angesehen. In unseren unternehmerischen Aktivitäten sind es weit weniger spektakuläre Überraschungen, die wir auf dem Schirm haben sollten. Der neue disruptive Wettbewerber, der noch gar nicht gegründet ist, beispielsweise. Wir müssen immer auch die Alternativen zu unseren Produkten und Leistungen und zu unserem Geschäftsmodell im Blick haben, die den Kunden möglicherweise eine sachlich bessere, angenehmere, schnellere oder einfach preiswertere Lösung bieten könnten.

Wenn Ihnen ein solides äußeres Zukunftsbild fehlt, kann die Ausrichtung Ihres Unternehmens nicht zukunftssicher sein. Schließlich sind Sie dann blind für die Veränderungen Ihres Umfelds. Sie haben nichts, womit Sie Ihre Strategie abgleichen können. Ich erlebe es eher selten, dass wir in einem Unternehmen ein wirklich umfassendes und solides äußeres Zukunftsbild vorfinden. Zu viele Unternehmen befinden sich im hochriskanten Blindflug. Wer kein inneres Zukunftsbild hat, denkt in der Regel noch nicht einmal an ein äußeres Zukunftsbild. Der ist also gleich doppelt zukunftsblind. Nur wenn Ihr Zukunftsbild aus dem äußeren und dem inneren Zukunftsbild besteht, ist es wirklich robust und nützlich.

1.11. Und jetzt?

Wie weit sind Sie und ich auf unserer gemeinsamen Erkenntnisreise bisher gekommen?

1. Have a bright future! Für jeden Menschen und jede Organisation ist es enorm wertvoll, eine glänzende Zukunft vor sich zu sehen, auf die man mit Freude und Energie hinarbeitet.
2. Die Lebenswelt ist über Jahrhunderte immer besser geworden. Wir könnten trotz aller Krisen und Probleme eine gute Zukunft gestalten und die Lebensqualität der Menschheit immer weiter steigern.
3. Unser Erfolg steht aber infrage, denn das menschliche Gehirn

ist gemacht für ein Leben im Hier und Jetzt. Wir sind Homo präsens. Biochemisch bedingt ist die Zukunft unserem Gehirn im Normalzustand gleichgültig.

4. Weil wir die Zukunftschancen nicht im Blick haben, leiden die Menschen unter starken Zukunftsängsten. Auch die Unternehmer und Führungskräfte sind oft verzweifelt.

5. Mit gezielt erzeugter Zukunftsfreude können wir die Zukunftsängste auflösen. Vor allem können wir damit die außerordentlich schädliche Kurzfrist-Orientierung der Menschen heilen.

6. Es kommt auf Sie an. Zukunftsweisende Unternehmer und Führungskräfte können mehr Zukunftsintelligenz anstoßen, mit ihren Teams entwickeln und im täglichen Tun wirksam machen.

7. Die wichtigste und einzig nicht delegierbare Unternehmer-Aufgabe besteht darin, ein Zukunftsbild zu entwickeln und es im Team wirksam zu machen. Ohne Zukunftsbild können Sie nicht führen. Dieses Zukunftsbild besteht aus einem äußeren, erwarteten Zukunftsbild des Marktumfelds und aus einem inneren, erstrebten Zukunftsbild des Unternehmens. Ein solches Zukunftsbild ist der zentrale Erfolgsfaktor für das Gelingen einer guten bis glänzenden Zukunft: für den einzelnen Menschen, das Unternehmen, den Staat und die Menschheit.

8. Ihr Zukunftsbild und Ihre Zukunftsstrategie zu entwickeln und umzusetzen, ist die mit Abstand rentabelste Investition Ihrer Zeit.

Im besten Fall sind Sie jetzt überzeugt und motiviert, dass Sie unbedingt ein Zukunftsbild Ihres Marktes und Ihres Unternehmens zeichnen wollen, um all die vielen Vorteile ernten zu können und um Ihr Geschäft und Unternehmen zukunftssicher zu machen. Und um Ihr Team wirksam und erfolgreich führen zu können. Wenn Sie noch nicht ganz überzeugt sind, gehen Sie bitte trotzdem noch ein Stück des Weges mit mir auf unserer Erkenntnisreise. Vielleicht werden die enormen Erfolge Sie überzeugen, die Unternehmen im Hier und Jetzt mit zukunftsweisendem Denken und Handeln erzielen.

Dann gehen wir es an. Überlegen wir gemeinsam, wie Ihr Zukunftsbild aussehen könnte.

2. Bright Future Business?

2.1. Ihr Zukunftsbild leicht gemacht

Seit 1991 mache ich jeden Tag das, worüber ich in diesem Buch schreibe. Ich entwickele mit meinem Team bei der FutureManagementGroup AG Zukunftsstrategien mit Unternehmern und Führungskräften. Ziel ist immer, die Existenz des Unternehmens zu sichern und Erfolgspotenziale zu schaffen und zu erschließen. Ich bin seit 1988 Unternehmer mit angestellten Mitarbeitern, solo sogar noch länger, schon als Jugendlicher. Ich weiß aus eigenem Erleben, was es bedeutet, ein Unternehmen und ein Team in einem komplexen Geschäft durch die Marktveränderungen und die Herausforderungen des Alltags zu führen. Mit allen Höhen und Tiefen. Ich bin an einer Reihe von Unternehmen beteiligt, sodass ich unternehmerisch in mehreren Branchen engagiert bin. Ich habe über 2.000 Unternehmen von innen gesehen und mit den Führungskräften gearbeitet. Mit meinem Team habe ich weit über 1.200 Zukunftsstrategie-Projekte in mehr als 30 Ländern durchgeführt, sowohl für weltmarktführende große und bekannte Unternehmen wie auch seit einigen Jahren mit speziellen Programmen sogar für sehr kleine Unternehmen.

Mit diesem Hintergrund weiß ich, dass jeder Unternehmer mit seinem Unternehmen drei einfache Ziele und Wünsche hat:

1. Erfolg,
2. Sicherheit,
3. Freude.

Ja, das Wesentliche ist oft banal. Zukunftsmanagement wirkt mitunter komplex und abstrakt. Dennoch ist das Wesentliche daran einfach. Es war uns immer bewusst, dass unsere Klienten nicht wirklich Trends und Szenarien wollen. Dass sie auch keine Strategie wollen. Sie wollen natürlich nur die Wirkungen einer Zukunftsstrategie: Sie wollen, dass das eigene Unternehmen erfolgreich ist, heute und in der Zukunft, dass es zukunftssicher ist und dass es den Menschen im Unternehmen wie auch den Kunden Freude bereitet.

Wenn alles aus Ihrem Zukunftsbild folgt, dann muss auch eine Neuausrichtung Ihres Unternehmens mit der Entwicklung Ihres Zukunftsbildes beginnen.

Und schon stehen wir wieder vor einem großen Problem. Ein Problem, das wir schon kennen. Im ersten Teil wurde klar, dass unser Gehirn so stark von unserer Vergangenheit geprägt ist, dass es nur wenig Kapazität für das Denken der Zukunft hat. Und dann soll der Weg zur Überwindung unseres Kurzfristdenkens und zu mehr Erfolg, Sicherheit und Freude ausgerechnet darin liegen, zuallererst ein Zukunftsbild zu entwickeln? Unzählige weitere Studien haben doch immer wieder das Erwartbare bewiesen: Es fällt uns extrem schwer, uns unsere Zukunft vorzustellen.

Wie wäre es, wenn Sie eine leicht verständliche Vorlage für Ihr Zukunftsbild von Ihrem Bright Future Business bekommen würden? Eine Vorlage, die Ihre Vorstellungskraft fördert und es Ihnen sehr viel einfacher macht, Ihr Bright Future Business zu entwickeln. Stark vereinfacht und grundlegend gesehen besteht Denken aus Fragen und Antworten. Die Vorlage für Ihr Zukunftsbild müsste Ihnen die Fragen vorschlagen und viele Ideen und Beispiele für mögliche Antworten geben. Eine solche Vorlage brächte großen Nutzen:

1. Sie stärken Ihre Vorstellungskraft und können deshalb mit viel höherer Wahrscheinlichkeit ein robustes Bild von einer glänzenden Zukunft Ihres Unternehmens entwickeln.
2. Sie entwickeln Ihr Zukunftsbild mit weit weniger Mühe und Zeitaufwand.
3. Ihr Zukunftsbild hat eine deutlich höhere Qualität, weil Sie auf die Schultern vieler Experten und Unternehmer steigen können.

Wann es damit endlich losgeht, fragen Sie? Gleich. Einen kleinen Moment noch. Bevor wir uns daran machen, Ihr Bright Future Business zu beschreiben, müssen wir uns erst noch einen visuellen Eindruck davon verschaffen, wie Sie den Gedanken »Bright Future Business« am besten einordnen.

2.2. Bright Future Business oder No Future Business?

Das Bright Future Business ist Ihre Vorstellung von Ihrem Unternehmen, in der es erfolgreich und zukunftssicher ist und Ihnen, Ihren Beschäftigten und den Kunden Freude bereitet. Es ist Ihr inneres Zukunftsbild. Oder anders gesagt: Es ist Ihre Vision. Ihre Vision beschreibt den Erfolg, den Ihr Team zu einem bestimmten Zeitpunkt in der Zukunft erreicht haben will. Ihre Vision ist das konkrete Bild eines faszinierenden, von Ihnen und Ihrem Team gemeinsam erstrebten und realisierbaren zukünftigen Zustands Ihres Unternehmens.

Ihr Bright Future Business soll zukunftssicher sein. Doch Sicherheit und Zukunft schließen sich gegenseitig aus. In der Zukunft kann allein schon deshalb nichts sicher sein, weil wir die Zukunft ja nicht genau kennen können. Und vor allem, weil wir die Zukunft gestalten können. Und mit uns Milliarden anderer Menschen auch, deren Verhalten wir nicht absehen können. Es gibt nur eine einzige Möglichkeit, dass etwas in der Zukunft sicher ist: wenn es nicht veränderbar ist. Wenn es nicht gestaltbar ist. Vollständig zukunftssicher kann ein Unternehmen also gar nicht sein. Sie können gar nicht alles kennen und wissen, wogegen Sie sich absichern müssten.

Aber: Wenn man auch nie hundertprozentig wissen kann, dass ein Unternehmen zukunftssicher ist, so kann man sehr wohl begründet und subjektiv beurteilen, ob ein Unternehmen zukunftssicherer ist als andere. Zukunftssicherheit ist also ein relatives Maß. Ein Unternehmen ist für einen Betrachter zukunftssicherer als ein anderes, wenn er dem Erfolg und Fortbestehen des Unternehmens eine höhere subjektive Wahrscheinlichkeit zumisst. Ist ein Unternehmen dann zukunftssicher, dann muss man sich fortan die Zukunftssicherheit täglich neu erarbeiten.

Die folgende Abbildung hilft, das Konzept »Bright Future Business« einzuordnen.

1. Die horizontale Achse ist die Zeit. Das Heute und die Zukunft.
2. Die linke vertikale Achse ist der Grad an Zukunftssicherheit und Erfolg, den Sie erzielen und genießen wollen.
3. Die rechte vertikale Achse ist der Aufwand, den Sie dafür in Form von Geist, Zeit und Geld investieren, um Ihr Bright Future Business zu verwirklichen.
4. Das Gegenwartsbild des Marktes haben Sie klar vor Augen. Sie können die Wirklichkeit leicht erfassen und weitgehend zeitnah alles messen und zählen: vom Marktvolumen über das Preisniveau bis zur Wettbewerbssituation. Als Experte in Ihrer Branche haben Sie in der Regel ein klares Bild von der Gegenwart. Erst recht, wenn Sie Ihr Unternehmen mit einem Team führen und jeder seine Wahrnehmungen einbringt.
5. Den Zustand Ihres heutigen Unternehmens kennen Sie am besten. Wie immer gibt es Elemente Ihres Unternehmens, mit denen Sie zufrieden sind, und Elemente, die Sie verbessern und optimieren wollen. Hiermit verbringen Sie Ihre meiste Zeit: in Projekten und Prozessen im Tagesgeschäft.

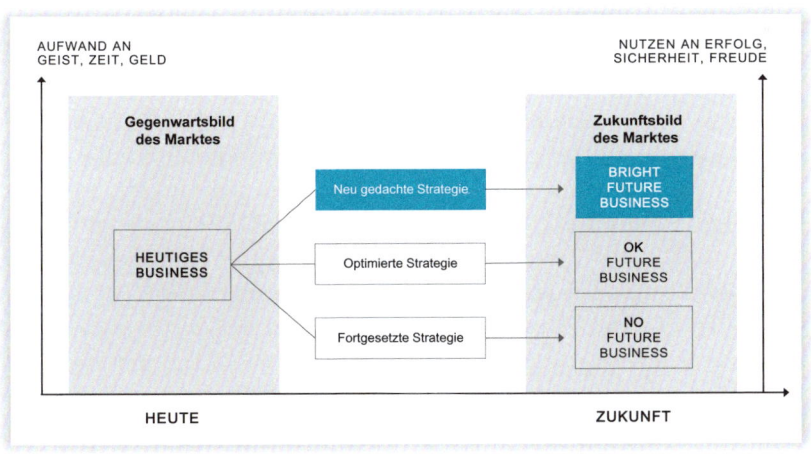

Abb. 1: No Future, Okay Future, Bright Future Business

6. Das Zukunftsbild Ihres Marktes ist das äußere Zukunftsbild, wie ich es oben beschrieben habe. Über die Zukunft gibt es naturgemäß keine Fakten, sondern nur Annahmen. Ihre Zukunftsannahmen sind zum Teil unbewusst, implizit und intuitiv. So entstehen gefährliche blinde Flecken. Manche Ihrer Zukunftsannahmen sind explizit. Sie sind dokumentiert und im besten Fall auch gut begründet, sodass Sie sie regelmäßig überprüfen können.

7. Wenn Sie Ihre Ausrichtung und Strategie einfach fortsetzen, wird sie mit jedem Tag falscher und gefährlicher. Denn Ihr Umfeld mit Kunden, Wettbewerbern, Technologien, Partnern und Regularien ändert sich ständig. Wenn Sie Ihre Strategie nicht an Umfeldveränderungen anpassen, ist die Wahrscheinlichkeit hoch, dass aus Ihrem Unternehmen ein »No Future Business« wird.

8. Wenn Sie Ihre Strategie verbessern, sie also an die sich ändernden Marktverhältnisse anpassen, können Sie Ihr Unternehmen einigermaßen auf dem heutigen Niveau halten. Dann bleibt es ein »Okay Future Business«, mit dem man natürlich zufrieden sein kann.

9. Wenn Sie Ihr Unternehmen grundsätzlich neu denken, können Sie es sich als ein »Bright Future Business« ausmalen. Als ein Unternehmen, das eine glänzende Zukunft vor sich hat und gegen ein Scheitern weitgehend abgesichert ist.

10. Dann erst entwickeln Sie eine neu gedachte Strategie, um Ihre Vision von einem Bright Future Business zu verwirklichen.

11. Selbstverständlich muss der zusätzliche Aufwand dafür kleiner sein als der zusätzliche Erfolg und die zusätzliche Zukunftssicherheit. Es muss sich emotional und materiell lohnen, Ihr Bright Future Business zu entwickeln und zu verwirklichen.

Wir wissen jetzt, dass Ihr inneres Zukunftsbild Ihre Vision ist, die den erstrebten Zustand Ihres Unternehmens beschreibt. Ein erfolgreiches, zukunftssicheres Unternehmen, das Freude macht, nennen wir ein Bright Future Business. Selbstverständlich muss Ihr inneres Zukunftsbild Ihres erstrebten Unternehmens zum äußeren Zukunftsbild Ihres erwarteten Marktumfelds passen.

Nun stellt sich endlich die Frage, was ein Bright Future Business ausmacht. Was liegt da näher, als sich umzuschauen und Unternehmen zu finden, die heute schon ein Bright Future Business sind, um damit die Eigenschaften eines solchen Business herauszufinden. Welches Unternehmen ist ein solches Bright Future Business? Am besten eines, das jeder kennt und idealerweise auch gut verstehen kann.

2.3. Das Musterbild eines Bright Future Business

In Vorträgen und Gesprächen mit Unternehmern und Führungskräften habe ich viele Male gefragt, welche Unternehmen man für zukunftssicher hält, welche Unternehmen ein Bright Future Business darstellen. Dabei kam ein Unternehmen mit großem Abstand am häufigsten vor: Tesla. Viele Menschen hassen Tesla und Elon Musk. Viele hassen sogar Elektroautos per se. Immer noch. Wer das Gefühl hat, dass Tesla ein hassenswertes Unternehmen ist, wird Hunderte Argumente finden, die sein Gefühl bestätigen. Sollten Sie auch dazugehören, bleiben Sie bitte trotzdem bei mir. Wir werden später noch gemeinsam viele andere Unternehmensbeispiele ansehen.

Ich verfolge Tesla seit 2006. Die Flut an negativen und oft auch schlicht falschen Berichten über dieses Unternehmen hat mich viele Male überrascht bis fassungslos gemacht. Gerade in Ländern mit großer Verbrennertradition wie eben in Deutschland und auch in den USA. Die Schlagzeile »Tesla muss sein Werk in Berlin schon wieder schließen« ist in Wahrheit ein geplanter Stopp der Produktion, um die Kapazität der Fabrik zu verdoppeln. Wenn Sie also viel Negatives über Tesla gelesen haben, könnte es sein, dass ein großer Teil davon nicht so ganz wahr ist oder zumindest nicht *mehr* wahr ist. Ich versuche, mich auf beweisbare Fakten zu konzentrieren. Es gibt viele recht objektive Gründe dafür, dass wir uns Tesla als Musterbild eines Bright Future Business genauer ansehen. Um nur einige zu nennen:

1. Ich kenne kein anderes Unternehmen, das gleichzeitig eine ökologisch unermesslich nützliche Mission verfolgt und dabei auch wirtschaftlichen Erfolg in schon heute großem und in Zukunft noch viel größerem Maße hat und haben wird.

2. Ich kenne kein anderes Unternehmen, das heute schon seine Nische so dominiert und das vor allem eine schier unvorstellbar erfolgreiche Zukunft im Massenmarkt vor sich hat. Meine Zukunftsannahme ist, dass Tesla bis 2030 das nach Marktwert größte und profitabelste Unternehmen der Welt werden wird.

3. Jeder Leser kann sich das Autogeschäft relativ gut vorstellen.

4. Die Automobilbranche ist praktisch die Achillessehne der Wirtschaft im deutschen Sprachraum.

5. Es ist unbestreitbar, dass Tesla innerhalb weniger Jahre die gesamte Automobilindustrie verändert hat. So wie damals Apple die Mobiltelefonbranche. Die ganze Industrie investiert Hunderte Milliarden, um den Wandel zu bewältigen. Dabei wird Tesla intensiv kopiert. Ohne Tesla wäre das nicht oder erst viel später passiert.

6. Klar messbar sind die Wachstumsraten von über 50 und zuletzt bis zu 87 Prozent pro Jahr, die Tesla in einem der schwierigsten Märkte und zu einer der schwierigsten Zeiten der Branche erzielt. Die Marktanteile blieben trotz mittlerweile starker Konkurrenz sehr groß.

7. Die Ertragsspannen liegen jetzt schon bei relativ geringem Absatz über denen aller Konkurrenten, außer Ferrari. Hohe Ertragsspannen, also relativ hohe Preise, zeugen zudem von einer starken Anziehungskraft auf Kunden.

8. Ex-VW-Vorstand Herbert Diess bestaunt das junge Unternehmen Tesla dafür, dass es dreifach produktiver ist als Volkswagen.

9. Drei Millionen Bewerber im Jahr 2021 dokumentieren, dass es sich um einen äußerst attraktiven Arbeitgeber handelt.

10. Tesla hat im Vergleich zu den erstaunlich tief in der Kreide stehenden Konkurrenten so gut wie keine Schulden.

11. Tesla ist nicht nur im Automobilgeschäft tätig. Tesla ist in rund einem Dutzend weiterer zukunftsweisender Geschäftsfelder aktiv, die sich alle gegenseitig unterstützen.

12. Die extrem hohe Bewertung der Tesla-Aktie dokumentiert, dass selbst professionelle institutionelle Investoren Tesla eine glänzende Zukunft zutrauen.

13. Und vieles mehr …

Das alles gleichzeitig gibt es in dieser Eindrücklichkeit bei keinem anderen Unternehmen in einer klassischen Branche. In den nächsten

Abschnitten will ich mit Ihnen ergründen, weshalb Tesla so erfolgreich geworden ist. Warum Tesla praktisch im Alleingang den größten Wandel der Automobilwelt seit Henry Ford angestoßen und im Grunde auch erzwungen hat. Personenkult um Elon Musk liegt mir fern. Es geht um harte, messbare Fakten.

Können Sie auch in einem kleinen Unternehmen vom Beispiel Tesla lernen? Selbstverständlich. Erinnern wir uns bitte daran:

> **2003 war Tesla ein Startup mit fünf Personen. Tesla ist nicht innovativ und erfolgreich, weil es groß ist. Tesla ist groß und wächst rasant, weil man hier von Anfang an fokussiert, innovativ, produktiv und mutig war.**

Ich verspreche Ihnen: Von Tesla und von all den anderen Bright Future Businesses, die ich Ihnen vorstelle, können Sie enorm viel auf Ihr Unternehmen und Ihre Arbeit übertragen. Fragen Sie sich bitte nach jedem Absatz über Tesla und später über andere Unternehmen: »Wie könnten wir das auf unser Unternehmen anwenden?« Es ist nur eine Frage der Nachdenkzeit, die Sie sich gönnen. In jedem einzelnen Beispiel stecken große Zukunftschancen für Sie.

Ich habe Tesla in Beratungsprojekten und Vorträgen ab 2006 häufig als potenzielle Überraschung und Bedrohung für die Automobilindustrie präsentiert. Ich habe die Folie noch. Tesla hatte gerade den ersten Prototypen seines Roadsters präsentiert. Die Serienproduktion sollte erst zwei Jahre später beginnen. Meist reagierten unsere Klienten und meine Zuhörer mit einem überlegen mitleidigen Lächeln.

Auch heute noch, mehr als anderthalb Jahrzehnte nach meinen ersten Präsentationen, glauben die Leader der deutschen Automobilindustrie, dass sie noch in zehn Jahren ein gutes Geschäft mit Verbrennungsantrieben machen werden. Volkswagen berichtete 2021 sogar den Aktionären, dass man 2030 genau so viel Umsatz mit Verbrennerfahrzeugen machen werde wie 2021. BMW schreibt auch heute noch auf der Website, dass im Jahr 2030 »bereits« die Hälfte der Neuwagenflotte elektrifiziert sein wird. Wohlgemerkt: der Flotte, also nicht der Verkäufe. Da hofft BMW auf noch mehr Verbrenner. Und »elektrifiziert« schließt sogar Hybride mit ein. Toyota ist noch viel stärker in der Vergangenheit verhaftet. Noch im Juni 2022 veröffentlichte Toyota seine Zukunftsannahme, dass man 2030 noch zwei Drittel seiner Fahrzeuge als Verbrenner verkaufen werde[11]. Ich hingegen bin überzeugt davon, dass sich diese Zukunftsannahmen von VW, BMW und anderen als gefährlich falsch erweisen werden. Wir gehen, wie dargestellt, von einem Wert von 80 bis 90 Prozent batterieelektrischem Anteil am Neuwagenverkauf im Jahr 2030 aus. Um unsere hiesigen früher weltmarktführenden Automobilhersteller mache ich mir ernsthaft große Sorgen.

Dabei steht Tesla noch ganz am Anfang. Man will dort in den nächsten Jahren mindestens jeweils 50 Prozent mehr Autos verkaufen als im Vorjahr. Die Vision für den Zeitraum 2030 bis 2032 sind 20 Millionen produzierte Autos. So viele, wie die beiden größten Automobilhersteller Volkswagen und Toyota in ihren besten Zeiten zusammen verkauft haben.

Der Corona-Krise konnte Tesla vergleichsweise gut trotzen. Während alle traditionellen Hersteller in der Corona-Krise zum Teil massive Rückgänge verzeichneten, konnte Tesla den Absatz von 2020 auf 2021 nochmals um 87 Prozent steigern. Man fand dort Wege, Chips aus anderen Anwendungen umzuprogrammieren, während alle anderen den Chipmangel als Erklärung für ihren teils drastischen Absatzschwund angaben. Trotz mittlerweile zahlreicher Wettbewerber mit durchaus überzeugenden Autos hat Tesla in den USA derzeit immer noch deutlich über 70 Prozent Marktanteil. Und das, obwohl es für Tesla in den USA derzeit keinen Steuerbonus mehr gibt, weil dieser nur bis zum Gesamtabsatz von 200.000 Autos gilt. Auch in Europa und China führt Tesla die Verkaufsstatistiken für E-Autos an. Weltweit verkauft es mit Abstand die meisten davon.

Vor Kurzem lag das Kurs-Gewinn-Verhältnis der Tesla-Aktie noch bei mehreren Hundert. Derzeit beträgt es je nach Aktienkurs zwischen 60 und 90. Das ist immer noch extrem hoch, während man Aktien von Volkswagen, Mercedes und BMW für nur den vier- bis fünffachen Gewinn kaufen kann. Wie kann es zu solch einer fast astronomisch hohen Bewertung von Tesla kommen? Wie kann es sein, dass Investoren freiwillig bereit sind, zigfach mehr Geld für eine Aktie von Tesla zu zahlen als für eine von Toyota, Volkswagen, Mercedes oder BMW?

Die Investoren müssen in Tesla etwas sehen, was sie in allen anderen Autobauern nicht oder kaum sehen. Was ist das? Die Antwort ist einfach: Sie sehen eine glänzende Zukunft für Tesla. Und sie sehen Tesla als ein relativ zukunftssicheres Unternehmen, für das sie gerne Risiken aus der enorm hohen Bewertung eingehen. Sie sehen Tesla als ein Bright Future Business.

Tesla hat in einem der schwierigsten und kapitalintensivsten Märkte in wenigen Jahren geschafft, was dem Unternehmen kaum jemand zugetraut hätte. Sie und ich werden mit recht hoher Wahrscheinlichkeit nicht mehr die Gelegenheit haben, einen ähnlich grandiosen Erfolg zu schaffen. Doch selbst wenn wir ein Tausendstel oder Millionstel davon schaffen, hätten wir Großartiges geleistet. Ich werde in den nächsten Kapiteln viele Beispiele zeigen, auch aus dem Mittelstand. Tesla dient hier nur als bekannter und für jeden leicht vorstellbarer Musterfall, mit dem wir die Eigenschaften eines Bright Future Business ermitteln wollen. Was genau macht die Aktionäre von Tesla so zuversichtlich, dass sie weiter so viel in die Zukunft dieses Unternehmens investieren?

2.4. Die Eigenschaften eines Bright Future Business

Was macht ein Unternehmen zu einem Bright Future Business? Nach vielen Analysen, Tests und Gesprächen mit Unternehmern haben wir acht Eigenschaften identifiziert, die ein Unternehmen zu einem zukunftssicheren Bright Future Business machen:

1. Sie verbessern nachhaltig die Lebensqualität vieler Menschen.
2. Sie arbeiten an großen, realisierbaren Zukunftschancen.
3. Viele Kunden kaufen gerne, viel und zu rentablen Preisen.
4. Exzellente Mitarbeiter kommen, bleiben und engagieren sich gerne.
5. Ihre Produktivität ist an der Spitze der Branche.
6. Ihre Wettbewerber haben es schwer, sie zu kopieren.
7. Sie sind gegen technisch-strategische Disruptionen abgesichert.
8. Ihr Unternehmen ist eine Freude für die Anteilseigner.

Abb. 2: Acht Eigenschaften eines Bright Future Business

Das ist eine Vorschau auf die folgenden Kapitel. Jede einzelne dieser Eigenschaften werde ich mit Ihnen in den folgenden Kapiteln herleiten, begründen und mit Beispielen illustrieren. Ich werde jede Eigenschaft mit einer tiefergehenden Analyse von Tesla einleiten. Zudem werde ich Ihnen Hinweise, Tipps und Anleitungen dafür geben, dass Sie nach und nach Ihr eigenes zukunftssicheres Bright Future Business entwickeln können.

3. Sie verbessern nachhaltig die Lebensqualität vieler Menschen

3.1. Die nachhaltige Transformation von Energie und Transport

Die erste auffällige Eigenschaft von Tesla ist die Mission, den Übergang zu nachhaltigem Transport und nachhaltiger Energie zu beschleunigen. Nachhaltiger Transport mit ebensolcher Energie bedeutet, dass dadurch der Umwelt nicht geschadet wird. Dass das Unternehmen zumindest kein Negativ-Faktor für unseren Planeten ist. Wir betreiben Mobilität und Transport seit mehr als hundert Jahren fast ausschließlich mit fossilen Energieträgern. Jedem ist klar, dass fossile Brennstoffe endlich sind. Es ist im Prinzip auch unstrittig, dass die durch die Verbrennung fossiler Energieträger erzeugten Emissionen an Gasen wie Kohlendioxid umwelt- und klimaschädlich sind. In den letzten Jahren wurde episch diskutiert, ob Elektroautos wirklich umweltfreundlicher sind. Mittlerweile ist es unbestreitbar, dass batterieelektrische Fahrzeuge in der Summe eine Reihe von Vorteilen gegenüber Verbrennerfahrzeugen haben. Sie sind ökologisch und wirtschaftlich gesehen die deutlich zukunftsintelligentere Alternative[12].

1. Der Wirkungsgrad eines batterieelektrischen Fahrzeuges von der Energiequelle bis zum gefahrenen Kilometer ist mit rund 75 Prozent weitaus höher als beim Verbrenner. Beim Benzinmotor sind es rund 25 Prozent, beim Diesel rund 33 Prozent. Und das auch nur bei optimalen Bedingungen, die im Alltag aber selten erreicht werden. In der Summe brauchen Elektrofahrzeuge nur ein Drittel der Energie. Angesichts des dreifach höheren Wirkungsgrades wäre es energetisch sogar sinnvol-

ler, an der Tankstelle Diesel im Generator zu verbrennen, um Elektrofahrzeuge mit Strom zu laden.

2. Ein Wasserstoff-Brennstoffzellen-Antrieb hat einen Wirkungsgrad von rund 25 Prozent. Diese Fahrzeuge brauchen somit dreifach mehr Energie pro Kilometer im Vergleich zu batterieelektrischen Fahrzeugen. Sie haben in Pkws und vermutlich auch in Lkws keine Chance.

3. Die synthetisch erzeugten sogenannten E-Fuels sind langfristig keine Lösung. Sie haben mit zehn bis 15 Prozent Wirkungsgrad den größten Energieverbrauch. Vertretbar sind E-Fuels nur mit dem Argument, dass wir nicht gleich alle Verbrenner verschrotten können und mit einer schnellen massenhaften Produktion von E-Autos noch mehr Emissionen erzeugen. Verbrenner deshalb mit klimaneutralem E-Fuel bis zu ihrem Lebensende weiterzubetreiben, ist ein vernünftiges Argument, aber eben ein temporäres.

4. Ein batterieelektrisches Fahrzeug kann vollständig mit regenerativ erzeugtem Strom betrieben werden. Natürlich wird, je nach Energiemix eines Landes, ein mehr oder weniger großer Teil des Stroms durch Verbrennung von Kohle oder Gas erzeugt. Dieses bei Elektroauto-Gegnern beliebte Argument greift aber nicht, weil der Anteil regenerativ erzeugten Stroms weltweit immer weiter zunimmt und der Anteil des mit klimaschädlichen Energieträgern erzeugten Stroms immer kleiner wird. Elektroautos werden also von Jahr zu Jahr nachhaltiger. Langfristig könnten Solarzellen in jedem Fahrzeug die durchschnittliche tägliche Fahrleistung abdecken, ganz ohne Laden. Fossil betriebene Fahrzeuge hingegen können nur fossile Brennstoffe oder höchst ineffiziente E-Fuels verwenden. Wir würden im Faktor Nachhaltigkeit auf der Stelle treten, noch über Jahrzehnte zu viele Schadstoffe ausstoßen und irgendwann am Ende der Ölreserven anlangen.

5. Auch die Herstellung von Elektroautos und ihrer Akkus wird immer nachhaltiger. Aktuelle Zahlen von Tesla besagen, dass der Herstellungsnachteil ihrer Elektroautos bei den Emissionen

gegenüber Verbrennerfahrzeugen schon nach 6.500 Meilen ausgeglichen ist. Diesen erstaunlichen Wert erreicht Tesla auch durch die hohe Effizienz seiner Produktion. Frühere Zahlen, die diesen Vorteil erst bei 150.000 oder andere bei 80.000 Kilometern sahen, sind mittlerweile widerlegt[13]. Die zugrunde gelegten Annahmen waren einfach falsch.

6. Elektroautos kann man buchstäblich überall an jeder einfachen Steckdose laden. Auch die Infrastruktur für Schnellladestationen, die man nur auf Langstrecken braucht, wächst rasant. Dezentral erzeugter Strom, vor allem mit Solaranlagen, macht die Energieversorgung noch stabiler. Insgesamt wird der Strombedarf für eine vollständige Elektrifizierung, je nach Land, nur um rund 20 Prozent wachsen. Auch deshalb, weil schon die Herstellung eines Liters Diesel 7 kWh an Strom braucht, was dann sukzessive wegfällt. Die Energieversorger sind jedenfalls vergleichsweise entspannt, was den Ausbau der Ladeinfrastruktur für Elektroautos betrifft. Das größte Problem haben bis auf Weiteres Mieter von Wohnungen, die keinen eigenen Parkplatz haben. Doch auch dieses Problem wird mit Lademöglichkeiten an Parkplätzen, am Straßenrand oder beim Arbeitgeber gelöst werden.

7. Öl ist endlich. Die Rohstoffe für Akkus auch. Um an dieser Stelle nicht unnötig in die Tiefen der Zellchemie einzutauchen, will ich es nur zusammenfassend festhalten: Lithium ist auf der Erde in der Erdkruste und in den Meeren ausreichend vorhanden, um jegliche Mobilität und allen Transport batterieelektrisch zu betreiben. Nicht das Vorkommen ist knapp, sondern noch sind es die Kapazitäten zur Gewinnung und Raffinierung von Lithium. Der gerne kritisierte Wasserverbrauch in Chile ist in mehrfacher Hinsicht ein schwaches Argument. Erstens wird da kein Trinkwasser verbraucht. Zweitens entspricht der Wasserverbrauch für einen großen Akku in etwa dem für elf Avocados oder zwei Rindersteaks. Und drittens wird Lithium andernorts weit weniger problematisch gewonnen. Unsere Meere und der Boden selbst enthalten unvorstellbare Mengen an Lithium. Doch schon steht die nächste Akku-Generation an, die Natrium statt Lithium verwendet. Beide Metalle

gehören zu den zehn häufigsten Elementen auf der Erde. Der Kobalt-Anteil wurde schon drastisch auf einen Bruchteil reduziert. Es wird leicht übersehen, dass Kobalt auch in der Verbrennerproduktion für die Härtung von Metallen verbraucht wird. Lithium-Eisen-Phosphat-Akkus (LFP) enthalten gar kein Kobalt und auch kein Nickel. Sie sind die preiswertere und langlebigere Option für Elektroautos für den Alltag. Während ein Verbrenner allein für den Antrieb in seiner Lebenszeit rund 17.000 Liter für immer verbrennt und die Atmosphäre belastet, ist in einem Akku auch nach vielen Jahren Lebensdauer noch alles vorhanden, was man eingebaut hat. Die praktisch bewiesene Recycling-Quote liegt über 95 Prozent. Ab einem gewissen Zeitpunkt in der Zukunft werden wir die Rohstoffe für Akkus folglich größtenteils aus alten Akkus wiedergewinnen.

8. Die Lebensdauer eines Akkus und eines Elektromotors liegt weit über der Lebensdauer eines Verbrennungsmotors. Solide Studien und reale praktische Tests haben gezeigt, dass beispielsweise ein LFP-Akku mindestens eine Million Meilen hält, bis er nur noch 70 Prozent seiner Kapazität hat und dann in Haushalt oder Industrie weiterverwendet werden kann. Das sind 1,6 Millionen Kilometer. Selbst wenn Sie mit 30.000 Kilometern weit mehr pro Jahr fahren als der durchschnittliche Europäer, reicht das für mehr als 50 Jahre. Und es heißt »mindestens« eine Million Meilen. Ernst zu nehmende Fachleute gehen von zwei und mehr Millionen Meilen aus. Kein Mensch braucht diese Lebensdauer. Aber Robotaxis schon. Jedenfalls wird die Lebensdauer von Akkus von Laien weit unterschätzt, weil sie die technisch unzulässige Analogie zu den nicht software-gemanagten und temperierten Akkus in ihren Handys und Laptops ziehen, die nach wenigen Jahren schon schlapp machen.

9. Die Kosten für den Betrieb eines Elektroautos in Cent pro Kilometer sind deutlich niedriger. Akkus wurden in den letzten zehn Jahren pro kWh um sage und schreibe 87 Prozent billiger. Ein Elektroantrieb ist weit einfacher gebaut, sodass weniger kaputtgehen kann. Strom ist in fast allen Ländern pro gefahrenen Kilometer weit billiger als Diesel, Benzin oder Gas.

Bei Tesla ist das Service-Center, sozusagen die Werkstatt, kein Profit-Center. Kunden behalten ihre Garantien selbst dann, wenn sie keinen Autoservice machen lassen.

Diese Argumente sollten ausreichen, um die erste Eigenschaft von Tesla als einem Bright Future Business zu bestimmen, die auch Ihr Unternehmen auszeichnen sollte: Sie verbessern nachhaltig die Lebensqualität der Menschen.

Die Gründer von Tesla haben erstens die technischen Möglichkeiten für batterieelektrische Fahrzeuge erkannt, vor allem in der Akkumulator-Technik, und zweitens sahen sie den gesellschaftlichen und ökologischen Nutzen. Wo könnten Sie mit Ihrem Unternehmen in einem positiven Spannungsfeld zwischen gesellschaftlichem Nutzen und noch ungenutzten Möglichkeiten der Technologien Erfolge erzielen?

3.2. Gestalten Sie eine glänzende Zukunft mit

Ist es nicht naiv und zu romantisch zu glauben, dass Unternehmen die Lebensqualität der Menschen verbessern? Dass das sogar eine zentrale Eigenschaft eines Bright Future Business ist? Was Ihnen und mir, aber nicht der breiten Öffentlichkeit bewusst ist: Selbst die intelligentesten politischen Entscheidungen und Programme und sogar die edelsten Aktionen von Politikern und Nichtregierungsorganisationen wirken nur als Förderer oder Verhinderer unternehmerischer Aktivitäten. Aber sie sind nicht die Treiber der Entwicklung von Lebensqualität. Sicher haben Sie Winston Churchills Aussage schon einmal gehört: »Es gibt Leute, die halten Unternehmer für einen räudigen Wolf, den man totschlagen müsse, andere meinen, der Unternehmer sei eine Kuh, die man ununterbrochen melken kann. Nur ganz wenige sehen in ihm das Pferd, das den Karren zieht.«

 Die Unternehmerinnen und Unternehmer sind die Generatoren des Wohlstands und der Lebensqualität.

Ihre Initiative schafft Arbeitsplätze, um Probleme von Kunden zu lösen und Wünsche zu erfüllen. Dass sie Arbeitsplätze regelmäßig auch vom Alten zum Neuen umschichten müssen, wird ihnen mitunter als Arbeitsplatzvernichtung aus Geldgier ausgelegt. Ja, das trifft für manchen börsendominierten Großkonzern tatsächlich zu. Nicht aber für die über 99 Prozent Privatunternehmer[14]. Die Ausnahme wird leider als Regel wahrgenommen.

Gehen wir an das Fundament des Unternehmertums. Wozu ist Ihr Unternehmen da? Es löst Probleme und erfüllt Wünsche. Somit schafft es ein Stück Lebensqualität. Für diesen geschaffenen Wert wird das Unternehmen von seinen Kunden mit Geld belohnt. Ganz offensichtlich ist das in Geschäften, die sich direkt an Endkunden richten. Der Handwerker deckt das Dach neu, die Ärztin therapiert eine Verletzung, der Bäcker produziert das Brot und die Möbelhändlerin liefert das Sofa. Alles verbessert die Lebensqualität. Weniger sichtbar ist die Steigerung von Lebensqualität, wenn Sie wie unser Klient MIKRON aus der Schweiz Maschinen für die Massenproduktion von kleinen komplexen Präzisionsteilen herstellen. Eine Hauptzielgruppe von MIKRON sind Schweizer Uhrenproduzenten. Sie benötigen kleinste, komplexe und hochpräzise Teile, um Uhren herzustellen, die oft vier- bis fünfstellige Beträge kosten. Diese Uhren werden bekanntlich kaum zur Anzeige der Uhrzeit gekauft. Das macht eine Uhr schon für weniger als hundert Euro präzise genug. Damit wäre das Problem schon gelöst. Jeder weitere Euro ist Luxus, Prestige und Wertanlage und erfüllt sehr emotionale Wünsche. Es liegt in der Natur einer Wertschöpfungskette, dass jeder Lieferant zur Steigerung von Lebensqualität beiträgt, sei er auch noch so weit entfernt vom Endkunden.

Wer also hat vor allem die Verantwortung dafür, dass wir die ökologischen, sozialen und wirtschaftlichen Probleme der Menschheit besser lösen? Dafür, dass wir keine neuen Probleme erzeugen? Dafür, dass wir die Lebensqualität der Menschen weltweit weiter steigern? Genau, die Unternehmerinnen und Unternehmer. Wie tragen Sie mit Ihrem Unternehmen dazu bei, dass die Lebensqualität der Menschen und der Gesellschaft bewahrt oder gesteigert wird?

In den jüngsten Krisen haben wir erlebt, wie wichtig es ist, dass Unternehmen der Gesellschaft erkennbar nützlich sind.

Dass sie ihre Aktivitäten in die Maximierung ihres gesellschaftlichen Beitrags investieren und erst darüber und daraus Geld verdienen wollen. Solche Unternehmen werden von ihren Kunden, ihren Mitarbeitern und der Öffentlichkeit gerne unterstützt. Man kann im Gehirn des Menschen unter dem MRT beobachten, dass es sich wohler fühlt, wenn es etwas Gutes für andere Menschen tut, als wenn es nur eigennützige Zwecke erfüllt. Das gilt nicht nur für Ihre Mitarbeiter, sondern auch für Sie persönlich. Unternehmertum ist erfüllender und macht mehr Freude, wenn Sie wissen, dass Sie etwas Sinnvolles für die Gesellschaft tun. Zudem wissen wir, dass immer mehr Menschen sich ihre Arbeitgeber auch danach aussuchen, ob diese gut für die Welt sind. Gerade jüngere Mitarbeiter fragen in Bewerbungsgesprächen gezielt danach.

Menschen wollen heute und noch mehr in Zukunft für Unternehmen arbeiten, die etwas Gutes in der Welt bewirken. Es ist ein wichtiger Faktor dafür, dass Sie gute Mitarbeiter gewinnen und halten können. Selbst Investoren achten zunehmend darauf, dass ein Unternehmen keine gesellschaftlichen Nachteile verursacht, sondern der Gesellschaft nützlich ist. Nicht alle tun das aus edlen Werten und aus Überzeugung. Manche machen es nur, weil sie wissen, dass ein Unternehmen dann leichter Kunden und Mitarbeiter gewinnen kann und leichter finanzierbar ist, wenn es ein Bright Future Business ist. Und weil ihnen zunehmend bewusst wird, dass es andererseits immer riskanter wird, in gesellschaftsschädliche Unternehmen zu investieren.

Deshalb ist es für Sie ein starker Erfolgsfaktor, wenn Ihr Unternehmen einen erkennbaren gesellschaftlichen Beitrag leistet und diese Aufgabe auch in Ihrer Mission dokumentiert ist.

Bright Future Business hat zwei Bedeutungen gleichzeitig:

1. Ihr Unternehmen trägt dazu bei, eine glänzende Zukunft zu gestalten.
2. Ihr Unternehmen hat selbst eine glänzende Zukunft.

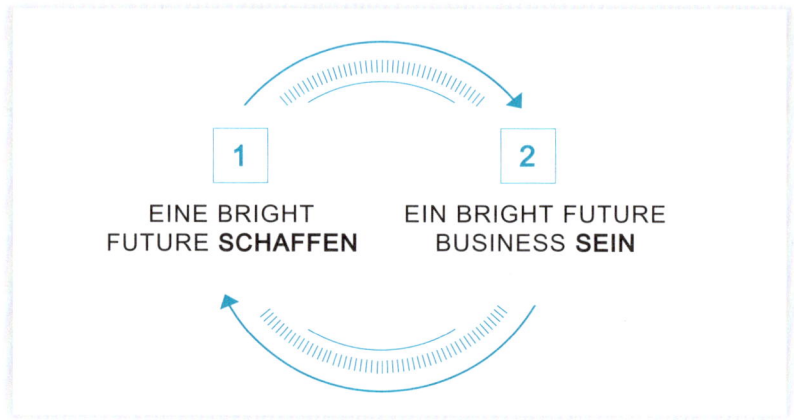

Abb. 3: Eine Bright Future schaffen – ein Bright Future Business sein

> **Nach meinem Verständnis kann es kein zukunftssicheres Unternehmen geben, das nicht im Kern seiner Existenzberechtigung darauf zielt, die Lebensqualität der Menschen zu verbessern.**

Schon aus moralischen und ethischen Gründen nicht. Natürlich auch aus wirtschaftlichen Gründen. Unternehmen, die nach der Maxime »maximal viel Kohle und zwar jetzt« geführt werden, haben in der zukünftigen Wirtschaftswelt immer weniger Platz. Ob es solche Unternehmen überhaupt noch gibt? Klar, en masse. Diese können aber nur dort noch finanziell erfolgreich sein, wo ein autokratisches politisches System ihnen die Gelegenheit dazu gibt. In einer freien Gesellschaft mit zukunftsintelligenten Bürgern funktionieren sie nicht mehr (lange).

Ja, ich weiß, was Sie denken, und Sie haben recht. Viele Unternehmen behaupten von sich nur, Gutes zu tun. Und tun oft das Gegenteil, nämlich mit wenig Rücksicht die Renditen zu steigern. Wie immer im Leben: Schauen Sie nicht auf das, was jemand sagt, sondern auf das, was er tut. Es geht ja um Ihr Unternehmen. Sie bestimmen also, wie ernst Sie es meinen. Denken wir nicht an die wenigen Großunternehmen und Konzerne, die von Analysten und anonymen Aktionären zu kurzfristig maximalen Renditen getrieben werden. Schauen Sie bitte auf die Unternehmen, die von realen Unternehmern geführt werden. Solche Unternehmen überleben nicht lange, wenn sie sich gesellschaftsschädlich verhalten. Dafür gibt es zu viel Wettbewerb und dafür haben sie in einer freien Gesellschaft politisch zu wenig Macht. Gerade die kleinen und mittleren Unternehmen und die berühmten Hidden Champions sind auffallend oft einem erkennbaren gesellschaftlichen Nutzen verpflichtet. Und sei es auch nur den Familien ihrer Mitarbeiter und dem wirtschaftlichen und gesellschaftlichen Wohlergehen ihrer Region.

Damit wir uns richtig verstehen: Ich spreche hier nicht von ESG (Environmental, Social, Governance) oder CSR (Corporate Social Responsibility). Das sind gute Konzepte, die Unternehmen daran erinnern, über das gesetzlich Notwendige hinaus als gute verantwortungsvolle Bürger zu agieren. Der Zweck von CSR ist, das soziale und ökologische Wohl der Gesellschaft zu fördern. Ich meine hier *Corporate Social Value*. Es ist nicht damit getan, ab und zu mal etwas zu spenden und einen Kindergarten zu bauen, sonst aber vor allem auf den eigenen Profit zu schauen. Es geht darum, im Kern Ihrer Aktivitäten, also schon in Ihrer Mission, zu bestimmen, dass Sie die Lebensqualität der Kunden steigern, wie Sie sie steigern und wie Sie darüber hinaus auch einen gesellschaftlichen Nutzen schaffen.

3.3. Bestimmen Sie Ihre motivierende Mission

Ihren Auftrag, die Lebensqualität der Menschen nachhaltig zu verbessern, dokumentieren Sie in Ihrer Mission. Sie beschreibt grundlegend die Existenzberechtigung Ihres Unternehmens, die Raison d'être, den Grund des Seins. Sie gibt die Antwort auf die allerwichtigste Frage: Wozu sind wir da?

Purpose?

Warum ich das nicht Purpose nenne, wie es in jüngster Zeit Mode ist? Ja, Purpose ist die neue Idee der Berater. »Mission« klingt ihnen zu abgegriffen, weshalb sie einen neuen Begriff verwenden und versuchen, ihn gegen »Mission« abzugrenzen. Purpose sei die große Daseinsberechtigung eines Unternehmens. Mission hingegen beschreibe nur, was ein Unternehmen konkret tut. Die Berater haben Purpose-Entwicklung als Geschäftsfeld erkannt. Dafür haben manche großen Consulter tatsächlich Teams in Hunderterstärke aufgebaut. Lassen Sie sich nichts vormachen. Purpose bedeutet »Zweck«. Den Zweck des Unternehmens zu bestimmen, war schon immer der Zweck einer Mission. Ja, man kann jetzt Purpose nennen, was bisher Mission hieß. Wer Ihnen aber erzählt, dass Mission und Purpose zwei ganz unterschiedliche Dinge sind, hat das Ganze nicht verstanden, jedenfalls aus meiner Sicht. Warum sollten Sie Ihren gesellschaftlichen Beitrag von Ihrer Mission trennen? Es gibt dafür aus Unternehmersicht keinen logischen Grund. Besser ist es doch, wenn Sie Ihre Aktivitäten direkt mit einem gesellschaftlichen Beitrag verbinden. Dann ist der Purpose, eben der gesellschaftliche Beitrag, ein integraler Bestandteil Ihrer Mission. Dann arbeiten Sie mit Ihrem Team jeden Tag daran, die Lebensqualität der Menschen zu verbessern, die Ihrer Kunden wie auch die der Gesellschaft. Deshalb: Beschreiben Sie Ihre Daseinsberechtigung, Ihre Mission, in einer schlüssigen und überzeugenden Gesamtaussage.

Massive Transformative Purpose?

Mit dem Buch »Exponential Organizations«[15] machten Salim Ismail und andere den Begriff »Massive Transformative Purpose« populär. Auch sie sagen, dass das weit mehr ist als eine Mission. Meine Antwort darauf kennen Sie schon. Aber die Idee einer massiv transformativen Mission, um die Begriffe mal zusammenzuführen, ist durchaus interessant. Denn schließlich heißt das, dass die Mission des Unternehmens eine kühne und riesige – massive – Tragweite haben soll und dass sie transformativ sein, also eine Branche oder gar den Planeten stark verändern soll. Da bin ich absolut dafür. Viele der dort genannten Beispiele sind aber nicht wirklich massiv transformativ:

- TED: »Ideas worth spreading«
- Uber: »Transportation as reliable as running water«
- Pinterest: »The world's catalogue of ideas«
- Boston Children's Hospital: »Until every child is well«.

Ich lese das alles einfach als anspruchsvolle und gute Missionen. Aber wirklich massiv und transformativ? Das würde ich mir anders vorstellen. Es zeigt Ihnen aber etwas Wichtiges: Selbst mit dem größten Anspruch dieser Welt, selbst im Silicon Valley, nehmen sich nur wenige Unternehmen wirklich hochgradig weltverändernde Missionen vor. Das mag enttäuschen, ist aber nur realistisch. Die meisten Unternehmen, mit denen wir bisher gearbeitet haben und die wir beobachten, haben eine Geschichte, die sie nicht ändern können. »Pfadabhängigkeit« nennt man das. Man kann nicht plötzlich alles auf den Kopf stellen. Zudem hat man Verantwortung für die Mitarbeiter. Kaum jemand kann, will und sollte sich mit größtem Risiko in geschäftliche Abenteuer stürzen. Daher: Ja, verbessern Sie nachhaltig die Lebensqualität der Menschen. Möglichst vieler Menschen. Aber das heißt nicht, dass Ihre Mission nur dann gut ist, wenn Sie damit die Welt verändern. Es ist auch in Ordnung, wenn es ein, zwei, drei Stufen bescheidener und realistischer ist.

Ihre Mission

Die Mission eines Unternehmens ist wie ein existenzieller Code. Das ist wie bei Software. Schon ein einzelnes Wort, anders formuliert, führt zu einer anderen Identität und einem anderen Verhalten des Systems. Selbst ein anders gesetztes Komma kann Ihre strategische Ausrichtung verändern. Deshalb sind jeder Begriff und auch die Syntax wirklich entscheidend. In einer gut formulierten Mission finden Sie fünf Elemente, mit denen Sie die große Aufgabe Ihres Unternehmens bestimmen. Das funktioniert übrigens für einen einzelnen Menschen und seinen Beruf genauso. Bitte notieren Sie Ihre Gedanken, während wir uns gemeinsam die fünf Elemente Ihrer Mission ansehen.

Abb. 4: Elemente einer Mission

Antrieb

Peter Diamandis drückt es hervorragend aus: »Finde etwas, wofür du sterben würdest, und dann lebe dafür.«[16] Ihr Antrieb ist das Motiv, aus dem heraus Sie Ihr Geschäft betreiben. Das ist die Energie, die Sie aus Ihren Überzeugungen beziehen. Es ist Ihre Leidenschaft, vielleicht auch Ihre Wut über bestehende Missstände. Ihr Antrieb gibt Ihnen die Energie, mit der Sie Ihr Geschäft betreiben.

Das berühmte »Why« von Simon Sinek[17] ist genau das: der Antrieb. Dieses »Why« wird oft missverstanden. »Warum« hat im Deutschen zwei Bedeutungen. Es kann sowohl die Ursache bezeichnen wie auch den Zweck. Aber das, von dem so viele reden, ist ganz eindeutig die Ursache, das Motiv, die Herkunft. Auch Simon Sinek sagt, dass das »Why« nicht aus Ihrer Zukunft, sondern aus Ihrer Vergangenheit kommt. Das »Why« ist also nicht das »Wozu« und das »Wofür«, sondern das »Woher«. Salim Ismail setzt in »Exponential Organizations« fälschlicherweise den Purpose sogar dem Why gleich. Nun, alle haben das »Why« von Simon Sinek übernommen, und der definiert es eben anders. Purpose und Why sind die Eckpunkte einer guten Mission. Aber sie sind nicht das Gleiche. Ich nenne das deshalb etwas grundsätzlicher den Antrieb.

Für Elon Musk ist der Antrieb, laut eigener Aussage, die Unzufriedenheit über unsere herkömmlichen Lösungen für große Aufgaben der Menschheit. Er weiß, dass sie mit neu gedachten Technologien und Geschäftsmodellen besser gelöst werden können. Für Wolfgang Grupp von Trigema ist der Antrieb die Überzeugung, dass ein wirklicher Unternehmer in seinem Heimatland produzieren sollte. Von beschränkter Haftung hält er wenig. Wegen dieser Überzeugung betreibt er Trigema als Einzelunternehmen mit vollem persönlichen Risiko. Lassen Sie sich bitte nicht von diesen großen Beispielen irritieren. Das alles gilt natürlich auch für kleine Unternehmen. Wenn ich mein eigenes bescheidenes Beispiel einbringen darf: Ich arbeite aus der tiefen Überzeugung heraus, dass es für Menschen und die Menschheit besser ist, wenn sie früher und mehr an ihre Zukunft denken und in der Gegenwart konsequenter danach handeln. Ja sogar aus einem Gefühl der Wut darüber, dass die Menschen sich so kurzsichtig verhalten. Mich treibt die immer wieder in der Praxis bestätigte Überzeugung an, dass ein positives Zukunftsbild unendlich wertvoll ist.

Wenn es Ihnen gelingt, Ihren Antrieb direkt mit Ihrem gesellschaftlichen Beitrag zur Steigerung der Lebensqualität der Menschen zu verbinden, haben Sie so etwas wie den Heiligen Gral gefunden.

Ziel-Kundengruppe

Ihre Mission richtet sich an Menschen. An Ihre Ziel-Kundengruppe. Sie sollten klar vor Augen haben, für wen Sie Ihre Energie und Leidenschaft einsetzen. Für mich sind das die Leader, die Unternehmer und Führungskräfte, die meine Überzeugungen über die Bedeutung von Zukunftsintelligenz teilen. Wählen Sie eine Ziel-Kundengruppe, die Sie gut kennen und die Sie mögen, wenn nicht gar »lieben«. Es sollte Ihnen ein echtes Anliegen sein, die Lebensqualität dieser Menschen deutlich und nachhaltig zu verbessern.

Wirkungsversprechen

Das wichtigste Element Ihrer Mission ist ein klares Wirkungsversprechen. Wofür bezahlen Ihre Kunden wirklich? Was bewirken Sie für Ihre Kunden? Menschen zahlen ja nicht wirklich für Produkte, nicht für Leistungen, nicht für Lösungen, nicht für Stunden oder Tage. Sie zahlen immer für emotionale Wirkungen, die sie damit bekommen. Diese Wirkungen, übrigens, verändern sich so gut wie nie. Sie sind die Konstanten im Geschäft, auch noch in 20 oder 50 Jahren. Menschen zahlen für Musikgenuss, heute per Streaming-Abo, früher per CD. Sie zahlen dafür, von A nach B zu kommen, heute noch mit eigenem Auto, morgen per fahrerlosem Robotaxi, Oder auch für die Videokonferenz, für die emotionale Wirkung, die sie aus der Begegnung mit Menschen erhalten. Ganz ohne Auto, Bahn oder Flugzeug. Die emotionale Wirkung bleibt gleich, aber die Lösungen ändern sich immer wieder grundlegend. Sonos erzeugt die Wirkung, dass der Aufbau und Betrieb einer Musikanlage denkbar einfach funktioniert. Amazon verspricht die Wirkung des einfachsten Einkaufs mit dem weltbesten Kundenservice. Google bietet als Kerngeschäft die Wirkung, schnell umfassend informiert zu sein. Wir bewirken mit unserer Arbeit, dass Menschen in Unternehmen eine glänzende Zukunft vor sich haben und daraus all die positiven Wirkungen ernten, die ich im ersten Abschnitt erörtert habe. Unsere Mission bei der FutureManagementGroup AG ist, Führungskräfte zu inspirieren und auszurüsten, damit sie sich ihr Bright Future Business vorstellen und verwirklichen können. In der englischen Original-Version formulieren wir es so: »We inspire and equip leaders to envision and build their Bright Future Business.« Wir werden in Abschnitt 9.4 auf diesen zentralen Gedanken der emotionalen Wirkungen zurückkommen.

Lösungsversprechen

Ihr Lösungsversprechen ist die besondere Weise, auf die Sie die versprochenen Wirkungen erzielen. Die Wirkungen sind konstant, aber die Lösungen ändern sich. Deshalb legen Sie sich nicht zu genau auf Produkte und Leistungen fest. Beschreiben Sie Ihr Lösungsversprechen im Grundsatz, so wie es langfristig Bestand hat. So wie IKEA den Selbstaufbau als Lösung bietet oder wie Tesla vom reinen Elektroauto bis zum Solardach eine integrierte Kette an Lösungen liefert. Das sind langfristig konstante Lösungsversprechen. Selbst wenn sich die Produkte im Detail ändern, bleibt das Lösungsversprechen bestehen. Unser Lösungsversprechen sind hochwirksame Programme zur Entwicklung und Umsetzung von Zukunftsbildern und Zukunftsstrategien.

Gesellschaftlicher Beitrag

Mit dem fünften Element Ihrer Mission bestimmen Sie Ihren gesellschaftlichen Beitrag. Inwiefern ist Ihre Arbeit oder Ihr Unternehmen gut für die Gesellschaft und die Menschheit? Wie machen Sie die Welt besser? Wie steigern Sie die Lebensqualität nicht nur Ihrer Kunden, sondern aller Menschen? Dieser gesellschaftliche Beitrag, *das* ist der Purpose! SpaceX macht die Menschheit multiplanetar. Langfristig gedacht ist das der vielleicht größte Purpose auf dieser Welt, denn irgendwann wird die Menschheit über die Erde hinausgehen müssen, wenn uns ein Asteroid zu treffen droht. Die für ihre Mähdrescher bekannte Firma CLAAS trägt mit ihrer Unterstützung professioneller Landwirte dazu bei, der wachsenden Weltbevölkerung Nahrung zu bieten. Und wieder: Auch kleine Unternehmen profitieren von einem Purpose in ihrer Mission. Mit unserer Arbeit im Zukunftsmanagement nutzen wir der Gesellschaft, indem wir Führungskräfte inspirieren, zukunftsintelligentere Entscheidungen zu treffen. So verringern wir unnötiges Leid und steigern die Lebensqualität aller Menschen.

Wie sieht das nun in der Praxis aus? Schauen wir mit diesem Verständnis von einer professionellen Mission auf eine Reihe von Beispielen.

3.4. So verbessern Unternehmen weltweit die Lebensqualität

Sehen wir uns die Missionen einiger Unternehmen aus den verschiedensten Branchen an. Manche in Zukunftsmärkten, andere in traditionellen Branchen. Beachten Sie bitte, dass – wenn es richtig gemacht wurde – die Mission nie nur aus dem einen präsentierten Satz besteht. Vielmehr ist dieser eine Satz nur die Spitze einer Gedankenpyramide und fasst eine tiefer ausgearbeitete Mission zusammen. Idealerweise ist jedes Wort in der Mission weiter präzisiert, erläutert, begründet und durch Illustrationen und Storys veranschaulicht. Diese Beispiele können Sie zu Ideen anregen, den Beitrag Ihres Unternehmens zur Steigerung der Lebensqualität Ihrer Kunden und der Gesellschaft zu bestimmen. Am besten notieren Sie Ihre Gedanken beim Lesen.

Die nächsten Beispiele für Missionen betreffen überwiegend große Unternehmen. Bitte denken Sie daran: Die meisten dieser Unternehmen waren vor ein, zwei Jahrzehnten noch Startups, sind aber seither sehr schnell gewachsen und haben zum Teil schon die Welt verändert und tun es immer noch. Ihre Mission ist von Erfolg gekrönt. Sie haben bewiesen, dass es funktioniert. Lassen Sie sich auch jetzt wieder nicht von der Größe dieser Unternehmen abschrecken. Ich bringe solche Beispiele, weil sie bekannt sind und man sich ihr Geschäft leichter vorstellen kann. Es ist gleichgültig, wie groß Ihr Unternehmen ist: Sie können von diesen Unternehmen viel lernen. Schließlich sind sie im Mittel erst zwanzig Jahre alt und waren zu Beginn auch nur ein Mini-Team.

Schauen wir uns zuerst in Europa um.

Leifheit

»Wir machen dein tägliches Leben zu Hause einfacher und bequemer.« Diese Mission haben wir mit Leifheit im Jahr 2016 erarbeitet. »Zu Hause« gibt die Zielgruppe an, nämlich Menschen privat zu Hause. »Einfach und bequem« ist das Wirkungsversprechen. Es deutet auch den gesellschaftlichen Nutzen an. Der Antrieb ist hier nicht genannt, aber wer sich an Leifheit erinnert, weiß, dass Leifheit mit einem mechanischen Teppichreinigungsgerät in den 1950er- und 1960er-Jahren bekannt wurde. Es gibt also eine gewisse Überzeugung, dass Reinigen einfach sein muss.

Ist das eine weltverändernde Mission? Nein, bestimmt nicht. Ich setze dieses Beispiel an den Anfang, um Sie zu ermutigen. Ganz gleich, in welchem Geschäft Sie sind, es gibt immer eine Chance, dass Sie Ihr Unternehmen auf eine Weise neu ausrichten, dass es nachhaltig die Lebensqualität der Menschen verbessern kann.

Yunus Social Business

»Wir nutzen die Macht des Unternehmertums, um die Armut zu beenden.« Yunus hat für diese Mission und ihre Umsetzung immerhin den Nobelpreis bekommen. Der gesellschaftliche Nutzen ist gleich dem individuellen Nutzen, die Armut zu beenden. Das Lösungsversprechen ist die Hilfe beim Aufbau eines Unternehmens, vor allem durch die Finanzierung. Yunus hat das Instrument der Mikrokredite eingesetzt, um die wirtschaftliche Entwicklung in armen Regionen zu fördern. Zielgruppe sind die Armen in der Welt. Der Antrieb ist auch hier implizit, dass man die Armut unerträglich und unnötig findet.

Kärcher

»Wir machen einen spürbaren Unterschied im Leben unserer Kunden: indem wir ihnen wirkungsvolle und wirtschaftliche Lösungen für alltägliche und globale Reinigungs- und Bewässerungsprobleme bieten.« Wirtschaftlichkeit und Wirksamkeit sind die Wirkungsversprechen, wobei sie eher abgeleitet sind, denn man kauft sich natürlich nicht Wirtschaftlichkeit und Wirksamkeit per se, sondern eben gereinigte Gegenstände und bewässerte Pflanzen. Der spürbare Unterschied im Leben der Kunden ist natürlich zu unspezifisch. Früher hieß es bei Kärcher »Reinigen ist unsere Sache«. Da war Kärcher noch nicht auf die Idee gekommen, so wie leider viele Unternehmen, seine Mission aufzuweichen, um neue Geschäftsfelder aufzunehmen. Reinigung und Bewässerung liegen zwar nah beieinander, aber ein fokussierter Reinigungsspezialist hätte vermutlich exzellentere Produkte als ein Unternehmen, das seine Kräfte auch für das Geschäft mit Bewässerung verwendet. Einen gesellschaftlichen Beitrag kann man hier ahnen, einen Antrieb nicht erkennen.

CLAAS

Die für ihre Mähdrescher bekannte Firma CLAAS ist relativ weit vom Endkunden entfernt. CLAAS nennt seine Mission nur in einer Langform. Im persönlichen Gespräch habe ich folgende Formulierung aufgenommen: »Wir unterstützen den professionellen Landwirt bei der Ernte und tragen so zur Ernährung der wachsenden Weltbevölkerung bei.« Das Wirkungsversprechen für den Landwirt ist eindeutig. Die Lösungen sind implizit die Mähdrescher, Traktoren, Futtererntemaschinen, Feldhäcksler, Pressen und Lader. Der Antrieb wird im Wesentlichen mit der Tradition und Leidenschaft für hilfreiche Produkte für die Landwirte genannt, seit der Gründer August Claas 1921 den »Knoter« entwickelte und patentieren ließ. Der gesellschaftliche Beitrag zur Steigerung der Lebensqualität ist ausdrücklich genannt: die Ernährung der wachsenden Weltbevölkerung.

Auf der anderen Seite des Atlantiks klingen die Missionen meist etwas ambitionierter.

Beyond Meat

»Indem wir von tierischem auf pflanzliches Fleisch umsteigen, schaffen wir eine schmackhafte Lösung, die vier wachsende Probleme im Zusammenhang mit der Viehzucht löst: menschliche Gesundheit, Klimawandel, Einschränkung der natürlichen Ressourcen und Tierschutz.« Es ist die Wirkung genannt, nämlich die Linderung vierer großer Probleme. Damit ist auch der gesellschaftliche Nutzen erkennbar. Die Lösung ist genannt, nämlich pflanzlicher Fleischersatz. Die Ziel-Kundengruppe ist implizit angegeben, nämlich jeder Mensch, der seinen Fleischkonsum auf angenehme Weise reduzieren will. Der Antrieb ist ebenfalls nur implizit, nämlich dass die Akteure von Beyond Meat sich über den immensen Fleischkonsum und die dafür nötige Viehzucht ärgern.

OpenAI

Die Mission von OpenAI besteht, wie der Name es schon andeutet, darin, sicherzustellen, dass die gesamte Menschheit von allgemeiner künstlicher Intelligenz profitieren wird. Das Unternehmen will verhindern, dass künstliche Intelligenz nur einer Elite zur Verfügung steht. Das ist eine ausgesprochen wichtige Mission. Seine Forschungsergebnisse und Patente macht OpenAI frei für die Öffentlichkeit zugänglich.

Google

»Wir organisieren die Informationen der Welt und machen sie universell zugänglich und nutzbar.« Google gibt ein Wirkungsversprechen und ein grobes Lösungsversprechen, das Organisieren von Informationen. Zielgruppe ist jeder, das muss man sich aber denken. Antrieb und gesellschaftlicher Beitrag sind nicht genannt. Wie Sie merken, lassen die meisten Unternehmen diese Elemente weg. Entweder, weil sie ihre Mission nicht sorgfältig genug ausgearbeitet haben, oder weil sie in ihrem zusammenfassenden Missionssatz sehr prägnant sein wollten.

PayPal

»Wir wollen die bequemste, sicherste und kostengünstigste Zahlungslösung.« Sie ergänzen noch »Bereitstellung einfacher, erschwinglicher, sicherer und zuverlässiger Finanzdienstleistungen und digitaler Zahlungen, die die Hoffnungen, Träume und Ambitionen von Millionen von Menschen auf der ganzen Welt ermöglichen«. Paypal verspricht die Wirkung, dass Millionen Menschen auf der Welt Zugang zu einfachen Zahlungslösungen erhalten. Früher und auch heute noch ist es in vielen Teilen der Welt überhaupt nicht selbstverständlich, dass Menschen eine Bankverbindung haben. Die Paypal-Gründer fragten sich, was denn am Zahlungsgeschäft so schwierig sein soll. Ein Datenbank-Eintrag auf jeder Seite, und die Zahlung ist erledigt. So gaben sie das Wirkungsversprechen und Lösungsversprechen der einfachen, sicheren und billigen Bankverbindung. Ziel-Kundengruppe ist praktisch jeder.

Amazon

Die Vision von Amazon kennen viele: »Das am stärksten kundenzentrierte Unternehmen der Welt werden.« Die Mission aber kennen wenige: »Wir bauen einen Ort auf, an dem die Menschen alles finden und entdecken können, was sie online kaufen möchten – und das zu den niedrigstmöglichen Preisen.« Das Lösungsversprechen ist nur »Ort«, aber das Wirkungsversprechen ist »alles finden und entdecken« und das »zu den niedrigstmöglichen Preisen«. Auch Amazon nennt keinen Antrieb und keinen gesellschaftlichen Beitrag. Der Antrieb war nach allem, was man über die frühe Phase von Amazon und Jeff Bezos weiß, nicht besonders edel. Ein gesellschaftlicher Beitrag lässt sich ableiten, denn es bedeutet für viele Hundert Millionen Menschen einen Zuwachs an Lebensqualität, weniger Zeit mit der Suche und dem Kauf von Produkten zu verbringen.

Hubspot

Hubspot ist eine umfassende Marketingsoftware als Online-Service. Seine Mission lautet: »Unser Ziel ist es, die Welt inbound zu machen.« Hubspot nennt nur das Wirkungsversprechen, die Welt inbound zu machen, also zu erreichen, dass Unternehmen Kunden anziehen und dass Kunden sich gerne einem Unternehmen zuwenden und nicht von Unternehmen mit Druck und Tricks als Kunden gewonnen werden. Der Antrieb ist nicht genannt, aber wir wissen aus einer längeren Version der Mission von Hubspot, dass die Gründer die Ellbogenmentalität hassen und dass sie glauben, dass Unternehmen mit Herz und Gewissen wachsen können. Der gesellschaftliche Nutzen ist dann eine angenehmere Welt, in der der Erfolg von Unternehmen auf dem Erfolg ihrer Kunden basiert. Auch die Lösung verspricht Hubspot nur in einer längeren Version der Mission, nämlich eine plattformübergreifende Software mit den Werkzeugen für Inbound, Schulungen und eine globale Community.

Caterpillar

Caterpillar soll stellvertretend sein für die Mission eines Unternehmens, das in der Wertkette sehr weit weg von den Endkunden ist. Sie sagen dort: »Unsere Mission ist es, durch die Entwicklung von Infrastruktur und Energie wirtschaftliches Wachstum zu ermöglichen und Lösungen zu bieten, die Gemeinschaften unterstützen und den Planeten schützen.« Für Hersteller von Investitionsprodukten, wie für alle Unternehmen, die am Anfang von Wertschöpfungsketten stehen und damit weit entfernt vom Endkunden sind, ist es schwierig, eine klare Mission zu bestimmen. Ein Chemikalienproduzent wie BASF müsste buchstäblich Hunderte Wirkungsversprechen an Endkunden abgeben, weil seine Chemikalien eben in hundert Produkten verwendet werden. Deshalb sind solche Missionen für den einzelnen Menschen selten wirklich greifbar. Bei Caterpillar erkennt man, wie schwierig es war. Sie haben es aber relativ gut gemeistert. Der gesellschaftliche Beitrag ist wirtschaftliches Wachstum und damit Wohlstand. Ein konkretes Wirkungsversprechen erkennt man nicht. Infrastruktur und Energie sind natürlich Voraussetzungen für wirtschaftliches Wachstum. Das Lösungsversprechen ist etwas unklar, aber logisch ableitbar, denn die Lösungen können nur die Baumaschinen und die zugehörigen Dienstleistungen sein.

Wie man es nicht machen sollte, zeigt übrigens das folgende Beispiel.

Audi

Vor einiger Zeit nannte Audi Folgendes als Mission: »Konsequent Audi.« Das ist einfach keine Mission. In keiner Weise, auch nicht interpretierbar. Weder für das Unternehmen noch für die Mitarbeiter. Diese Mission kann man sich auch sparen. Was Audi damals als Vision bezeichnete, ist eher eine Mission: »Unleash the beauty of sustainable mobility.« Auf Deutsch etwa: »Die Schönheit nachhaltiger Mobilität entfesseln.« Zwar gibt es hier nun ein Wirkungsversprechen von Nachhaltigkeit, aber das ist nun wirklich keine Besonderheit, sondern ein schwaches Allerwelts-Wirkungsversprechen. Alle anderen Elemente einer Mission fehlen. Eine aus fachlicher Sicht sehr schlechte Mission. Nun lautet die Vision angeblich: »Null Emissionen.« Allgemeiner geht es nicht. Das ist keine spezifische Vision. Sie wird schon seit Jahrzehnten von anderen Unternehmen verwendet. Es ist höchstens eine strategische Initiative. Unternehmen wie Volkswagen und hier Audi, die von Kapitalmärkten regiert werden, ändern ihre Mission und Vision relativ häufig. Das zeigt, dass sie diese Strategie-Elemente nicht ernst nehmen. Sie verkommen dann zu Werbeslogans. Nein, »Vorsprung durch Technik« ist weder Mission noch Vision, sondern allenfalls Teil der Positionierung. Die aber, wie wir derzeit beobachten können, durch verlorenen Vorsprung weniger erfüllt wird als in den alten Zeiten des Audi Quattro. Schade, Audi.

Asiatische Unternehmen

Selbstverständlich gibt es nicht nur im Westen Unternehmen, die die Lebensqualität der Menschen steigern wollen. Chinesische Unternehmen beispielsweise nennen durchaus anspruchsvolle und für die Lebensqualität der Menschen nützliche Missionen:

1. CATL (Batteriehersteller): »… exzellente Beiträge liefern zu Lösungen für grüne Energie für die Menschheit …«
2. Alibaba (Online-Händler wie Amazon): »Es einfach machen, überall Geschäfte zu betreiben.«
3. Baidu (Suchmaschine wie Google): »Die komplizierte Welt durch Technologie einfacher machen.«
4. BYD (Akkus und Autos): »Wir verändern die Welt durch ein komplettes Ökosystem mit sauberer Energie, das die Abhängigkeit der Welt von fossilen Brennstoffen verringert.«

So weit eine lange Reihe von Praxisbeispielen. Ich hoffe, Sie konnten einige Ideen für Ihr eigenes Unternehmen notieren. Wie könnten Sie nun mit Ihrem Unternehmen direkt oder indirekt die Lebensqualität der Menschen verbessern?

3.5. Ihr gesellschaftlicher Beitrag zur Lebensqualität

Klären wir zunächst, was ich bisher als selbstverständlich behandelt habe: Was ist Lebensqualität? Es gibt vermutlich rund sechs Milliarden Definitionen – so viele, wie es Jugendliche und Erwachsene auf der Erde gibt. Der Social Progress Index[18] misst Lebensqualität mit sehr viel mehr Indikatoren – 53, um genau zu sein. Er will sozialen Fortschritt direkt in Form von Sozial- und Umweltindikatoren messen. Sowohl auf individueller Ebene wie auch gesellschaftlich setze ich Lebensqualität mit dem gleich, was hier sozialer Fortschritt genannt und wie folgt definiert wird: »Sozialer Fortschritt ist die Fähigkeit einer Gesellschaft, die grundlegenden menschlichen Bedürfnisse ihrer Bürger zu befriedigen, die Bausteine zu schaffen, die es Bürgern und Gemeinschaften ermöglichen, ihre Lebensqualität zu verbessern und zu erhalten, und die Voraussetzungen dafür zu schaffen, dass alle Menschen ihr volles Potenzial entfalten können.« Im SPI liegen Deutschland, Österreich und die Schweiz erwartungsgemäß ganz oben an der Spitze. Selbstverständlich eigentlich, aber manchmal muss man sich und andere daran erinnern. Und doch, jede Qualität kann man verbessern.

Jeder Indikator ist eine mögliche Grundlage für Ihre Mission, die Lebensqualität Ihrer Kunden und der Gesellschaft zu verbessern. Darunter gibt es einige Aufgaben, die man in Europa für gelöst halten würde, wie etwa den Zugang zu Elektrizität. Aber einige andere Indikatoren sind auch in DACH noch nicht ganz befriedigend. Deutschland liegt bei persönlicher Sicherheit, Zugang zu Informationen und Kommunikation, Gesundheit und Wellness, Umweltqualität, Inklusion und Zugang zu Weiterbildung noch unter 90 Indexpunkten[19]. Der weltweite Index liegt bei 65,05. Es gibt auf der Erde also noch sehr viel zu tun für bessere Lebensqualität.

Sie kennen sicher die siebzehn Nachhaltigkeitsziele der Vereinten Nationen. Sie sind allgegenwärtig. Man kann die 17 Ziele auch hierarchisch verstehen. Eine intakte Biosphäre ist die Voraussetzung für eine intakte Gesellschaft, die dann eine nachhaltige Wirtschaft trägt[20]. Was aber deutlich weniger bekannt ist, sind die 169 ganz konkreten Targets für Nachhaltigkeit. Ein Target ist so etwas wie ein Teilziel oder Unterziel. Mit den 169 Targets werden die 17 Nachhaltigkeitsziele präzisiert. Wenn Sie sich also jemals gewundert haben, wie denn »Leben unter Wasser« ein Ziel darstellen soll, liegt das daran, dass das nur eine Kategorie von Nachhaltigkeitszielen ist. Tatsächlich stehen unter »Leben unter Wasser« sehr konkrete Unterziele wie »Reduktion der Übersäuerung der Ozeane« oder »Abschaffung von Subventionen, die zur Überfischung beitragen«. Die 169 Targets finden Sie am besten aufbereitet im SDG-Tracker[21] von Ourworldindata.org. Es gibt auch eine gut aufbereitete deutsche Übersicht der Unterziele bei Globaleslernen.de[22].

Die 169 Targets sind ein hervorragender, umfassender Katalog der Probleme der Menschheit, unserer Gesellschaften und auch Ihrer Kunden. Jedes davon braucht dringend Lösungen. Gehen Sie jedes einzelne Target durch. Zu welchem Target können Sie mit Ihren Fähigkeiten und Ressourcen etwas beitragen? Die Chancen erkennen Sie nicht beim Überfliegen. Tauchen Sie in jedes Target tiefer ein und lassen Sie sich Zeit dabei. Gerade in den Targets, deren Verbindung zu Ihrem

Geschäft nicht gleich offensichtlich ist, steckt das Potenzial, einzigartige Zukunftschancen zu erkennen. Wenn Sie mit Ihrem Unternehmen einen bedeutenden gesellschaftlichen Beitrag leisten wollen, wenn es ein Bright Future Business werden soll, dann finden Sie mit den Kriterien des Social Progress Index und mit den 169 Nachhaltigkeitszielen fast mit Garantie Ihre große Aufgabe.

Die von Peter Diamandis initiierte X-Prize-Foundation[23] schreibt regelmäßig große Geldsummen aus, um brennende Probleme der Menschheit zu lösen. Derzeit werden die Proteine der Zukunft gesucht, mit denen bessere Alternativen für die Hähnchenbrust und das Fischfilet produziert werden können. Das nächste große Problem ist das schnelle »Reskilling« von Millionen von Menschen für die digitale Revolution. Das dritte Problem, für dessen Lösung bis zu 100 Millionen US-Dollar an Preisgeld gezahlt werden, ist die Entfernung von Kohlenstoffdioxid aus der Atmosphäre. Wohlgemerkt, es geht nicht zwingend darum, dass Sie das große Problem gänzlich lösen und sich die 100 Millionen sichern, sondern dass Sie sich erstens orientieren können, welche Lösungen für eine gute Zukunft der Menschheit gesucht werden, und dass Sie zweitens den Beitrag entdecken können, den Sie mit Ihrem Unternehmen dazu leisten könnten, sei er auch noch so klein. Es geht dabei nicht nur um das Endprodukt, sondern auch um alle Komponenten in Hardware, Software und Dienstleistung, die zur Lösung beitragen können. Wenn Sie bei X-Prize nichts finden, können Sie sich auf HeroX[24] umsehen, einer Plattform, auf der praktisch jeder Preise für die Lösung großer Probleme ausschreiben kann.

Selbstverständlich bieten solche Übersichten nur Ansatzpunkte. Identifizieren Sie zuerst die grundsätzlichen Möglichkeiten, die mit etwas Fantasie eine Chance für Ihr Unternehmen darstellen könnten. Dann graben Sie tiefer. Bingen Sie jede einzelne Chance in Verbindung mit Ihren heutigen Geschäftsfeldern. Gleichen Sie die Chancen mit den Fähigkeiten Ihres Teams ab. Mit den heutigen, aber auch mit den Fähigkeiten, die Sie ausgehend von heutigen Fähigkeiten noch aufbauen können. So lassen Sie sich nicht von Ihrem heutigen Unternehmen begrenzen.

Wenn man ein Unternehmen gründet, hat man natürlich alle Freiheiten. Doch können Sie für Ihr existierendes Unternehmen nachträglich einen gesellschaftlichen Beitrag in die Strategie einbauen? Selbstverständlich. Weight Watchers hat sich vor Kurzem von der reinen Kalorienzählerei verabschiedet und will gesundheitsfördernde Gewohnheiten im echten Leben unterstützen.

Lego war schon immer gesellschaftlich nützlich. Getrübt wurde der Ruf durch allzu technische Produkte und vor allem durch wenig Rücksicht darauf, woher die Rohstoffe kamen und wie sie verarbeitet wurden. Später belegte Lego wieder einen Spitzenplatz auf der RepTrak-Liste[25] der Unternehmen mit dem besten Ruf weltweit. Ja, auch wenn Ihr Unternehmen schon lange existiert, können Sie ihm eine neue Mission geben, die für die Menschen und die Gesellschaft eine Bright Future schafft. Sie wissen ja:

> **Wer kleine Probleme löst, bekommt eine kleine Belohnung.**
> **Wer große Probleme löst, bekommt eine große Belohnung.**
> **Wer die Probleme weniger löst, bekommt wenig Belohnung.**
> **Wer die Probleme vieler löst, bekommt viel Belohnung.**

Am meisten bekommt freilich derjenige, der große Probleme vieler Menschen löst oder entsprechend große Wünsche vieler Menschen erfüllt. Je nützlicher Ihr Unternehmen gesellschaftlich ist und auch so wahrgenommen wird, desto stärker wird es von Ihren Kunden »geliebt« und mit Treue und hohen Preisen belohnt. Desto sinnerfüllter empfinden die Mitarbeitenden ihre Arbeit und sind entsprechend engagiert und loyal. Für eine gute Sache engagieren sich Menschen lieber als nur für Geld. Zudem wird Ihr Unternehmen weniger angefeindet, bekämpft und verklagt. Und in einer Notlage werden Sie eher unterstützt. Die Lebensqualität Ihrer Kunden und der Gesellschaft insgesamt zu steigern, wird Ihnen helfen, die drei einfachen Ziele eines jeden Unternehmers zu erreichen: 1. Erfolg, 2. Sicherheit, 3. Freude.

4. Sie arbeiten an großen, realisierbaren Zukunftschancen

4.1. Auf dem Weg zum größten Unternehmen der Welt?

Der Masterplan

Am 2. August 2006 veröffentlichte Elon Musk seinen ersten Masterplan[26]. Man beachte: Damals gab es nur Prototypen eines ersten Autos von Tesla. Sonst nichts. Praktisch keinen Umsatz. Im Masterplan stand zusammenfassend:

1. Baue einen unvernünftig teuren Sportwagen, um überhaupt die Entwicklung und Produktion finanzieren zu können.
2. Verwende das Geld, um ein erschwingliches Auto in mittlerem Volumen zu bauen. Das waren das Model S und das Model X, die allerdings immer noch teuer waren und sind.
3. Verwende dieses Geld wieder, um ein noch erschwinglicheres Auto in hohem Volumen zu bauen. Das sind Model 3 und Model Y, die in sehr großen Stückzahlen gebaut werden.
4. Biete währenddessen emissionsfreie Stromerzeugung an, also Solarstrom. Tesla Energy ist als Geschäftsfeld noch klein, gehört also immer noch zu den großen Zukunftschancen.

Die Arbeit an großen Zukunftschancen, die für viele Externe lange Zeit als unerreichbar galten, liegt in der Natur von Elon Musk und damit von Tesla. Zehn Jahre später, am 20. Juli 2016, veröffentlichte Musk den Masterplan »part deux«[27]:

1. Schaffe beeindruckende Solardächer mit nahtlos integriertem Batteriespeicher.
2. Erweitere die Produktlinie für Elektrofahrzeuge, um alle wichtigen Segmente abzudecken.
3. Entwickle ein selbstfahrendes Auto, das durch massives Lernen in der Flotte zehnmal sicherer ist als manuelles Fahren.
4. Ermögliche es, dass die Autos der Kunden Geld für sie verdienen, wenn sie sie nicht benutzen.

An diesem Masterplan gibt es noch viel zu tun. Aber er zeigt einige der größten Zukunftschancen, wobei schon Geschäftsfelder in Arbeit sind, die hier nicht genannt wurden. In Kürze soll Masterplan Nummer drei veröffentlicht werden. Aus Andeutungen lässt sich schließen, was das wichtigste Ziel sein wird. Zitat: »Wie schaffen wir genug Skalierung, um die gesamte Energie- und Transportinfrastruktur hin zu regenerativen Energien zu transformieren?«[28] Wohlgemerkt, es geht um den ganzen Planeten, die ganze Erde! Das ist mal Ambition, oder?

Enormes Wachstum

Im Jahr 2021 hat Tesla 936.000 Autos verkauft und war damit um 87 Prozent im Absatz gewachsen. Im Jahr 2022 werden es bei dem prognostizierten Wachstum von 50 Prozent rund 1,4 Millionen sein. Spätestens 2024 wird Tesla voraussichtlich mehr Autos verkaufen als Audi, BMW und Mercedes. Für ein Unternehmen, das große, technisch anspruchsvolle und sehr kapitalintensiv zu produzierende Produkte herstellt, sind diese Wachstumsraten schier unglaublich. Sie sind wegen der schon erreichten Wachstumsraten realistisch. Und damit auch das Ziel, dass Tesla im Jahr 2032 die angestrebten 20 Millionen Fahrzeuge produziert. So viele wie die beiden bisher weltgrößten Hersteller Volkswagen und Toyota zu ihren besten Zeiten zusammen! Statt der als »bequem« erreichbar genannten 50 Prozent Wachstum, sind dafür »nur« rund 36 Prozent Wachstum pro Jahr nötig. Derzeit übersteigt der Bedarf an Teslas Autos bei Weitem die Produktionskapazitäten und es gibt keinen Hinweis darauf, dass sich das bald ändert.

Neue Horizonte jenseits des Verkaufs von Autos

Tesla ist kein reiner Autohersteller. Zwar werden im Jahr 2022 über 90 Prozent des Umsatzes mit dem Verkauf von Fahrzeugen erzielt, aber Tesla hat noch ganz andere Geschäftsfelder in Arbeit. Die nächste große Entwicklungsstufe sollen autonome Fahrzeuge und damit sogenannte Robotaxis sein. Die künstliche Intelligenz namens »Full Self Driving« (FSD) entwickelt Tesla seit spätestens 2016. Es gab von Musk seine notorisch ambitionierten Ankündigungen, dass schon 2018 voll autonom fahrende Teslas auf den Straßen sein würden. Es sollte noch mehrere Jahre dauern, bis derzeit mehr als 100.000 Fahrzeuge in den USA eine Testversion der Software nutzen.

Es ist noch nicht sicher, ob Tesla die autonomen Fahrzeuge weiterhin verkaufen wird oder ob Tesla die Fahrzeuge selbst betreibt. Ein vollständig autonom fahrendes Auto schafft natürlich einen viel höheren Nutzen als ein Auto, das man selbst fahren muss. Wer ein solches Fahrzeug kauft, verwendet es wie üblich zu etwa 5 Prozent der Zeit selbst. Ja, unsere Fahrzeuge sind hauptsächlich Stehzeuge. Man könnte das autonome Auto Geld verdienen schicken, wenn man es nicht braucht. Dafür bucht man es während des größten Teils des Tages als Robotaxi ein. Die Robotaxi-Flotte wird von Tesla organisiert sein, sodass Tesla sich einen Anteil an den Einnahmen sichern wird – wie heute Apple oder Google einen Anteil von 30 Prozent der Einnahmen aus Apps, Musikstücken und Filmen berechnen. Somit kann Tesla weit mehr Umsatz aus einem hergestellten Fahrzeug erzielen als bisher. Werden das die anderen Hersteller auch tun? Ja, vermutlich schon, sofern sie die Software und die KI hinbekommen. Schauen wir aber auf die Erfolge der traditionellen Hersteller in Sachen Software im Allgemeinen und künstliche Intelligenz im Besonderen, wird klar, dass Tesla allein schon mit den zur Verfügung stehenden Daten aus Fahrten in der realen Welt einen praktisch uneinholbaren Vorsprung hat. Kein anderer Anbieter hat auch nur annähernd so viele Bilder, Videos und Sensordaten. Tesla könnte sich aber auch entscheiden, seine Fahrzeuge gar nicht mehr zu verkaufen. Sie selbst zu betreiben, könnte Umsatz und Ertrag nochmals zusätzlich steigern. Tesla würde gefahrene Kilometer multipliziert mit der Qualität der Fahrt berechnen. Zwischen 20 Cent pro Kilometer für die unterste Komfortstufe und einem Euro für die höchste Komfortstufe liegen die Schätzungen. Beides wäre immer noch wesentlich billiger als Taxifahrten. Und im unteren Preissegment sogar deutlich preiswerter als der öffentliche Personenverkehr. ARK Invest hat ein Marktpotenzial für autonomes Fahren von 26 Billionen US-Dollar für 2030 ermittelt. Vorausgesetzt, dass bis dahin autonomes Fahren auf Level 5 gelöst ist. Zum Vergleich: Der Umsatz der gesamten Weltwirtschaft wird 2022 rund 100 Billionen Dollar betragen.

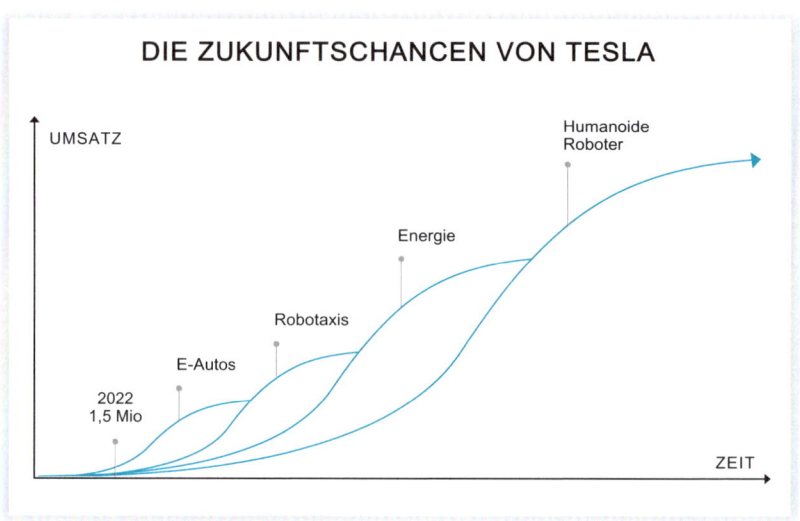

Abb. 5: S-Kurven des Wachstums von Tesla[29]

Tesla ist Energieversorger

Weniger bekannt als das Autogeschäft ist das Energiegeschäft von Tesla in Form von Solarpanels, Solardachziegeln, Heim- und Betriebsakkus namens Powerwall und vor allem der Großakkus, genannt Megapack. Damit der Anteil regenerativ erzeugter Energie schnell steigen kann, brauchen wir deutlich mehr Energiespeicher. Zurzeit werden über 95 Prozent des Stroms weltweit in Pumpspeicherwerken gespeichert, die sehr teuer und raumgreifend sind und deshalb kaum ohne starke Widerstände der jeweiligen Bevölkerungen zu bauen sind. Eine Akku-Anlage von Tesla kann im freien Feld und grundsätzlich auch unterirdisch gebaut werden. Die erste Anlage baute Tesla in Australien im Jahr 2017, die Hornsdale Power Reserve[30] bei Adelaide. Und zwar innerhalb von weniger als hundert Tagen für 90 Millionen australische Dollar. Die Anlage amortisierte sich innerhalb von zweieinhalb Jahren und wurde 2020 noch einmal auf 194 MWh erweitert. Solche Großakkus können in Sekundenbruchteilen als Reserve einspringen, während die üblicherweise zum Lastausgleich genutzten Gaskraftwerke permanent laufen müssen, um diese Aufgabe zu erfüllen. Die Gaskraftwerke könnten abgeschaltet, die Luftverschmutzung beendet und die immensen Kosten dafür eingespart werden. Tesla betreibt erste virtuelle Kraftwerke. Tausende Solaranlagen und Akkus in Privathäusern werden zusammengeschaltet und bilden so ein virtuelles großes Kraftwerk. Tesla-Software managt die Akkus. In Zukunft werden auch die Akkus von Elektroautos in solche virtuellen Kraftwerke eingebunden. Das Geschäft mit Powerwalls und Megapacks wird Tesla erst dann intensiver ausbauen, wenn die Produktion von Zellen und Akkus größer ist, als sie für Autos benötigt wird. Denn pro Kilowattstunde Speicherkapazität im Auto bekommt Tesla deutlich mehr Geld als für eine kWh in einem Großakku. Tesla hat mehrfach verkündet, dass das Energiegeschäft dereinst größer als das Autogeschäft werden könnte.

Der ultimative Markt: Humanoide Roboter

Am 19. August 2021 kündigte Tesla überraschend ein ganz anderes Produkt an. Ein Produkt, das wir alle schon seit Jahrzehnten erwarten: einen humanoiden Roboter, der für Menschen alle Arbeiten erledigen soll, die gefährlich, eintönig oder gar langweilig sind. Viele wunderten sich, wie ein humanoider Roboter zur Mission von Tesla passt. Und zwar zu Recht. Die Transition hin zu nachhaltiger Energie zu beschleunigen, führt offensichtlich nicht direkt zu einem Roboter. Dass Tesla sich dennoch dazu entschlossen hat, »Optimus« zu entwickeln, so der vorläufige Name des Tesla-Bots, liegt tatsächlich nicht direkt in der Mission von Tesla begründet. Die Überlegung ist anders.

Um Full Self Driving zu ermöglichen, so stellte man im KI-Team bei Tesla fest, muss man viel mehr KI-Probleme lösen als gedacht. Ohne hier in die Details zu gehen, bedeutet das, dass ein Fahrzeug sich in allen Verkehrssituationen, auch den kaum vorstellbaren, mehrfach sicherer als ein Mensch bewegen können muss. Es muss praktisch fehlerfrei erkennen, lernen, entscheiden und handeln. Tesla markiert (labelt) die Videos, die über die acht Kameras eines jeden Fahrzeuges seit Ende 2016 an Tesla geliefert werden (mit Zustimmung der Fahrer), länger schon nicht mehr durch Menschen, sondern durch einen »Autolabeler«. Menschen prüfen die Ergebnisse des Labelns und verbessern den Autolabeler, sodass dieser nach und nach das gesamte Labeln übernehmen kann und es enorm beschleunigt und verbilligt. Teslas Supercomputer Dojo trainiert die KI, die zunehmend die Autos fährt. Das alles entwickelt sich in exponentiell steigender Geschwindigkeit und Leistung bei drastisch sinkenden Kosten.

Tesla-Fahrzeuge nennt man schon lange Roboter auf Rädern. Zum Tesla-Roboter führte die Überlegung, dass man das exakt gleiche System auch nutzen kann, wenn man die Räder durch Arme und Beine ersetzt, also einen humanoiden Roboter baut. Humanoid deshalb, weil unsere gesamte physische Welt für genau so ein Wesen mit zwei Beinen und zwei Armen gebaut ist. Prototypen von Optimus stellt Tesla vermutlich 2023 vor. Die ersten Roboter werden einige Zeit später in Teslas eigenen Fabriken eingesetzt werden. Ich nehme vorsichtig an, dass erst ab 2030 das Geschäft mit dem Tesla-Bot signifikante Umsätze machen wird.

Der Markt für physische Arbeit ist einer der größten Märkte überhaupt. Auch zu dieser Zukunftschance, die Tesla ernsthaft angeht, sagt man dort, dass es ein weit größeres Geschäft sein wird als das Autogeschäft in seiner letzten Ausbaustufe mit 20 Millionen Fahrzeugen jährlich. Am Ende könnte physische Arbeit für den Menschen nur noch ein Hobby sein. Und es könnte der endgültige Anlass sein, über unser heutiges Verständnis von abhängiger Beschäftigung, Arbeitsleistung und Einkommen nachzudenken. Ein Basiseinkommen oder auch ein Basisvermögen könnten dereinst sicherstellen, dass sich alle Menschen über Produktivitätswachstum freuen können und nicht den Verlust ihres Arbeitsplatzes fürchten müssen.

Aus der Zahl und der unglaublichen Größe der Zukunftschancen lässt sich die zweite Eigenschaft ableiten, wegen der Tesla von so vielen Menschen für ein Bright Future Business und ein zukunftssicheres Unternehmen mit großartiger Zukunft gehalten wird: Tesla arbeitet an großen und realisierbaren Zukunftschancen.

4.2. Große Zukunftschancen für den Mittelstand

Wie sieht Ihr Masterplan für die Zukunft Ihres Unternehmens aus? Ein Masterplan sollte wie der von Tesla zeigen, welche Zukunftschance Sie wann angehen. Ein Masterplan dieser Art ist de facto die Dokumentation dafür, dass Sie an großen und realisierbaren Zukunftschancen arbeiten. Dabei ist es nützlich, in mehreren Horizonten zu denken. Horizont 0 ist Ihr Tagesgeschäft. Horizont 1 sind die Chancen, an denen Sie konkret arbeiten. Horizont 2 sind die Chancen, die Sie erforschen und zu denen Sie schon etwas entwickeln, aber noch nicht umsetzen. Auf Horizont 3 stehen die Chancen, die Sie nur beobachten, um zu erkennen, dass Sie auf Horizont 2 setzen sollten.

Eine glänzende Zukunft können Sie und Ihr Team nur vor sich sehen, wenn Sie Fortschritt sehen. Fortschritt resultiert aus Ambition und Entwicklungsdrang. Und er führt fast zwangsläufig zu Wachstum. Qualitativ oder quantitativ. Reinhold Würth hat es bei einer Veranstaltung sinngemäß so formuliert:

 Um Ihr Unternehmen zukunftssicher zu machen und zu halten, müssen Sie es im Prozess des Werdens halten.

Müssen Sie die Welt revolutionieren, um an »großen Zukunftschancen« zu arbeiten? Nein, überhaupt nicht. Große Zukunftschancen liegen für die meisten Unternehmen schlicht auch darin, ihren Markt und ihre Reichweite zu vergrößern; Marketing und Vertrieb effizienter und wirksamer zu machen, um mehr von dem zu verkaufen, was sie schon tun. Einen hohen Umsatz mit guter Umsatzrendite zu haben, ist selbstverständlich auch ein Beitrag zur Zukunftssicherung. Wir werden uns das bei der nächsten Eigenschaft genauer ansehen: Viele Kunden kaufen gerne, viel und zu rentablen Preisen.

Hier aber geht es um Zukunftschancen, die grundlegender sind und über Ihr heutiges Geschäft hinausgehen. Wenn noch mehr Investment in Marketing und Vertrieb nicht mehr zu größerem Erfolg führt, muss man das Geschäft selbst neu denken, weiterentwickeln und auf eine neue Ebene bringen. Sehen wir uns einige Beispiele von Unternehmen sehr unterschiedlicher Größen und Branchen an, die jedes aus seiner Sicht an großen, realisierbaren Zukunftschancen arbeiten. Alle folgenden Unternehmen sind Klienten von uns. Die größeren davon haben mit uns in der Regel umfassende Zukunftsstrategie-Projekte durchgeführt. Die kleineren Unternehmen haben an unseren virtuellen Programmen teilgenommen.

marcapo

Unser Klient marcapo im fränkischen Ebern hat heute knapp 200 Mitarbeiter und verfolgt die Mission: »Wir machen lokales Marketing einfach und wirksam.« Marcapos Geschäft ist es, den gemeinsamen Marketingerfolg von Markenunternehmen und deren lokalen Absatzpartnern mit Mitteln der Digitalisierung und künstlicher Intelligenz zu erleichtern. Die Trends im stationären Einzelhandel, der drohende Verlust lokaler Anbieter durch zentralisierte Online-Konkurrenz und damit auch die teils drastischen Veränderungen der Innenstädte sind einige der Trends, auf die sich marcapo bei seinen Zukunftschancen stützt. Die Vision der drei Geschäftsführer Marc-Stephan Vogt, Thomas Ötinger und Christian Schwarzenberger ist, Marktführer für KI-automatisierte lokale Markenführung zu werden. Die große, aber realisierbare Zukunftschance von marcapo ist die Entwicklung und Implementierung einer »Intelligent Local Marketing Platform«. Der Betreiber eines lokalen Geschäfts, beispielsweise ein Handwerker oder Finanzberater, kann mit minimalem Aufwand auf einer einzigen vollständig integrierten Plattform sämtliche Marketing- und Werbemaßnahmen in Auftrag geben, online wie offline. Von der Instagram-Anzeige bis zum Großplakat um die Ecke. Welche Maßnahmen die wirksamsten und effizientesten sind, das sagt ihm oder ihr die KI von marcapo. Doch damit nicht genug: Marcapo will der erste Anbieter werden, der die Wirkung des lokalen Marketings praktisch garantiert. Wer auch nur ein Gefühl für Marketing hat, weiß, wie groß und mutig es ist, die Zukunftschance anzugehen. Marcapo will das einzige Unternehmen sein, das die Aussteuerung von lokalen Werbemaßnahmen in Europa in der Tiefe liefern kann. Marcapo unterstützt damit Hunderttausende Kleinunternehmen und sichert den wirtschaftlichen Wohlstand Hunderttausender Mitarbeiter. Auch sichert das Unternehmen mit der Umsetzung seiner großen Zukunftschance lebenswerte lokale Strukturen und wirtschaftlich gesunde Kommunen in ganz Europa.

Goldbeck

Ortwin Goldbeck ist der Pionier des seriellen Bauens und hat in fünfzig Jahren den Gewerbebau mit industriell gefertigten Systembauteilen revolutioniert. Wer Hallen, Bürogebäude, Schulgebäude und Parkhäuser bauen will, kommt kaum an Goldbeck vorbei. Unser Klient Goldbeck hat durch Modularisierung und Vorfertigung die Errichtung von Gebäuden schnell, preiswert und passgenau gemacht. Goldbeck war es, der die Gebäude für Tesla in Grünheide so beeindruckend schnell gebaut hat. Das Unternehmen mit über 10.000 Mitarbeitern wird heute von den drei Söhnen Jörg-Uwe, Jan-Hendrick und Joachim geführt. Eine der großen Zukunftschancen, die Goldbeck jetzt erschließt, ist die Übertragung der revolutionären Bauweise vom Gewerbebau auf den Wohnbau. Mangel an preiswertem Wohnraum besteht überall. Und je schneller die Wohnungen gebaut werden können, desto besser. Das serielle und vorfertigende Bauen reduziert auch im Wohnbau die Kosten und erhöht die Qualität. Die Komplexität der Baustellen und damit die Fehlerquellen werden drastisch verringert. Goldbeck liefert alles schlüsselfertig aus einer Hand und mit fixen Terminen. Goldbeck konzentriert sich zunächst auf den geförderten Mietwohnungsbau. Das Entwicklungspotenzial von Goldbeck hat sich durch die Übertragung seines Systems auf den Wohnbau stark vergrößert.

Bitech

Die Bitech AG hat mit uns unter anderem die große Zukunftschance erkannt, eine »User Happiness Machine« zu entwickeln. Die 25 Mitarbeiter und die Vorstände Ute Turbanisch und Serge N'Silu wollen das teure und oftmals unbeliebte Testen von Software und Portalen auf Benutzerfreundlichkeit hin revolutionieren. Sie wenden sich an eine bestimmte kleine Zielgruppe, die ich aus Wettbewerbsgründen nicht nennen kann. Den Schlüsselpersonen in dieser Zielgruppe wollen sie mit einer speziellen, noch geheimen Strategie einen enormen Nutzen bieten, indem sie die Systeme und Prozesse in dieser Branche einfach, angenehm und perfekt funktionierend gestalten.

Hafen Trier

Der Geschäftsführer des Trierer Binnenhafens, Volker Klassen, hat in seiner Zukunftsstrategie die Mitgestaltung der Zukunft des Güterverkehrsmarktes. Er will den Binnenhafen zum »Hub to Tomorrow« ausbauen, gleichzeitig auch zum regionalen Hub mit innovativen Lösungen für die Unternehmen in der Region Trier. Die Trierer Hafengesellschaft zeigt, dass wirklich jede Branche große realisierbare Zukunftschancen erkennen und realisieren kann.

DATAGROUP

Die DATAGROUP SE hat mit uns 2013 ihre umfassende Zukunftsstrategie entwickelt. Max Schaber, der Gründer und Hauptaktionär, und die Vorständin Dr. Sabine Laukemann gaben damals zwei Hauptmotive für die Strategie an: Erstens sollte 22 Führungskräften aus gekauften und eingegliederten Unternehmen zu einem gemeinsamen Zukunftsbild verholfen werden, sodass die ehemals selbstständigen Unternehmer zu einem echten beruflichen Freundeskreis werden und die Zukunft der DATAGROUP gestalten können. Der zweite Zweck der Zukunftsstrategie war, Zukunftschancen für ein starkes Wachstum der DATAGROUP zu identifizieren. Als Trends wirkten damals wie heute unter anderem die zunehmende Komplexität der IT und die Knappheit an IT-Mitarbeitern. Eine der größten und öffentlich sichtbaren Zukunftschancen ist »Corbox«[31]. Die Idee war und ist, Unternehmern eine »sorgenfreie und menschliche IT« zu bieten. Quasi ein Unternehmensbetriebssystem als Basis für alle Aktivitäten im Unternehmen. Das Ganze modular und standardisiert, um die IT individuell und gleichzeitig preiswert gestalten zu können. DATAGROUP betreibt die digitale Infrastruktur der Kunden. DATAGROUP gilt bei manchen Beobachtern als der »Maschinenraum der Digitalisierung«. Die DATAGROUP ist unter den ersten fünf IT-Dienstleistern Deutschlands, hat mit die höchsten Werte in der Kundenzufriedenheit und eine von Analysten bescheinigte enorme Wettbewerbsstärke. Mit heute 3.500 Mitarbeitern ist DATAGROUP seit 2013 um ein Vielfaches organisch und durch Zukäufe gewachsen[32].

Wobi

Andreas Ogger begleitet Menschen auf dem Weg vom Sparer zum unternehmerischen Investor. Er verhilft seinen Mandanten zu echten unternehmerischen Beteiligungen an realer Wertschöpfung, beispielsweise in Infrastruktur. Zentrale Trends sind für sein Geschäft die wachsende Krise der Finanz- und Währungssysteme und die schon lange absehbare Krise der Rentensysteme. Natürlich sind darüber hinaus auch viele Trends in Wachstumsmärkten für den vielseitigen Unternehmer Andreas Ogger relevant. Durch unser Zukunftsstrategie-Programm erkannte er die große und realisierbare Zukunftschance, wie er sein Geschäft vollständig virtualisieren kann. Er erreicht damit deutlich mehr Menschen, gewinnt aber auch an Effizienz. Er kann sich selbst damit auf vorher schwer vorstellbare Weise multiplizieren. Andreas Ogger beweist, dass selbst Einzelunternehmer mit wenigen Mitarbeitern die genau für sie passenden großen und realisierbaren Zukunftschancen erkennen und umsetzen können. Und sein Masterplan sieht noch größere Chancen vor, über die ich hier aber schweige.

iwis

Johannes Winklhofer, von dem ich in der Einleitung schon berichtet habe, hat mit iwis noch viel vor. Schon in seinen ersten Führungsjahren bei iwis hat er als einer Ersten erkannt, dass die Elektromobilität kommen und sich am Ende durchsetzen wird. Um das Jahr 2000 war sein Geschäft noch zu 85 Prozent von Verbrennungsantrieben abhängig, heute sind es nur 30 Prozent. Er sieht die Beschäftigung mit langfristigen Trends als Chefsache an. Gemeinsam hatten wir im Jahr 2009 die Zukunftschancen von iwis untersucht. An vierter Stelle stand eine Chance, die er später ergriffen hat. Der neue Geschäftsbereich mit Stanzteilen für Elektroantriebe hatte anfangs zwei Millionen Euro Umsatz und heute sind es 350 Millionen, davon die Hälfte aus organischem Wachstum. In weiteren neuen Geschäftsfeldern will er mit iwis sogar Lösungen für das Ernährungsproblem der Erdbevölkerung und für die Urbanisierung bieten.

Palfinger

Unser Klient Palfinger, ein weltmarktführender Produzent von Kran- und Hebelösungen, machte gleich Nägel mit Köpfen und hat mit Palfinger 21st[33] eine spezielle Einheit gegründet, die die Lösungen der Zukunft mit ungewöhnlichen Herangehensweisen vorausdenken und so aufbauen soll, dass sie später in den Kern des Geschäfts integriert werden können. Es sollen neue Technologien und radikale Ideen erkundet werden, die das Geschäft und sogar die Welt verändern können. Gerade im Zuge des digitalen Wandels sollen die großen realisierbaren Zukunftschancen frühzeitig erkannt und die vielversprechendsten davon genutzt werden. So stellt Palfinger sicher, dass man die Eigenschaft »große, realisierbare Zukunftschancen« mit hoher Wahrscheinlichkeit erfüllt.

– – –

Schauen wir uns auch einige Beispiele außerhalb unseres Klientenkreises an. Es sind zwar vorwiegend amerikanische Unternehmen, aber das ist für die Inspirationswirkung gleichgültig.

Ocumetics

Dieses kanadische Unternehmen ist ein Fall, in dem eine Zukunftschance so groß und innovativ ist, dass man manchmal viele Jahre lang Durchhaltevermögen beweisen muss. Ocumetics will nicht weniger als Brillen und Kontaktlinsen überflüssig machen. Schon 2015 wurde die »Bionic Lens« angekündigt. Für 2017. Heute noch wartet man auf das Produkt. Dennoch ist es eine riesige Chance, an der Ocumetics arbeitet. Dass sich die Umsetzung von Zukunftschancen verzögert, ist durchaus normal. Das passiert auch den ganz großen wie Apple und Tesla.

Curevac

Das Tübinger Unternehmen nennt als seine Mission, »… mithilfe von mRNA-Therapeutika das Leben von Patienten zu verbessern«. Die große Zukunftschance von Curevac besteht darin, dass man dereinst bei mehreren Krebsarten wie Prostatakrebs und Lungenkrebs die Überlebensraten deutlich steigern und damit viele Leben retten kann. Curevac ist für diese Zukunftschance prädestiniert, denn die Entdeckung der therapeutischen Einsatzmöglichkeiten der mRNA geht auf den Gründer Dr. Ingmar Hoerr zurück.

Prellis

Prellis Biologics will das Problem des Mangels an menschlichen Organen und Gewebe für die Transplantation lösen. Die Lösung sind Organe und Gewebe aus dem Labor. Die Firma verbindet seit 2016 3-D-Druck und menschliche Biologie, um Gewebe und Organe herzustellen. Viel Leid und viele Tode könnten in Zukunft vermieden werden.

Spark Therapeutics

Ursprünglich zur Heilung der Bluterkrankheit gegründet, verfolgt Spark jetzt die große Zukunftschance, die sogenannten erblichen Netzhauterkrankungen zu heilen, die Menschen im Extremfall erblinden lassen. Spark entwickelt eine Gen-Therapie, für die mehr als 270 Gene untersucht werden, die mit »Inherited Retinal Diseases« in Verbindung gebracht werden könnten. Roche hat Spark 2019 für 4,3 Milliarden übernommen, obwohl das Unternehmen nur 65 Millionen US-Dollar Umsatz macht. Das zeigt, welches Potenzial Roche in Spark sieht. Spark wird weiter als selbstständige Einheit geführt.

Synchron

Dort entwickelt man seit 2016 sichere Gehirn-Computer-Schnittstellen, die die menschlichen Grenzen überwinden helfen und Wachstum ermöglichen. So lautet die Mission. Synchrons Vision ist es, Leben zu retten, indem man den neuronalen Code des Gehirns entschlüsselt. Die ersten Versuche mit Menschen laufen schon. Endovaskuläre Hirn-Computer-Schnittstellen können jede Stelle des Gehirns über die Blutgefäße, also seine natürlichen »Verkehrswege«, erreichen. Das ermöglicht die Behandlung von neurologischen Erkrankungen durch Neurodiagnostik, Neuroprothetik und Neuromodulation.

– – –

Von den großen Erfolgen anderer zu erfahren, ist immer interessant und unterhaltsam. Noch mal: Große Erfolge sollten Sie nicht einschüchtern oder entmutigen. Im Gegenteil. Alle Großen sind auch nur Menschen und kochen mit Wasser. Ich habe die professionellsten Unternehmen dieser Welt von innen erlebt. Viele haben mich beeindruckt. Aber kein Unternehmen wurde von Superman und Superwoman geführt. Also: Wie könnten Sie große, realisierbare Zukunftschancen erkennen, an die Sie noch nicht gedacht haben?

4.3. Ihre Zukunftschancen sind schon da

Das, was Sie als neue Zukunftschance wahrnehmen, ist in den meisten Fällen nicht wirklich neu. Das iPhone hatte nicht den ersten Touchscreen. Tesla baute nicht die ersten Elektroautos. Und nicht die ersten Roboter. Es waren nicht Amazon, Google oder Facebook, die die erste künstliche Intelligenz genutzt haben. Amazon war nicht der erste Online-Händler. Google nicht die erste Suchmaschine. Facebook nicht das erste soziale Netzwerk. Salesforce war nicht die erste Software as a Service. AirBnB hat nicht das Plattform-Geschäft erfunden. »Es wird eine Zeit kommen, da sich unsere Nachkommen wundern werden, dass wir so offenbare Dinge nicht gewusst haben.« Seneca rief das vor 2000 Jahren aus. Der amerikanische Science-Fiction-Autor William Gibson drückte das so aus: »Die Zukunft ist schon da, nur noch nicht gleichmäßig verteilt.«

Diffusion statt Invention

Das erste Bildtelefon, also wie Zoom, aber ohne Zoom, wurde 1936 zwischen Berlin und Leipzig genutzt. Den ersten Roboter der Neuzeit stellte Westinghouse im Jahr 1938 vor. Die erste Konferenz über künstliche Intelligenz fand 1956 statt und behandelte tatsächlich auch neuronale Netze. 1970 gab es am CERN und bei Telefunken die ersten Touchscreens. Das erste Navigationssystem wurde in einem Honda im Jahr 1981 angeboten. Der erste Tablet-Computer wurde als GridPad angeboten, aber schon 1968 im Film »2001 Odysee im Weltraum« gezeigt. Das sind jetzt nur technologische Innovationen. Dienstleistungs- und Geschäftsmodell-Innovationen gibt es auch meistens länger, als man denkt. Die ersten Ernährungskonzepte nach dem Low-Carb-Prinzip gab es in den 1860er-Jahren. Erste vegetarische Restaurants und auch Fitness-Clubs gab es in den 1920ern. Was bedeutet das für Sie?

In diesem Moment – jetzt – arbeiten mehrere Teams irgendwo an neuen Lösungen und Geschäftsmodellen, die Ihr Geschäft und Ihren Job revolutionieren oder gar überflüssig machen könnten.

Die meisten Menschen glauben intuitiv, dass die Zukunft immer nur aus dem gemacht wird, was ganz neu erfunden wird. Sie wollen immer das Neue sehen, von den ganz neuen Trends und neuen Visionen hören. »Neomanie« nennt man das, die Sucht nach dem Neuen. »Das ist doch nicht Zukunft, das gibt's doch schon«, rufen sie. Aber nein. Es geht hier nicht um spannende Unterhaltung durch spektakuläre Science Fiction. Ich bin versucht, es »Innovationspornografie« nennen. Es geht um reale Unternehmen und Arbeitsplätze. Zu glauben, dass nur das ganz Neue wirklich Zukunft ist, ist naiv.

Genau jetzt, zu diesem Zeitpunkt, gibt es weitaus mehr Neues und Faszinierendes in dieser Welt, als jeder Einzelne von uns weiß. Ein schier unerschöpfliches Universum an Ideen und Innovationen liegt da draußen, nur eben außerhalb Ihres Unternehmens und außerhalb Ihrer Wahrnehmungsgrenzen. Meist sind die grundlegenden Ideen und Konzepte schon seit Jahrzehnten oder gar Jahrhunderten in der Welt. Mitunter gab es schon viele Versuche, die Idee umzusetzen. Bis es irgendwann tatsächlich jemand schafft, die unternehmerische Chance zu ergreifen und erfolgreich umzusetzen. Was für Ihr Geschäft und Ihren Beruf in den nächsten Jahren praktisch relevant wird, wird zu geschätzt 95 Prozent von Ideen und Konzepten geprägt sein, die es heute schon gibt, die Sie nur nicht kennen oder deren Potenzial Sie noch nicht erkannt haben. Zukunft ist überwiegend nicht Invention, also Erfindung, sondern Diffusion, also Verbreitung von Ideen.

Inspiration durch Startups

Früher bezeichnete man Startups noch mit dem bemerkenswerten deutschen Wort »Existenzgründungen«. Das impliziert schon, dass man möglichst keine Risiken eingehen sollte. Es geht ja schließlich um die Existenz. Das hat sich endlich geändert. Es ist ein wenig unternehmerischer Geist in die deutschsprachige Welt gekommen. Es ist bei großen Unternehmen weit verbreitet, systematisch die Startup-Welt zu beobachten. Viele der größeren Unternehmen haben spezialisierte Teams dafür. Entweder lernen sie von den Startups oder sie kaufen sie gleich auf. Das funktioniert mehr oder weniger gut, aber immerhin wird es versucht. Jedoch staune ich immer wieder, wie wenig Unternehmer in kleinen und mittleren Unternehmen über die Geschäftsmodelle der Startups in ihrem Markt und ihrer Branche wissen. Das ist ein gefährliches Versäumnis.

Mit der Website »Crunchbase« können Sie für wenig Geld die weltgrößte Datenbank junger Unternehmen durchsuchen. Crunchbase hat zwar einen Schwerpunkt in den USA, aber für Inspiration ist das gleichgültig. Wer hat was gegründet und wer investiert wie viel in was? Wenn tatsächlich nennenswert viel Geld in ein neues Unternehmen oder Geschäftsfeld investiert wurde, steckt zumindest keine vollkommen absurde Idee dahinter. Es gibt mehrere Unternehmen und Websites, die über die deutschsprachige Startup-Szene berichten. Beispiele sind startbase.de und deutsche-startups.de. Für viele Branchen gibt es diese Logolandschaften mit Startups. So etwa für die Fintechs, Insurtechs, Proptechs oder Medtechs. Es lohnt sich allein schon zur Erweiterung des Denkhorizonts, die Geschäftskonzepte dieser jungen Unternehmen kennenzulernen.

Ich halte nichts vom direkten Kopieren. Ich finde, dass es einen unternehmerischen Ehrenkodex geben sollte, nicht genau das Gleiche zu machen wie jemand anderes. »Me too« war mir schon immer zuwider. Und damit meine ich den Begriff »Me too« aus der Unternehmensstrategie, nicht das Leid von Frauen unter übergriffigen Männern. Erstens stiftet man mit Me too keinen wirklichen Nutzen für irgendjemanden. Ja, genau das Gleiche, nur billiger geht immer. Da Sie dieses Buch lesen, ist die Wahrscheinlichkeit hoch, dass Sie das – wie ich – nicht erfüllend finden. Und zweitens ist Me too ein Beweis für die mangelnde unternehmerische Kreativität des Kopierenden. Es ist aber vollkommen in Ordnung, das zu tun, was ohnehin alle tun: sich von einem Geschäftskonzept inspirieren zu lassen und es kreativ auf seine Branche und sein Unternehmen zu übertragen.

Natürlich können Sie auch versuchen, etwas noch nie Dagewesenes zu erfinden. Das müssen Sie aber nicht. Es ist meistens zu teuer und es dauert zu lange. Es ist nicht der beste Weg. Deshalb sage ich:

Ihre Zukunft ist schon da, Sie haben sie nur noch nicht erkannt. Erweitern Sie Ihre Wahrnehmungsgrenzen.

Schauen Sie in andere Märkte, andere Disziplinen, andere Fachbereiche. Der Raum Ihrer Zukunftschancen und die Zahl Ihrer Zukunftschancen ist unendlich.

Inspiration durch hochinnovative Unternehmen

Sie ist der Star unter den Hightech-Investoren. »*War* sie«, sagen jetzt viele. Sie hat als erste institutionelle Investorin den kommenden Erfolg von Tesla gesehen und mit ihrem Investment enorme Wertzuwächse erzielt. Seit 2014 hat sie neun Fonds in Form von gemanagten ETFs aufgelegt. Das erste Pandemie-Jahr 2020 bescherte ihr fantastische Zuwächse. Dann wurde es den Investoren in Wachstumsaktien zu heiß und die Kurse der von ihr gemanagten Fonds stürzten ab. So wie praktisch alle technologiegetriebenen sogenannten Wachstumsaktien. Aber immer noch liegt sie, Stand heute, nach acht Jahren bei 80 Prozent Wertzuwachs seit Auflage ihrer Fonds.

Cathy Woods ist die Gründerin von Ark Invest[34]. Herkömmliche Aktienanalysten und Fondsmanager haben einen Denkhorizont von maximal einem Jahr. Investoren mit ruhigen Händen, wie Warren Buffett und die Vermögensmanager reicher Familien, haben einen langfristigeren Zeithorizont. Aber sie sind risikoscheu und erzielen entsprechend solide, aber niedrige Renditen. Cathy Woods hat eine ganz andere Strategie. Sie verbindet den langfristigen Horizont mit hohem Risiko. Sie investiert ausschließlich in hochinnovative und disruptive Unternehmen. Ihr Anlagehorizont beträgt mindestens fünf Jahre. Sie geht höhere Risiken ein. Sie weiß, dass einige ihrer Wetten überhaupt nicht aufgehen werden. Aber sie ist sicher, dass die meisten ihrer Wetten so erfolgreich sein werden, dass sie für ihre Kunden Gewinne von mehreren hundert oder gar mehreren zehntausend Prozent erzielen wird.

Die von Ark angenommenen jährlichen Wachstumsraten der Marktkapitalisierungen, also der Börsenwerte der entsprechenden Unternehmen, sind mehr als beeindruckend. Alle folgenden Werte sind jährliche Wachstumsraten: Künstliche Intelligenz: 26 Prozent. Akku-

Technologie: 35 Prozent. Blockchain: 43 Prozent. Robotik: 51 Prozent. Genom-Sequenzierung: 40 Prozent. Das bedeutet, dass beispielsweise Robotik von 168 Milliarden im Jahr 2020 auf 10 Billionen Marktkapitalisierung wächst. Das ist das Sechzigfache! In nur zehn Jahren. Ich weiß, solch fantastische Zahlen muss man mit Vorsicht behandeln. Aber selbst wenn sich die Marktwerte für Robotik-Unternehmen in zehn Jahren nur verzwanzigfachen oder wenn es zwanzig statt zehn Jahre dauert, ist das immer noch weit mehr, als sich die meisten Menschen heute vorstellen können. Die traditionellen Branchen hingegen werden laut Ark nur um 3 Prozent pro Jahr wachsen. Wenn Sie in einer solchen eher alten Branche sind, stehen Sie vor einer zentralen Entscheidung.

 Wollen Sie den Wandel der Wirtschaftswelt an sich vorbeigehen lassen oder wollen Sie Ihr Geschäft mithilfe der neuen und stark wachsenden Technologien zukunftssicherer machen?

Wenn ich hier über große Unternehmen und deren Marktkapitalisierungen schreibe, liegt das daran, dass es über diese Unternehmen weitaus mehr Informationen gibt und dass sie häufig die sichtbaren Treiber neuer Technologien und Methoden sind. Aber viele dieser Unternehmen waren vor wenigen Jahren noch Startups. Sie wurden groß, weil sie innovativ sind und strategisch erfolgreich agiert haben. Ich sage es noch einmal: Selbst wenn Sie als Unternehmerin ganz allein ohne Mitarbeiter arbeiten oder zehn oder fünfzig Mitarbeiter haben: Sie können von diesen Unternehmen und aus den von ihnen verfolgten Zukunftschancen enorm viel lernen.

Das Investitionsuniversum von Ark basiert auf fünf sogenannten Innovationsplattformen. Auf ihnen wiederum gründen laut Ark Invest vierzehn transformative Technologien.

Das sind einige der Werkzeuge, mit denen die Menschheit und vielleicht auch Ihr Unternehmen die Lebensqualität der Kunden, der Gesellschaft und der Menschheit steigern wird. Auf einige dieser Technologiefelder werde ich später noch eingehen. Cathy Woods ist mit ihren optimistischen Zukunftsannahmen natürlich nicht alleine. Die Unternehmen, in die sie investiert, sehen ihre Zukunft selbstverständlich als glänzend. Sie verstehen sich als Bright Future Businesses.

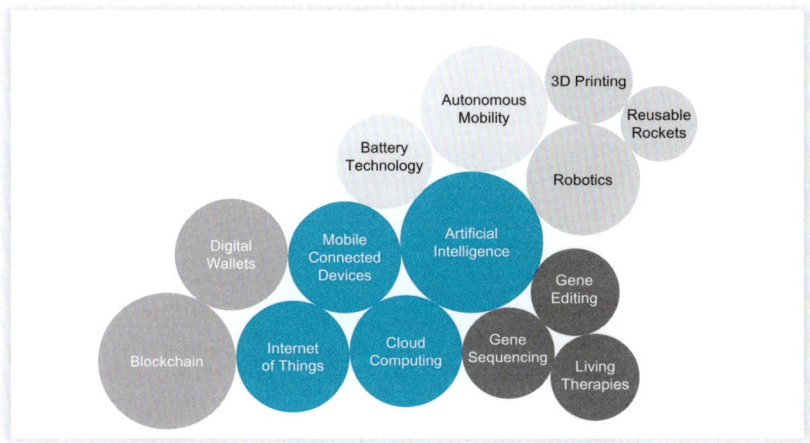

Abb. 6: Transformative Technologien laut Ark Invest

Diese 14 disruptiven Technologiefelder werden auch Ihr Unternehmen betreffen. Oder positiver gesagt: Auch Ihre Kunden werden in irgendeiner Form von jeder einzelnen dieser Technologien profitieren. Ihre Kunden *werden* profitieren. Ihr Unternehmen *kann* profitieren. Es hängt von Ihnen ab. Wenn Sie sich beim besten Willen nicht vorstellen können, wie wiederverwendbare Raketen oder Genomsequenzierung in Ihrem Geschäft eine Bedeutung haben könnten, schauen Sie sich Ihr Unternehmen aus der Satelliten-Perspektive an. Es kann sein, dass es in Ihrem Unternehmen keine Anwendung für jedes dieser Werkzeuge gibt. Aber bei Ihren Kunden werden sie wirken. Bei Ihren Lieferanten. Bei Ihren Partnern und mindestens in Ihrem gesellschaftlichen und wirtschaftlichen Umfeld. Auf jeden Fall werden diese Innovationsfelder bei den Endkunden wirken, also den einzelnen Menschen. Denn sie sind es, bei denen die großen Innovationen letztlich ankommen sollen und werden.

Derzeit ist Ark Invest mit seinen Fonds in 141 Unternehmen investiert. Jedes einzelne dieser Unternehmen arbeitet an einer oder mehreren großen und realisierbaren Zukunftschancen. Von einigen dieser Unternehmen wird später noch die Rede sein. Schauen Sie sich diese Unternehmen sorgfältig auf dieser inoffiziellen Seite an: cathiesark. com. Auch wenn natürlich die meisten dieser Unternehmen nichts mit

Ihrer Branche zu tun haben. Oder sagen wir besser: Gerade dann. Sie werden Ihre großen Zukunftschancen nicht nur innerhalb Ihres Branchenumfelds finden. Das Diagramm illustriert den Denkprozess, den ich Ihnen empfehle. Schauen Sie sich jedes Unternehmen an und wählen Sie zwanzig bis dreißig davon aus, die Ihnen auch nur im Entferntesten als Chancen-Quelle geeignet erscheinen. In diesem Abschnitt geht es zwar um die großen, realisierbaren Zukunftschancen. Aber zu diesen gehören auch solche Chancen, mit denen Sie Ihr Unternehmen bei den anderen sieben Eigenschaften eines Bright Future Business voranbringen können. Die Denkfrage ist: Was können wir von diesem Unternehmen für unsere Performance bei Eigenschaft X lernen?

BRIGHT FUTURE BUSINESSES	Sie verbessern nachhaltig die Lebensqualität vieler Menschen	Sie arbeiten an großen, realisierbaren Zukunftschancen	Viele Kunden kaufen gerne, viel zu rentablen Preisen	Die besten Mitarbeiter kommen, bleiben und engagieren sich gerne	Ihre Produktivität ist an der Spitze der Branche	Ihre Wettbewerber haben es schwer, Sie zu kopieren	Sie sind gegen technisch-strategische Disruptionen abgesichert	Ihr Unternehmen ist eine Freude für die Anteilseigner
Unternehmen 1								
Unternehmen 2								
Unternehmen n								

Abb. 7: Von anderen Bright Future Businesses lernen

Selbst wenn die Aktienkurse abstürzen wie zuletzt: An der Mission und am Geschäftsmodell der innovativen und disruptiven Unternehmen ändert sich damit so gut wie nichts. Manche werden sich nicht mehr ausreichend über Aktienemissionen finanzieren können. Wer aber schon profitabel ist oder private Geldgeber findet, an dem geht auch dieser Crash fast spurlos vorbei.

Ich habe oben empfohlen, Ihre großen Zukunftschancen primär im schon Existierenden, aber Verborgenen zu finden. Sie wollen aber vermutlich auch selbst über die Zukunft Ihres Marktes nachdenken und selbst eigene Zukunftschancen erkennen und entwickeln. Schauen wir deshalb im nächsten Abschnitt miteinander auf die Trends und Technologien der Zukunft.

4.4. Das Trend-System für Zukunftschancen

Jeder große Erfolg eines Unternehmens beruht zu einem guten Teil darauf, dass es Trends und darin liegende Chancen frühzeitig erkannt und genutzt hat. So entstehen neue Märkte und erfolgreiche Unternehmen. Wenn Sie sich unternehmerisch und beruflich zukunftssicher machen und halten wollen, müssen Sie sich auf die kommenden Veränderungen der Welt ausrichten und sie zu Ihrem Vorteil nutzen. Das Gleiche gilt, wenn Sie für Ihre Altersvorsorge in Aktien oder direkt in Unternehmen investieren. Professionell geführte Unternehmen beobachten systematisch die Zukunftstrends und werten sie aus. Sie können das auch. Relativ leicht sogar. Schauen wir uns gemeinsam an, wie Sie das tun können.

Was genau ist ein Trend? Ein Trend ist eine gerichtete Veränderung einer oder mehrerer Variablen. Das globale Bevölkerungswachstum, die Bevölkerungsschrumpfung in einzelnen Ländern, der Zuwachs des globalen Wohlstands, die Abnahme der absoluten Zahl der Hungernden oder die Digitalisierung: Das alles sind Trends. Es findet ein Wandel in eine zumindest im Groben erkennbare Richtung statt.

Wir stellen die Trends dar wie ein Periodensystem der Elemente (siehe Abb. 8 auf der folgenden Seite). Denn diese Trends sind die Elemente, aus denen die Zukunft Ihres Marktes, Ihres Geschäfts und Ihres Berufes bestehen wird.

Inspiration für Ihr äußeres Zukunftsbild

Sie erinnern sich: Ihre wichtigste Aufgabe ist, Ihr Zukunftsbild zu entwickeln und es in Ihrem Team wirksam werden zu lassen. Ihr Zukunftsbild besteht aus einem äußeren und einem inneren Teil. Wir fokussieren uns in diesem Buch in erster Linie auf Ihr inneres Zukunftsbild von Ihrem zukunftssicheren Bright Future Business. Mit dem Trend-System, das wir uns in diesem Abschnitt ansehen, haben Sie auch eine Grundlage für Ihr äußeres Zukunftsbild. Mit den Trends und Technologien im Trend-System können Sie Ihre Wahrnehmungen und Annahmen über die zukünftigen Entwicklungen in Ihrem Umfeld und Markt ergänzen und solider machen.

Das FMG-Trend-System

Wäre es nicht praktisch, wenn Sie alle großen Trends im Überblick sehen könnten? In einem sinnvoll strukturierten Trend-System? Damit Sie sich orientieren können, damit Sie auf sicherem Boden stehen? So werden Ihr Job und Ihr Geschäftsmodell zukunftsfähig und Ihre Entscheidungen werden besser. Ich biete Ihnen hier ein Trend-System an, das aus der Praxis kommt. Aus meiner und unserer Praxis in der Entwicklung und Umsetzung von Zukunftsstrategien renommierter Unternehmen bei der FutureManagementGroup AG. Ich kann Ihnen in diesem Rahmen nur einen Überblick geben. Erläuterungen zu den einzelnen Trends und eine hoch aufgelöste PDF zum Download finden Sie auf der Website zu diesem Buch (www.micic.com/BFB). Hängen Sie sich den Ausdruck an die Wand an Ihrem Arbeitsplatz.

Ihr eigenes Trend-System

Das Trend-System ist ein erster Schritt, eine Vorlage, die Sie auf Ihren Markt und Ihr Geschäftsfeld anpassen sollten. Diese 44 Trends stellen die erste Ebene dar. Eine Ebene tiefer liegen zwischen 100 und 200 weitere Trends, je nach Branche. Passen Sie das Trend-System auf Ihr Geschäft an. Nehmen Sie Trends heraus, nehmen Sie Teiltrends hinein. Wichtig ist, dass Sie nicht nur auf die Trends schauen, die schon beim ersten Blick als relevant erscheinen. Erweitern Sie dieses Kriterium für Relevanz auch auf Trends, die relevant *werden* könnten. Und auch solche, die Sie relevant *machen* könnten. Um Ihre Zukunftschancen zu erkennen, können Sie die gleiche Denkstruktur verwenden wie vorher mit den Unternehmen. Die Denkfrage ist: Wie können wir diesen Trend X nutzen, um unsere Leistung bei Eigenschaft Y zu verbessern?

BIOSPHÄRE

- **Kli** — KLIMAWANDEL
- **Umw** — UMWELTBELASTUNG
- **KRs** — VERKNAPPUNG NATÜRLICHER RESSOURCEN

TECHNOLOGIEN

- **Dig** — DIGITALISIERUNG
- **Aut** — AUTOMATISIERUNG
- **Mat** — MATERIALINNOVATIONEN
- **Int** — INTELLIGENTISIERUNG
- **AdF** — ADDITIVE FERTIGUNG
- **Umt** — UMWELT-TECHNOLOGIEN
- **Rob** — ROBOTISIERUNG
- **LGt** — LEBENS- UND GESUNDHEITS-TECHNOLOGIEN
- **Eng** — ENERGIE-TECHNOLOGIEN
- **Spl** — SPATIAL INTERNET
- **HEn** — HUMAN ENHANCEMENT
- **ALe** — AGRAR- UND LEBENSMITTEL-TECHNOLOGIEN
- **Vir** — VIRTUALISIERUNG
- **Mob** — MOBILITÄTS-TECHNOLOGIEN

GESELLSCHAFT

- **Bev** — WACHSTUM DER GLOBALEN BEVÖLKERUNG
- **Plu** — PLURALISIERUNG
- **Alt** — ALTERUNG
- **Pol** — POLARISIERTE GESELLSCHAFTEN
- **Gen** — WECHSEL DER GENERATIONEN
- **Urb** — URBANISIERUNG
- **Mig** — MIGRATIONSDRUCK
- **Kom** — ZUNEHMENDE KOMPLEXITÄT
- **Ind** — INDIVIDUALISIERUNG
- **Ges** — ZUNEHMENDE GESUNDHEITS-ORIENTIERUNG

POLITIK

- **Gul** — GLOBALISIERUNG UND INTEGRATION
- **Mul** — MULTIPOLARE WELT
- **Dem** — DEMOKRATISIERUNG UND DEMOKRATIE-KRISE
- **KSs** — KRISE DER SOZIALSYSTEME

WIRTSCHAFT

- **Wac** — GLOBALES WOHLSTANDSWACHSTUM
- **NMS** — NEUE MARKT-STRUKTUREN
- **NMH** — NEUE MARKT-HORIZONTE
- **NAr** — NEUE ARBEITSWELT
- **DiW** — DIGITALE WIRTSCHAFT
- **Afr** — WACHSTUM AFRIKAS
- **ArK** — ARBEITSKRISE
- **ÖNa** — ÖKOLOGISCH NACHHALTIGES WIRTSCHAFTEN
- **Asi** — ASIATISIERUNG
- **NeL** — NEUES LERNEN
- **SNa** — SOZIAL NACHHALTIGES WIRTSCHAFTEN
- **KFi** — KRISE DES FINANZ- UND WÄHRUNGS-SYSTEMS
- **Kon** — WANDEL DES KONSUM-VERHALTENS

Abb. 8: Das Trend-System der FMG

CHANCEN AUS TRENDS UND TECHNOLOGIEN NUTZEN

QUELLEN FÜR CHANCEN	Sie verbessern nachhaltig die Lebensqualität vieler Menschen	Sie arbeiten an großen, realisierbaren Zukunftschancen	Viele Kunden kaufen gerne, viel zu rentablen Preisen	Die besten Mitarbeiter kommen, bleiben und engagieren sich gerne	Ihre Produktivität ist an der Spitze der Branche	Ihre Wettbewerber haben es schwer, Sie zu kopieren	Sie sind gegen technisch-strategische Disruptionen abgesichert	Ihr Unternehmen ist eine Freude für die Anteilseigner
Trend/Technologie 1								
Trend/Technologie 2								
Trend/Technolgie n								

Abb. 9: Trends und Technologien für Bright Future Businesses

4.5. Trend-Szenarien: Das kommt auf Sie zu

Wie wird sich die Wirtschaft der Zukunft von der heutigen unterscheiden, wenn die großen Trends sich fortsetzen? Eine wirklich umfassende Antwort würde mehrere Bücher füllen. Ich will diese Frage hier nur in sehr kompakter Form mit einigen meiner zentralen Annahmen über die kommenden Veränderungen in Wirtschaft und Gesellschaft beantworten. Jede meiner Zukunftsannahmen wird von mehreren Trends getragen. In diesen Entwicklungen liegen große und realisierbare Zukunftschancen für Ihr Unternehmen.

KI macht uns enorm produktiver

Was sich seit den 1950er-Jahren vorbereitet, entfaltet jetzt und in Zukunft seine unglaublichen Fähigkeiten: künstliche Intelligenz. Das mächtigste Werkzeug auf diesem Planeten ist immer noch das menschliche Gehirn. Aber unser kognitives Potenzial wird in Zukunft zunehmend vergrößert. Allein in den letzten Monaten sind die Fähigkeiten der sogenannten großen Sprachmodelle und neuronaler Netze um ein Vielfaches gewachsen. Schon bald wird der monatliche Leistungszuwachs so groß sein wie heute in einem Jahr. Es ist keine Grenze dieses exponentiellen Leistungszuwachses absehbar. KI kann mit allen erdenklichen Sensoren mehr, präziser und schneller Informationen aufnehmen, auswerten und berichten als irgendein Mensch. Sie kann schneller Lösungen entwickeln und sogar Entscheidungen treffen. Deshalb werden wir unter anderem in nicht allzu ferner Zukunft nicht mehr selbst Auto fahren müssen. Das Team aus menschlicher und künstlicher Intelligenz wird unserer Produktivität in so gut wie jedem Fachgebiet und jeder Aufgabe zu ungeahnten Höhen verhelfen.

KI macht uns drastisch kreativer

Kann künstliche Intelligenz kreativ sein? Ja, das kann sie. KI schöpft aus dem gleichen Möglichkeitsraum wie wir Menschen. Aus einer endlichen Zahl von Variablen und einer endlichen Zahl von Optionen kombiniert KI neue Lösungen viel, viel schneller als wir. Schon heute machen Systeme wie DALL-E von OpenAI den Grafikdesignern Konkurrenz. OpenAIs GPT3 schreibt erstaunlich gute Texte und ist im Dialog schon heute kaum von einem menschlichen Kommunikationspartner unterscheidbar. Im strukturierten Dialog mit einer KI können wir Bauteile, Gebäude oder Moleküle designen. Wir Menschen müssen nur sicherstellen, dass KI-Systeme nicht beginnen, sich ihre Aufgaben selbst zu geben. Wir müssen aufpassen, dass wir die Chefs bleiben.

KI-Wesen lehren, beraten und coachen uns

Große Sprachmodelle von Deepmind, Nvidia oder OpenAI können heute schon nahezu jede beliebige Frage beantworten: Mit welcher Methode werden Exoplaneten entdeckt? Welche Rolle spielen Proteine für das Leben? Was sind die Folgen des Klimawandels? Die Antworten sind ihnen nicht etwa einprogrammiert, sondern sie finden die Antworten in Datenbanken und im Internet. Sie sprechen zu uns mit beliebigen Gesichtern, auch solchen, die von einem echten Menschen kaum zu unterscheiden sind. Und natürlich sprechen sie alle gängigen Sprachen. Eine KI-Lehrerin wird nicht nur praktisch alles wissen und vermitteln können. Sie wird auf die einzigartigen Stärken und Schwächen ihres Schülers eingehen können. Mit aller Geduld, jederzeit und zu minimalen Kosten. Sie wird Videos, virtuelle Modelle, Grafiken und Texte anbieten und deren Lernwirkung prüfen. Die Dramatik dieser Entwicklung ist kaum jemandem bewusst. Sobald ein KI-System diese Fähigkeiten hat, kann es Milliarden Schüler unterrichten. Was es mit einer Schülerin lernt, kommt gleich allen anderen zugute. Das System vergisst nichts und muss sein Wissen nicht mühsam an andere Systeme weitergeben. Die Ausbildung von menschlichen Lehrern hingegen ist langwierig und aufwendig. Wenn solche KI-Systeme Lehrer sein können, dann können sie auch Beraterinnen und Coaches sein. Jeder Mensch, der das will, kann sich permanent von einem persönlichen KI-Begleiter beraten, coachen und sogar therapieren lassen. Ein vielleicht erschreckender Aspekt: Wir können uns selbst in einem KI-Wesen verewigen und quasi elektronisch unsterblich machen. So können unsere Verwandten und Freunde auch nach unserem Tod mit einem KI-Wesen sprechen, das unserer Persönlichkeit sehr nahe kommt.

Körperliche Arbeit ist größtenteils Hobby

Mit Robotik bekommt künstliche Intelligenz einen Körper. Haben Sie gesehen, wie eine einzelne Roboterhand von OpenAI den Zauberwürfel binnen kürzester Zeit löst, selbst wenn man sie dabei stört? Das war schon 2019. Wer das gesehen hat, wird nicht mehr anzweifeln, dass selbst das Wunderwerk der menschlichen Hand bald übertroffen sein wird. Alles, was der Mensch physisch kann, können Roboter heute schon oder bald besser. Wie bei so vielen Technologien waren die Prognosen über viele Jahrzehnte hinweg sehr mutig. Doch über einarmige Industrieroboter haben wir es lange kaum hinausgebracht. Aber bald sind wir an dem Zeitpunkt angelangt, an dem Roboter in jeder Größe und Form zur Normalität werden. Vom Nanoroboter, der ein einzelnes lahmes Spermium einfängt und es in die Eizelle befördert, über Roboter in Wurm- und Schlangenform bis zum ultimativen humanoiden Roboter. Selbst komplizierte körperliche Arbeit, die eintönig, schwer oder gefährlich ist, werden Menschen nicht mehr ausführen müssen, wenn sie es nicht wollen.

Ganze Unternehmen funktionieren automatisch

Distributed Ledgers, besser bekannt als Blockchains, sind im Prinzip hochleistungsfähige und fälschungssichere Buchhaltungssysteme. Smart Contracts sind elektronisch dokumentierte Vereinbarungen, die bei Vorliegen bestimmter Bedingungen Aktivitäten ausführen. Sie können mit beliebig vielen anderen Smart Contracts kombiniert werden. Zusammengenommen reichen Blockchains, Smart Contracts und KI-Systeme aus, um ganze Verwaltungsorganisationen aufzubauen, für deren Funktionieren keine einzige menschliche Aktivität nötig ist. Beispielsweise lässt sich eine Versicherung so formulieren, dass eine Landwirtin eine Zahlung von x erhält, sobald die Bodentemperatur in ihrer Region im April zum dritten Mal unter null Grad fällt. Organisationen dieser Art nennt man »dezentrale autonome Organisationen« oder kurz DAO. Autonom sind sie, weil sie automatisch funktionieren. Dezentral sind DAOs, weil sie kein zentrales Management benötigen. Millionen Teilnehmer einigen sich untereinander und können sich darauf verlassen, dass das System die Vereinbarungen exakt ausführt. Niemand muss etwas managen. Niemand muss kontrollieren, motivieren oder verwalten.

Der virtuelle Teil unseres Lebens ist deutlich größer

Virtuelle Realität erhält nach Jahrzehnten großer Hoffnungen und Erwartungen endlich einen großen Auftrieb. Nicht nur in Spielen, sondern mittlerweile auch in ernsthaften industriellen Anwendungen wird VR immer stärker genutzt. Das Metaverse verbindet alle virtuellen Welten miteinander und wird zur nächsten Generation des Internets. Wir Menschen sind gemacht für ein 3-D-Leben, aber das Internet war bisher zweidimensional. Längst besuchen Millionen Menschen Konzerte im Metaverse. Gebäude, Maschinen und gesamte Produktionsanlagen werden zuerst im virtuellen Raum »gebaut« und dienen dann als digitales Original für die daraus produzierten physischen Kopien. In Zukunft werden viele Menschen mit der Herstellung digitaler Produkte und mit virtuellen Dienstleistungen ihren Lebensunterhalt verdienen können. Trainings und Therapien werden durch die virtuellen Erlebnisse weitaus wirkungsvoller. Wir können große Momente der Geschichte miterleben, etwa den Sturm auf die Bastille, und können in Szenarien des Jahres 2050 reisen. Wir werden im virtuellen Raum Erfahrungen jenseits unserer Vorstellungskraft machen können. Gesamtgeschichtlich betrachtet könnte die zusätzliche virtuelle Dimension unseres Lebens mit dem Metaverse eine der größten Innovationen der Menschheit werden.

Das Internet überlagert unsere reale Welt

Das Internet versteckt sich zukünftig nicht mehr hinter Bildschirmen und Displays. Es kommt zu uns in die reale Welt und fügt ihr virtuelle Schichten hinzu. Mixed Reality wird zum Spatial Internet, dem räumlichen Internet. Unsere reale Welt wird Teil des Metaverse. Das räumliche Internet hilft uns, uns zu orientieren. Leichte Datenbrillen könnten unsere Smartphones ablösen. Mit ihnen sehen wir im realen Kontext, was wir wissen wollen, ohne auf ein Handy schauen zu müssen. Im Dorf Hogeweyk in der Nähe von Amsterdam und in mehreren ähnlichen Projekten können sich Alzheimer-Patienten frei bewegen, weil die Umgebung sie daran erinnert, wo sie sind und wohin sie wollen. Wir werden jederzeit wissen, wie sicher wir an unserem Standort sind und ob wir uns besser in Acht nehmen sollen. Unser Fahrrad fragt uns dann:»Bist du sicher, dass du mich hier abstellen willst? 300 Meter weiter ist ein bewachtes Fahrrad-Parkhaus.« Unzählige Quellen werden ausgewertet, so etwa die Funk-Netze, Twitter, der Polizeifunk, die Bewegungen von Menschen auf Plätzen und sogar die Geräusche in Bahnhöfen und Flughäfen. Eine Warnung, nur wenige Minuten früher erhalten, kann unzählige Leben retten.

Gedruckte Produkte und Teile sind üblich

Additive Fertigung wird in den nächsten Jahrzehnten einen wachsenden Teil des Weltwirtschaftsvolumens ausmachen. Das Potenzial von 3-D-Druck wird heutzutage noch unterschätzt, weil der Trend sich in der frühen Phase der S-Kurve nur langsam entwickelt. Doch die Auswirkungen additiver Produktion und die resultierenden Chancen werden riesig sein. Die mehr als zwanzig Verfahren additiver Fertigung werden immer besser, höher aufgelöst und vor allem schneller. Fertigung, Wertschöpfungsketten und Service können neu gedacht werden. Die verarbeitbaren Materialien umfassen neben Kunststoffen auch Metalle, Verbundstoffe, leitfähige Schaltkreise sowie Gewebe und Gefäße für Tiere und Menschen. Aus diesen Materialien kann heute schon eine enorme Vielfalt von Produkten hergestellt werden: Komponenten und Ersatzteile, Karosserien, Häuser, Medikamente, Brillen und Linsen, Zähne, Prothesen, Ersatzknochen, Metallimplantate, Organe, Spielzeug, 3-D-Porträts, Designobjekte, Food-Kreationen, Fleisch aus pflanzlichen wie auch aus tierischen Zellen und in China sogar ein ganzer Staudamm[35]. Massenprodukte werden immer geformt oder subtraktiv gefertigt werden. Aber alles, was individuell oder dezentral hergestellt wird, wird zunehmend additiv hergestellt.

Energie ist nachhaltig und preiswert

In der öffentlichen Wahrnehmung ist Energie immer knapp und teuer. Energie aus Sonnenstrahlung, Wind, Wasserkraft, Gezeiten und Wellen, Erdwärme und Biomasse ist alles andere als knapp auf der Erde. Technologische Innovationen sowie Skalen- und Lerneffekte haben zu drastischen Kostensenkungen geführt. Allein zwischen 2010 und 2020 fielen die Gestehungskosten für Solarstrom um 85 Prozent, für Solarthermie um 68 Prozent, für Onshore-Windenergie um 56 Prozent und für Offshore um 48 Prozent[36]. In Südeuropa kostet Solarstrom in der Produktion nur noch 1,12 Cent pro Kilowattstunde. In wenigen Jahren werden diese Werte auch im deutschen Sprachraum erreichbar sein. Strom wird in der Produktion immer billiger. Die Kunden aber zahlen immer mehr.

Eine vollständige Umstellung der Erde auf regenerative Energien ist ganz ohne technologische Wunder machbar. Forscher der Stanford University haben 145 Länder analysiert, die 99,7 Prozent der CO_2-Emissionen verursachen.[37] Die Frage war, ob eine hundertprozentig regenerative Energieversorgung der Erde möglich ist. Ihr Ergebnis: Die weltweiten direkten Energiekosten würden um 63 Prozent sinken. Zählt man die sozialen und gesundheitlichen Kosten dazu, sinken die Energiepreise um sage und schreibe 92 Prozent. Die Zahl der Arbeitsplätze würde trotz der Verluste in fossil basierten Unternehmen um 28 Millionen zunehmen. Die Studienautoren gehen davon aus, dass 80 Prozent der Umstellung bis 2035 erfolgen können und 100 Prozent bis 2050. Die Umstellung der Erde auf regenerative Energien würde 62 Billionen US-Dollar kosten. Jährliche Einsparungen von 11 Billionen amortisieren die Investition in weniger als sechs Jahren. Übrigens: Die weltweiten Subventionen für Kohle, Erdöl und Erdgas betrugen 2020 unfassbare 5.900 Milliarden US-Dollar[38]. Stellen wir diese wirklich unsinnigen Subventionen ein, können wir damit in elf Jahren die vollständige Umstellung der Erde auf regenerative Energie finanzieren. Wirtschaftliche Vorteile setzen sich langfristig immer durch. Deshalb wird unsere Energieversorgung immer nachhaltiger und billiger.

Wir reisen und transportieren nachhaltig und preiswert

Um 2030 herum werden kaum noch fossil betriebene Pkw verkauft werden. Ähnlich wird es bei Lkw passieren, nur etwas später. Die Hersteller von Verbrennerfahrzeugen liegen mit ihren aktuellen Zukunftsannahmen besorgniserregend daneben. Das jedenfalls ist meine Zukunftsannahme, auf die ich einiges wette. Ganz eindeutig wird sich der batterieelektrische Antrieb durchsetzen. Wasserstoff hat dagegen mit dreifach höherem Energieeinsatz und E-Fuels mit mindestens fünffachem Energieeinsatz keine Chance. Bis allerdings der gesamte Bestand an motorisierten Fahrzeugen elektrifiziert ist, wird es unter normalen Umständen bis nach 2050 dauern. Batterieelektrische Fahrzeuge sind nicht nur bei Weitem umweltfreundlicher, sie verursachen auch deutlich geringere Betriebs- und Reparaturkosten. Sie sind im Prinzip auch viel billiger herzustellen. Dass sie bislang noch höhere Kaufpreise haben, liegt größtenteils daran, dass die Nachfrage das Angebot übersteigt und dass die traditionellen Verbrennerhersteller hohe Preise für die Akkus zahlen müssen.

Wenn die Automobilhersteller sich gerade so in die batterielektrische Mobilität gerettet haben, werden sie den nächsten und noch größeren Schlag gegen ihr Geschäftsmodell erleiden. Autonome Fahrzeuge werden als sogenannte Robotaxis unseren bisherigen Umgang mit individueller Mobilität grundlegend revolutionieren. Sie fahren nicht nur eine Stunde am Tag, sondern sechzehn oder mehr Stunden. Entsprechend billig werden die Kosten pro Kilometer. Kosten für die Fahrerin fallen nicht an. Bei Preisen von vermutlich 20 bis 40 Cent pro Kilometer wird es sich für die meisten Menschen nicht mehr lohnen, ein eigenes Fahrzeug zu halten. Deshalb gelingt mit Robotaxis die Elektrifizierung der Welt viel schneller, denn ein Robotaxi kann 15 oder mehr konventionelle Autos ersetzen.

Wir bleiben gesünder und leben länger

Fortschritte auf vielen Gebieten werden helfen, die Leistungsfähigkeit der Medizin und verwandter Disziplinen immer weiter auszubauen. Und die Kosten zu senken. Die zunehmende Leistung künstlicher Intelligenz spielt dabei eine zentrale Rolle. Die Sequenzierung eines menschlichen Genoms kostet bald weniger als hundert Euro.

Vor zwanzig Jahren waren es noch hundert Millionen. Wir dringen weiter in noch weitgehend unbekannte Welten vor, wie etwa das Mikrobiom. Neues Wissen und bessere Mittel helfen bei der Prävention von Krankheiten. Erkrankungen wie Krebs können weitaus früher erkannt werden. Viele Diagnosen, für die man früher in die Arztpraxis gehen musste, lassen sich durch Smartwatches durchführen, so etwa ein EKG oder die Messung der Herzfrequenzvariabilität. In absehbarer Zeit wird man Blutuntersuchungen zu Hause und irgendwann permanent durchführen können. Krankheiten werden dann erkannt, bevor sie wirklich ausgebrochen sind.

In gleichem Maße werden die Therapien wirksamer. Die sogenannte Genschere CRISPR macht es möglich, preiswert und präzise Krankheiten zu heilen, die als unheilbar galten. Gewebe und Organe können in immer besserer Qualität künstlich hergestellt werden. Robotische Gliedmaßen erleichtern nach Unfällen und Amputationen das Leben. Mit Computerchips im Gehirn können beispielsweise Lähmungen geheilt und die Folgen der Parkinson'schen Krankheit gelindert oder ganz eliminiert werden. Zudem versteht man den Alterungsprozess immer besser und ist dabei, ihn zu verlangsamen oder gar umzukehren.

Das waren nur einige wenige der wichtigen zukünftigen Veränderungen von Wirtschaft und Gesellschaft. Die obigen Trendszenarien sind alle technologisch getrieben, weil die mit menschlicher und künstlicher Intelligenz entwickelten Technologien das Ausmaß und die Geschwindigkeit des Wandels erzeugen. Tauchen Sie ein in diese Entwicklungen. Stärken Sie den unternehmerischen Vordenker in Ihnen und nutzen Sie die großen Zukunftschancen für Ihr Unternehmen.

5. Viele Kunden kaufen gerne, viel und zu rentablen Preisen

5.1. Kunden wollen Teil der Zukunft sein

Am 31. März 2016 standen weltweit Zigtausende Menschen in Schlangen an, um bei Tesla ein Model 3 zu bestellen. Über 20.000 allein in den USA. Das gleiche Bild in Asien und in ganz Europa. Einige schlugen buchstäblich über Nacht Zelte vor den Tesla-Stores auf, um ganz vorne dabei zu sein. Auch starker Regen hinderte sie nicht. Dabei wussten sie noch nicht einmal, wie das Auto aussehen wird. Es war noch gar nicht vorgestellt. An eine Probefahrt war erst recht nicht zu denken. Der Start der Produktion sollte erst mehr als anderthalb Jahre später sein. Mit keiner anderen Auto-Marke war das jemals vorher passiert.

Kunden helfen freiwillig mit

Als im Herbst 2018 Tesla erfolgreich durch die »Production Hell« gekommen war und eine Masse an Auslieferungen noch vor Ende des dritten Quartals zu bewältigen war, quasi die nächste Hölle, die »Delivery Logistics Hell«, passierte etwas, das nach den Gesetzen des Marktes unmöglich war. Überall auf der Welt, sogar in Peking, boten sich Tesla-Eigner an, bei der Auslieferung des Model 3 an die neuen Kunden zu helfen. Freiwillig und kostenlos. Sie erklärten den aufgeregten Neukunden, wie das Auto und vor allem, wie die Software funktioniert. Während die Tesla-Kritiker und Leerverkäufer in diesem Geschehen den letzten fehlenden Beweis dafür sahen, dass Tesla es einfach nicht kann, staunte der Rest der Autowelt über dieses Maß an Begeisterung und Kundenloyalität. Das Gleiche passierte noch mehrfach bis Mitte

2019. »We know this is the future and we want to be part of it[39]«, erklärte die Präsidentin des Tesla Owners Club das Phänomen.

Mut wird gefeiert

Tesla wird mit Mut geführt, mit entsprechend viel Bereitschaft zum Risiko. Dieser Erfolgsfaktor fehlt allen traditionellen Konkurrenten. Auch deshalb, weil deren angestellte Manager keine derartigen Risiken eingehen dürfen. Und weil sie nicht wirklich Unternehmer sind. Was in Medienberichten und Behördenstellungnahmen nicht selten als leichtsinnig, unverantwortlich oder gar rücksichtslos dargestellt wird, ist in der Wirklichkeit von Tesla schlicht der unternehmerische Weg, das Neue schneller voranzubringen als andere. Dieser Mut wird von der wachsenden Zahl an Tesla-Fans bejubelt und mit hohen Preisen für Autos und Aktien wie auch mit enormer Markentreue belohnt.

Teslas Schwächen bei den Spaltmaßen waren lange legendär. Kein Wunder, fragten sich die Gründer von Tesla am Anfang doch tatsächlich »How do you actually build a car?«. Sie waren getrieben von der Vision einer batterieelektrischen Mobilität, aber sie waren blutige Anfänger im Automobilbau. Hätten sie erst die über hundert Jahre trainierte Präzision deutscher Hersteller erreichen wollen, bevor sie ihre Fahrzeuge verkauften, wäre Tesla schnell wieder von der Bildfläche verschwunden. Tesla hat bewusst bei der Karosserie die Strategie »Good Enough« gefahren. Denn von Anfang an waren Akkutechnologie und Software im Kern ihrer Vision. Der amerikanische Veteran der Automobiltechnik, Sandy Munro, nahm eines der ersten Tesla Model 3 auseinander und übte heftige Kritik. Es gab viel bemerkenswert Gutes, aber auch böse Patzer. Was kein anderer Hersteller in dieser Geschwindigkeit kann: Innerhalb weniger Wochen waren die von Munro kritisierten Schwächen während der laufenden Produktion ausgebügelt. Wenige Jahre später ist Munro von so gut wie jedem Bauteil von Tesla erstaunt bis begeistert. Teslas seien eine »Sinfonie der Ingenieurskunst«, sagt er.

Höchste Sicherheitsstufe

Die amerikanische Verkehrssicherheitsbehörde NHTSA stuft regelmäßig alle vier derzeit angebotenen Modelle von Tesla auf die höchsten

Ränge an Unfallsicherheit ein[40]. Dass Elektroautos generell mindestens fünfmal seltener brennen als »Verbrenner«, sollte mittlerweile bekannt sein. 2015 bekam das Model S von Consumer Reports, ähnlich der Stiftung Warentest in Deutschland, die höchste jemals vergebene Punktzahl. Genauer gesagt kam das Auto auf 103 von 100 Punkten, sodass Consumer Reports die Skala anpassen musste. »Es ist eine Kombination [von Eigenschaften], die wir niemals vorher gesehen haben« und »es ist das nahezu Perfekteste, was wir jemals gesehen haben«, fasste Jake Fisher, der Leiter für Automobiltests, das Urteil zusammen. Das war 2015, als Tesla erst seit drei Jahren vollwertige Autos baute.

Höchste Kundenzufriedenheit

Bis heute hat Tesla ausgesprochene Schwächen im Service. Dort, wo nicht Technik, sondern Menschen Qualität leisten sollen, hat Tesla noch viel zu verbessern. Doch fragt Consumer Reports die Fahrer aller gängigen Marken »würden Sie wieder ein Auto dieser Marke kaufen?«, steht Tesla regelmäßig auf Platz 1 mit bis zu 98 Prozent Anteil an Antworten mit »Ja«[41]. Die Kunden scheinen derzeit sogar noch üble Servicefehler zu verzeihen. Motor1 hat kürzlich eine Meta-Studie zur Kundenzufriedenheit mit Autos gemacht und Tesla belegt sowohl beim einzelnen Fahrzeug als auch als Marke den Spitzenplatz[42].

Das Auto wird auch nach dem Kauf immer besser

Ein weiterer großer Vorteil, den Tesla seinen Kunden bietet, sind die regelmäßigen Updates der Software über das Internet. Wie bei Ihrem Smartphone. Das Auto wird ständig besser und bekommt regelmäßig sogar neue Fähigkeiten hinzu. Kostenlos. Selbst heute im Jahr 2022, volle zehn Jahre später, funktionieren sie bei den traditionellen Herstellern immer noch nicht gut. Gelegentlich ist von großen »Rückruf-Aktionen« bei Tesla zu lesen. Die Behörden bleiben bei ihrer Wortwahl. Dabei sind fast alle diese Rückruf-Aktionen mit einem der regelmäßigen Software-Updates erledigt.

Marktanteil bleibt stabil trotz Konkurrenz

Heute im Jahr 2022 sind zahllose Elektroautos auf den Markt gekommen. Absolute Newcomer wie Rivian und Lucid bieten überzeugende

Fahrzeuge. Auch die großen traditionellen Hersteller haben gute Stromer im Angebot, die auf den ersten Blick mit Tesla mithalten können. Den Verkaufszahlen von Tesla haben sie aber allesamt nicht geschadet. Wie gesagt, Tesla wuchs im Absatz von 2020 auf 2021 um 87 Prozent, während nahezu alle anderen Hersteller Absatzverluste aufgrund der Corona-Krise und – angeblich – der daraus folgenden Chipknappheit hinnehmen mussten. Tesla verkauft weltweit die meisten Elektroautos. Das Tesla Model Y ist in manchen Ländern sogar das meistverkaufte Auto überhaupt, inklusive aller Verbrenner.

Höchste Preise schaden der Nachfrage nicht

Entgegen früheren Aussagen hat Tesla die Preise von 2020 auf 2022 teils um mehr als 20 Prozent erhöht. Der langfristige Plan ist eigentlich, die Preise zu senken, was Tesla in früheren Jahren auch tat. Aber die seit 2021 stark steigenden Preise für Rohstoffe und Zulieferteile ließen die Preise bei allen Herstellern steigen, wenn auch nicht so stark wie bei Tesla. Der Nachfrage nach Teslas jedoch tat das keinen Abbruch. Im Gegenteil: Die Absätze und Umsätze steigen immer noch um über 50 Prozent jährlich. Schon vor der Corona-Krise hatte Tesla mit über 20 Prozent eine der höchsten Rohertragsquoten aller Automobilhersteller. Aktuell liegt dieser Wert bei über 32 Prozent. Diesen Wert erreicht sonst nur Ferrari. Dabei hat Tesla noch nicht einmal eine Million Fahrzeuge verkauft (2021). Mit jeder weiteren Million werden die Stückkosten weiter sinken. Selbst 40 Prozent Rohertragsquote werden in manchen Analysen als in Zukunft erreichbar genannt. Unerhört und unerreicht in der Automobilindustrie. Das alles passiert, während die Margen der traditionellen Hersteller wegen der Transitionskosten von Verbrennern zu Stromern tendenziell sinken werden. Im Ergebnis zahlen die Kunden von Tesla sehr hohe Preise. Bestimmt nicht freiwillig und wirklich »gerne«, aber der Nachfrageüberhang ist immer noch riesig.

Keine Werbung

Das alles muss an der intensiven und teuren Werbung liegen, in die Tesla Milliarden investiert. Logisch, oder? Ganz im Gegenteil. Unglaublich, aber wahr: Tesla gibt keinen Cent für klassische Werbung aus. Ich wiederhole, keinen Cent. Elon Musk hasst Werbung. Er ging von Anfang an ganz selbstbewusst davon aus, dass ein überzeugendes Auto sich von selbst verkauft, weil jedes Exemplar auf der Straße sichtbar ist und neue Käufer anzieht. General Motors gibt allein in den USA fast 2,5 Milliarden Dollar für Werbung aus. Dafür gibt Tesla von allen Herstellern mit großem Abstand das meiste Geld für Forschung und Entwicklung aus.

Die Kunden machen das Marketing – freiwillig

Das heißt aber nicht, dass Tesla kein Marketing macht. Aber auf wiederum ganz andere Weise als die traditionelle Konkurrenz. Tesla hatte von Beginn an eine von vielen als weltrettend wahrgenommene Mission. Tesla machte so vieles ganz anders, dass es heute mindestens einhundert Youtube-Kanäle gibt, deren Hauptthema Tesla ist. Darunter sind welche, die täglich sehr aufwendig Videos über Tesla und Elektromobilität produzieren. Sie alle sagen, dass Tesla sie dafür nicht bezahlt. Es gibt keinen Anhaltspunkt dafür, dass sie alle die Unwahrheit sagen. Sie finanzieren sich über die Anteile an den Werbeeinnahmen von Youtube und über den Verkauf von Merchandise-Produkten sowie durch Unterstützungsgelder, die Zuschauer ihnen über Plattformen wie Patreon zahlen. Einige verdienen damit mehrere zehntausend Dollar monatlich. Zudem befeuert Musk mit seinen oft provokanten Tweets die Diskussion über Tesla. Tesla gehört zu den meistgesuchten Marken auf Google. Ein nie dagewesener Marketingerfolg zu absolut geringen Kosten. Selbst Apple bewirbt sein iPhone mit teuren Fernsehspots.

Werbung der Konkurrenz verkauft Teslas

Das Original in einem neuen Markt erntet einen weiteren, meist übersehenen Nutzen. Die Konkurrenten haben keine andere Wahl, als mit ihrer Werbung den Absatz des Originals zu steigern. Ja, Sie lesen richtig. Am zweiten Februar-Wochenende eines jeden Jahres findet in den USA der Super Bowl des amerikanischen Football statt. Die Pausen in der Übertragung gehören zu den teuersten Werbezeiten weltweit. Im Jahr 2022 warben GM, Nissan, Kia, BMW und Polestar für ihre Elektroautos[43]. Alle hatten sie wirklich filmreife und damit enorm teure Werbespots mit Weltstars wie Arnold Schwarzenegger (BMW) gedreht und sie zur teuersten Werbezeit geschaltet. Dabei wissen all diese Anbieter, dass ihre Produktionskapazitäten für reine Elektroautos sehr beschränkt sind. Es konnte also gar nicht um viel Absatz gehen. Es ging vor allem darum, sich als zukunftsweisende Marke darzustellen, die mit Tesla mithalten kann. Im Quartalsreport wenige Monate später veröffentlichte Tesla dieses Chart[44]:

Abb. 10: Verkaufszahlen von Tesla nach Werbung der Konkurrenten

Tesla gibt wie dargestellt kein Geld für Werbung aus und war somit in den Super-Bowl-Pausen nicht vertreten. Wer aber verkaufte wegen der Werbespots die meisten Elektroautos? Tesla. Die verfolgende Konkurrenz bezahlt tatsächlich dafür, dass das Original mehr Umsatz macht.

Renditevorteil des Originals

Die Marke Tesla ist bis auf Weiteres verbunden mit dem Image des innovativen Pioniers und des Originals, wenn es um batterieelektrische Fahrzeuge geht. Selbst wenn irgendwann ein Konkurrent in Stück mehr E-Fahrzeuge verkaufen sollte als Tesla, was aller Voraussicht nach ein chinesischer Anbieter sein wird, bleibt Tesla das Original.

Wie Apple mit dem iPhone. Dieser nicht imitierbare oder kompensierbare Vorteil schlägt sich vor allem in höherer Zahlungsbereitschaft der Kunden und damit in höheren Erträgen nieder. Nicht ohne Grund erzielt Apple immer noch rund 70 bis 80 Prozent aller Gewinne, die alle Smartphone-Anbieter weltweit machen.

– – –

Halten wir fest, dass es eine dritte zentrale Eigenschaft eines zukunftssicheren Unternehmens gibt: Viele Kunden kaufen gerne, viel und zu rentablen Preisen.

Wenn ein Unternehmen keine Werbung macht, innerhalb seines Geschäftsfeldes die höchsten Rohertragsquoten erzielt und entsprechend die höchsten Preise verlangt und dennoch riesige Nachfrageüberhänge hat, ist das ein sehr zuverlässiges Zeichen dafür, dass die Anziehungskraft auf Kunden kaum noch zu steigern ist.

5.2. Jenseits von Marketing und Vertrieb

Die Eigenschaft »Viele Kunden kaufen gerne, viel und zu rentablen Preisen« haben Sie erfüllt, wenn

1. Sie Ihre Kunden und Aufträge gewinnen, ohne einen übermäßigen Aufwand für Marketing, Akquisition und Vertrieb zu treiben,
2. Ihre Kunden einen sehr großen Teil ihres Budgets bei Ihnen ausgeben,
3. Sie dabei eine hohe Rohertragsquote erzielen.

Bieten sich Ihnen auch täglich Berater für Marketing und Vertrieb oder genauer für »Leadgenerierung« und »Kunden automatisch gewinnen« auf Linkedin, Facebook, Youtube oder per E-Mail an? Wenn ja, woran liegt das? Aus welchem Grund stürzen sich so viele Berater, Coaches und Trainer ausgerechnet auf dieses Geschäftsfeld? Nach meiner Wahrnehmung nutzen tatsächlich die meisten Unternehmen noch zu wenig die verfügbaren Methoden und Werkzeuge von Marketing, Vertrieb und Akquisition, um mehr Kunden und mehr Aufträge zu gewinnen. Der zweite Grund liegt darin, dass Berater, die Ihnen wirklich mehr Umsatz bringen können, ihr Honorar quasi selbst erzeugen und mitbringen und deshalb sehr gut verdienen können.

Die erfolgreiche Zukunft eines Unternehmens, so scheint es, liegt nur in besserem Marketing und konsequenterem Vertrieb. Das ist zumindest die zentrale Botschaft an alle kleinen und mittleren Unternehmen. »Du musst dich positionieren«, heißt es auch noch.

> **Was machen Sie, wenn mehr und besseres Marketing und noch mehr konsequenter Vertrieb nicht den erstrebten Erfolg bringen? Dann liegt der Engpass und damit der richtige Ansatzpunkt tiefer.**

Der allererste und ursächliche Erfolgsfaktor eines Unternehmens ist das Wirkungsversprechen, das das Unternehmen in seiner Mission abgibt. Welche emotionale Wirkung wird den Kunden versprochen, wenn sie die Produkte und Leistungen des Unternehmens kaufen? Der zweite und unmittelbar anschließende Erfolgsfaktor ist das Lösungsversprechen. Mit welchen Produkten und Leistungen wird die emotionale Wirkung erzielt? Erst wenn Wirkungsversprechen und Lösungsversprechen auf echten Bedarf treffen und glaubwürdig sind, helfen Marketing und Vertrieb. Muss man das wirklich noch sagen? Offenbar schon.

5.3. Hohe Anziehungskraft schaffen

In der Welt der Medizinprodukte gibt es naturgemäß relativ häufig die Situation, dass ein Unternehmen Lösungen für gravierende gesundheitliche Probleme bietet und dafür bei den Patienten oder deren Krankenkassen sehr hohe Preise erzielen kann. Das ist natürlich nicht der Idealfall, denn die Kunden sind dann Patienten und haben oft keine Wahl. Es gibt aber auch Fälle, in denen Unternehmen es schaffen, noch lange nach dem Auslaufen schützender Patente eine hohe Anziehungskraft auf Kunden und Patienten zu behalten.

Coloplast

1954 musste sich Thora Sørensen einer Stoma-Operation unterziehen, sodass sie einen künstlichen Darmausgang bekam[45]. Wie alle Patienten nach einem solchen Eingriff zur damaligen Zeit fühlte sie sich alles andere als wohl. Es könnte etwas »daneben« gehen und man könnte es in ihrer Nähe riechen. Beides war damals eher die Regel als die Ausnahme. Ihre Schwester Elise, eine Krankenschwester, hatte eine Idee, wie dieses für die Betroffenen überaus unangenehme Problem gelöst werden könnte: Ein haftender Stomabeutel. Sie tat sich mit dem Bauingenieur und Kunststoffhersteller Aage Louis-Hansen und seiner Frau Johanne, ebenfalls Krankenschwester, zusammen. Gemeinsam entwickelten sie einen haftenden Stomabeutel, der Thora Sørensen wieder ein fast normales Leben ermöglichte.

Ich habe Coloplast im Rahmen eines gemeinsamen Projektes kennengelernt. Die Mission von Coloplast lautet heute: »Wir erleichtern das Leben von Menschen mit sehr persönlichen medizinischen Bedürfnissen.« Coloplast liefert mit diesem Wirkungsversprechen heute ein Sortiment an Produkten und Dienstleistungen für die Stomaversorgung, Kontinenzversorgung, Wundversorgung und die Urologie. Coloplast konzentriert sich ausdrücklich auf medizinische Beeinträchtigungen, die zutiefst intim und persönlich sind. Das Unternehmen fokussiert sich auf die Lösung brennender Probleme betroffener Menschen. So wurde aus einer eigentlich einfachen Lösung für ein sehr persönliches Problem ein Unternehmen mit über 11.000 Mitarbeitern weltweit. Coloplast ist nicht nur bei den Patienten, sondern auch bei medizinischen und pflegenden Fachleuten die Lösung der Wahl. Diese Lösungshöhe führt dazu, dass Coloplast eines der rentabelsten Unternehmen in der medizinischen Welt ist.

Ironman

Wussten Sie, dass Ironman-Wettbewerbe nach dem Unternehmen benannt sind, das sie ausrichtet? Wenn ja, gehören Sie zu einer wissenden Minderheit. Deshalb ist vielen auch nicht bewusst, dass es auch andere Triathlon-Langdistanz-Rennen gibt. Ironman hat es geschafft, aus diesem Sport einen besonderen Mythos zu machen, sodass der Unternehmensname inzwischen für das Produkt steht. Apropos rentable

Preise: Wenn Sie an einem Ironman teilnehmen, zahlen Sie rund das Doppelte an Startgeld gegenüber der Konkurrenz. Es gibt dem Trend zur Virtualisierung folgend auch »Virtual Racing«. Ironman wurde mit dieser Strategie zum weltgrößten Veranstalter von Massenevents im Sport in über 55 Ländern.

Vanguard

Vanguard ist eine der größten Investmentgesellschaften der Welt. Das Besondere: Vanguard gehört seinen Kunden. Die Kunden investieren in Fonds, die Fonds wiederum sind die Eigentümer von Vanguard. Diese einer Genossenschaft ähnliche Struktur ist einzigartig in der Branche. »Wenn man von Menschen umgeben ist, denen die gleichen Dinge am Herzen liegen, werden sich die Dinge von selbst regeln«, schreibt Vanguard[46]. Vanguard investiert deshalb mit einem langfristigeren Zeithorizont und weniger aggressiv. »Gemeinsam verändern wir die Art und Weise, wie die Welt investiert«, ist das Motto. Das Unternehmen gilt als starker Verfechter der Anleger-Interessen, was man von anderen Investmentgesellschaft eher nicht erwartet. Die Interessen der Kunden und der Eigentümer sind praktisch per System die gleichen. Die Preise von Vanguard in Form der Fondsgebühren liegen im Mittelfeld. Das Besondere sind hier also nicht hohe Preise, sondern die emotionale Bindung der Kunden durch Miteigentümerschaft.

Decathlon

Niedrige Preise sind weder besonders noch spannend. Aber sie schaffen immer noch und weiterhin eine enorme Anziehungskraft auf Kunden. Und wenn das Geschäftsmodell stimmt, sind niedrige Preise hochrentabel für den Anbieter. Wie Aldi und Lidl ist Decathlon ein Discounter in seinem Geschäftsfeld Sportprodukte. Zumindest war das die Grundlage des Erfolges, denn heute und in Zukunft wird die Auswahl und auch das Beratungsangebot größer. Der französische Filialist ist mit 1.700 Geschäften in 60 Ländern und rund 94.000 Mitarbeitern der größte Sportartikelhändler der Welt. Mehr als 80 Prozent der Produkte tragen eine von 85 Eigenmarken von Decathlon und werden auch in Eigenregie produziert. Decathlon will weiter wachsen und dafür von einem Sportfachhändler zu einer Sportplattform werden. Über 17 Prozent jährliches Wachstum sollen es sein. Der Onlineumsatz soll in wenigen Jahren schon 60 Prozent mit dann fast 300 Marken ausmachen. Dennoch soll die Zahl der Standorte ausgebaut werden, die zu Erlebnisfilialen werden sollen, inklusive Reparaturservice. Decathlon will zu einer Art Amazon mit »Sport-DNA« und die erste Adresse für Sportprodukte werden. Auch ein Discounter orientiert sich heute wie selbstverständlich an Kriterien der Nachhaltigkeit. Bis 2026 sollen alle Produkte »ecodesigned« sein und selbst ein Rückkaufprogramm für gebrauchte Produkte und Retouren steht in der Strategie. Statt einer Unternehmenszentrale für Deutschland betreibt Decathlon vier sogenannte Campus-Standorte. Das soll unter anderem die Flexibilität bei internen Wechseln von Mitarbeitern erhöhen.

Koenigsegg und Rimac

Im Jahr 1994 beschloss der gerade einmal 22-jährige Christian von Koenigsegg in Schweden, den großartigsten Sportwagen der Welt zu bauen. Dabei hatte er keinerlei Erfahrung im Autobau und auch nur wenig Kapital. Aber sein starker Antrieb und seine Leidenschaft für ultimative Leistung glichen das alles aus. Regelmäßig waren die frühen Modelle die schnellsten und stärksten Sportwagen der Welt. Bei Koenigsegg sind es nicht die vielen Kunden, die so erstaunlich sind, sondern die Preise, die sie für einen Koenigsegg bezahlen. Bis zu drei Millionen Euro dürften es pro Exemplar sein[47]. Noch sind die Koenigseggs aber Verbrenner mit hybridem Antrieb.

Das macht Mate Rimac in Kroatien anders. 2006 baute er einen BMW zum Elektrofahrzeug um. Neunzehn Jahre jung war er da. Er hatte bis dahin schon mehrere Preise für Erfindungen gewonnen und zwei Patente angemeldet. Sein Idol ist Nikola Tesla, das serbische Genie mit kroatischer Heimat. 2011 stellte Rimac den ersten Elektrosportwagen Rimac Concept One vor, das erste Super-Elektroauto der Welt. Heute beliefert Rimac Unternehmen wie Porsche, Jaguar, Aston Martin, Renault und auch Koenigsegg mit Batteriesystemen, Antrieben und ganzen Fahrzeugen. Auch bei Rimac lassen die reichen Kunden zwischen zwei und drei Millionen Euro für ein Fahrzeug, wenn man es dann noch so nennen kann. Dafür fliegt das Techniker-Team dann auch überall auf der Welt persönlich zum Kunden, sollte eine Wartung oder Reparatur nötig sein.

Die beiden Autonarren zeigen, dass es sich lohnt, über die Grenzen des Üblichen hinauszudenken. Sowohl in der Leistung als auch im Preis. So klein die Zielgruppe für diese eigentlich in jeder Hinsicht »unnötigen« Boliden ist, so teuer und für die Hersteller rentabel werden sie gekauft. Die Wartelisten und Auftragsbestände sind übrigens bei beiden beachtlich.

Und wenn Sie nicht selbst solche Giga-Produkte herstellen wollen, können Sie es machen wie Esser Automotiv in Alsdorf bei Aachen, der sich genau auf den Vertrieb und Service dieser beiden Marken spezialisiert hat. Es gibt immer einen Weg.

Walter Knoll

Viele VIPs der Welt sitzen auf Möbeln aus einer deutschen Möbelmanufaktur aus Herrenberg. Mein Besuch bei Markus Benz, der das Unternehmen seit dreißig Jahren führt, war eine inspirierende Erkenntnisreise. Walter Knoll stattete auch den Reichstag in Berlin aus. Das Design entwarf dafür kein Geringerer als der weltberühmte Norman Foster. Die Produktion ist gläsern. Jeder Passant kann von der Straße aus in die Näherei schauen. Die Produkte sind »Ikonen der Avantgarde«[48]. Es ist schön zu erleben, wie sich höchste Qualität in Europa weiterhin gut behaupten kann. Die kompromisslose Handwerkskunst mit den besten Materialien und in meisterlicher Handfertigung hat ihren Preis.

CAS Software

Die führende CRM-Software im deutschen Mittelstand kommt von CAS aus Karlsruhe. CAS gilt als deutscher Marktführer für Kundenbeziehungsmanagement (CRM) im Mittelstand. Auch mit CAS haben wir mehrfach zusammengearbeitet. Martin Hubschneider und der 2018 in den Ruhestand gegangene Ludwig Neer haben mit CAS eine Auszeichnung für Kundenzufriedenheit und Innovation nach der anderen gewonnen[49]. Dafür investiert CAS über 25 Prozent des Umsatzes in Innovation. Auch mehrere Kunden erhielten CRM Best Practice Awards für ihre Anwendung. Die rund 500 Mitarbeiter agieren mit zwölf Sprachversionen der Software in über 40 Ländern. Die nächste große Zukunftchance von CAS ist, europaweit marktführende

Lösungen für xRM (Extended Relationship Management) zu implementieren. Naturgemäß bedeutet eine so wichtige Software wie ein CRM- oder ein xRM-System eine starke Bindung des Kunden an den Lieferanten. Damit geht CAS verantwortungsvoll und innovativ um.

5.4. Gesellschaftlicher Beitrag lohnt sich zweifach

Wenn Sie mit Ihrem Unternehmen einen sichtbaren und glaubwürdigen gesellschaftlichen Beitrag zur Steigerung der Lebensqualität der Menschen leisten, hat das selbstverständlich auch eine Wirkung auf die Wahrnehmung Ihrer Kunden. Unternehmen, die, einfach gesagt, gut für die Menschheit sind, erfahren üblicherweise auch eine höhere Wertschätzung durch ihre unmittelbaren Kunden und Partner. Sie können im Grunde jedes Beispiel zur ersten Eigenschaft, nachhaltige Steigerung der Lebensqualität, auch für die hier behandelte Anziehungskraft auf Kunden verwenden.

Town & Country

Mit Town & Country arbeiten wir seit rund fünfzehn Jahren zusammen. Die Mission von Town & Country lautet: »Wir ermöglichen Menschen die Freiheit und Sicherheit der eigenen vier Wände.« Gabriele und Jürgen Dawo haben ein Unternehmen mit einem einzigartigen Geschäftsmodell aufgebaut. Ein Franchise-Unternehmen für das Eigenheim-Geschäft mit einer besonderen Partnerstruktur für Vertrieb und Produktion. Der gesellschaftliche Beitrag von Town & Country ist nicht auf den ersten Blick erkennbar. Die Firma wendet sich genau an diejenigen Menschen, die selbst zweifeln, ob sie sich überhaupt ein Haus leisten können. Man bedient die Menschen, denen man am stärksten helfen kann, ihren großen Traum zu verwirklichen. Zigtausende Familien leben durch Town & Country in ihrem Eigenheim. Was hindert gerade jemanden mit eher niedrigem Einkommen daran, ein Eigenheim zu kaufen? Die Angst vor Arbeitslosigkeit, Angst vor Qualitätsmängeln, Angst vor nicht transparenten Finanzierungskosten und so weiter. Obwohl die Preise der Town & Country-Häuser schon sehr niedrig sind, führte das Unternehmen eine Reihe von absichernden Leistungen ein, die die Ängste der Bauherren und -damen verringern konnten. Dazu gehört die Bauzeitgarantie von drei Monaten, eine Kreditausfallversicherung aufgrund von Arbeitslosigkeit, ein Baugrundgutachten, eine Gewährleistungsversicherung, eine kostenlose Finanzierungsvermittlung; später dann eine unabhängige Qualitätskontrolle, von einem Wirtschaftsprüfer verwaltete Baugeldkonten für die Abwicklung des gesamten Zahlungsverkehrs, TÜV-geprüfte Baudetails, eine Finanzierungssummengarantie, eine Fertigstellungsbürgschaft, eine Geld-zurück-Garantie. Außerdem wird eine Stiftung gegründet, die in Härtefällen unverschuldet in Not geratenen Immobilienbesitzern hilft[50].

GLS Gemeinschaftsbank

»Gemeinschaft für Leihen und Schenken«, dafür steht die Abkürzung GLS. Die Bank war bei ihrer Gründung 1974 weltweit die erste Bank, die nach sozial-ökologischen Grundsätzen arbeitete. GLS versteht Geld als soziales Gestaltungsmittel. »Wir sorgen dafür, dass Geld dort wirkt, wo es unter sozialen, ökologischen und kulturellen Gesichtspunkten gebraucht wird – von Unternehmen, gemeinnützigen Einrichtungen und einzelnen Menschen«, heißt es auf der Website.

Die Bank ist Gründungsmitglied der »Global Alliance for Banking on Values«. Mit Tochtergesellschaften in Feldern wie Energie, Beteiligungen, Investment-Management, Immobilien und eigenen Fonds bietet die GLS Bank sozial-ökologisch orientierten Kunden alles, was sie für einen werteorientierten Umgang mit Geld benötigen. Von den 320.000 Kunden sind über 100.000 auch Mitglieder. Sie sind nach dem genossenschaftlichen Prinzip Miteigentümer der Bank. Die Kundeneinlagen, die Bilanzsumme und das Eigenkapital wachsen rasant. Transparenz ist ein wesentliches Element des Geschäftsmodells. So werden etwa die gewährten Kredite in der Kundenzeitschrift veröffentlicht. Zahlreiche Preise unterstreichen die Qualität. Es überrascht nicht, dass die GLS Bank mit ihren Kunden Zukunftsbilder gezeichnet hat, die ein nachhaltiges und enkeltaugliches Wirtschaftssystem illustrieren.

Die GLS Bank konzentriert sich konsequent auf die wachsende Zielgruppe von Menschen mit sozial-ökologischen Prinzipien in Sachen Finanzen. Auf sie hat die Bank eine überdurchschnittlich hohe Anziehungskraft. Ihre Kunden sind sogar bereit, signifikant mehr für die

Dienstleistungen der GLS zu bezahlen. Der 2016 von den Mitgliedern selbst eingeführte GLS-Beitrag von fünf Euro im Monat soll die Bank unabhängiger vom Zins machen, mit dem Banken in den letzten Jahren kaum Erträge erzielen konnten. Obwohl es zum Einmaleins von Strategie und Marketing gehört, nutzen viel zu wenige Unternehmen das strategische Mittel einer Fokussierung auf eine spezifische Interessensgruppe, um ihre Anziehungskraft auf einfache Weise zu steigern.

Vaude

»Vorausschauend denken. Rücksichtsvoll wirtschaften. Und mit Herz handeln.« So empfängt Vaude den Besucher seiner Website. Vaude liefert Bergsportausrüstung und Outdoor-Bekleidung. Seit 2012 arbeitet Vaude am Firmensitz klimaneutral. Ein Ziel, das so gut wie alle anderen Unternehmen als erst in ferner Zukunft erfüllbar ansehen. Seit 2022 sind sogar alle Produkte klimaneutral. Die Produkte sollen ausdrücklich langlebig und leicht zu reparieren sein. Die Inhaberin und Geschäftsführerin Antje von Dewitz führt ihr Unternehmen mit knapp 600 Mitarbeitern in jedem Detail nach den Grundsätzen sozialer und ökologischer Nachhaltigkeit. Sie hält »Visionskraft«[51] für wichtig, was ich als die Fähigkeit verstehe, ein Zukunftsbild mit dem Team zu entwickeln und umzusetzen. Als sie das Unternehmen 2009 übernahm, war Antje von Dewitz so mutig, ihren Geschäftsleitungskollegen ihren Traum von einem grünen Unternehmen zu erzählen. Auch auf die Gefahr hin, dass sie als junge Nachfolgerin für naiv gehalten werden könnte. Vaude arbeitet auf sogenannte »Science Based Targets« hin, auf wissenschaftsbasierte Ziele, die Unternehmen in Richtung einer »Zero Carbon Economy« und zur Einhaltung des 1,5-Grad-Ziels des Pariser Klimaabkommens führen sollen. Über 40 Prozent der Führungspositionen sind mit Frauen besetzt. Vaude wurde mit unzähligen Preisen ausgezeichnet.

Vaude hat eine starke Anziehungskraft auf Kunden, die die Überzeugung von Antje von Dewitz und ihrem Team teilen. Und diese Kundengruppe wächst. Die Zahl der Follower in den sozialen Medien ist auffallend hoch für ein Unternehmen dieser Größe und dokumentiert, wie begeistert Kunden und Fans von Vaude sind.

GEPA – Contigo

»Unser Oberziel ist die nachhaltige Verbesserung der Einkommens- und Lebensbedingungen von Kleinproduzenten in Übersee durch fairen Handel.« So steht es auf der Website von Contigo, einer Marke von GEPA. GEPA ist der größte europäische Importeur von fair gehandelten Lebensmitteln wie Kaffee, Tee, Honig, Brotaufstrichen und von Handwerksprodukten, Haushaltswaren und Textilien. GEPA bietet einen sehr hohen Nutzen für Menschen, die sich für fairen Handel und generell für die Verbesserung der Lebensqualität von Menschen in ärmeren Gebieten der Erde einsetzen. Daraus erwächst eine hohe Attraktivität für diese Zielgruppe, eine hohe Kundenbindung und auch die Bereitschaft, etwas höhere Preise für die fair gehandelten Produkte zu bezahlen.

Apple

Ich weiß, schon wieder Apple. Aber wenn es um rentable Preise und treue Kunden geht, darf Apple als Beispiel einfach nicht fehlen. Auch heute noch, fünfzehn Jahre nach dem Markteintritt des iPhones, erzielt Apple rund 75 Prozent der Gewinne aller Smartphone-Hersteller zusammen. Obwohl Apple in Stück gemessen nur einen weltweiten Marktanteil von rund 15 Prozent hat. Niemand zwingt die Kunden, iPhones zu den hohen Preisen zu kaufen. Sie machen es freiwillig, die meisten gerne. Apple hat geschickt einen Lock-in geschaffen, also die Situation, dass man die nächste Kategorie von Produkten wie etwa Kopfhörer oder eine Uhr auch aus dem Ökosystem von Apple kauft und auch den Musikdienst von Apple nutzt. Weil alles so schön miteinander harmoniert und einfach funktioniert. It just works: Auch wenn man Apple vorwerfen kann, seit der Apple Watch und vielleicht noch den AirPods nichts mehr wirklich Revolutionäres auf den Markt gebracht zu haben, gehört Apple weiterhin zu den zukunftssichersten Unternehmen der Erde.

5.5. Strategien für hohe Anziehungskraft

Welche Strategien, Methoden und Werkzeuge können wir von den genannten Unternehmen und darüber hinaus lernen? Was können Sie einsetzen, damit viele Kunden gerne, viel und zu rentablen Preisen bei Ihnen einkaufen? Dazu gäbe es ganze Bibliotheken zu schreiben. Auf der Website zu diesem Buch (www.micic.com/BFB) finden Sie weitere Ideen. Hier kann ich nur eine kurze Zusammenfassung geben. Übrigens, nichts von den Strategien dieser erfolgreichen Unternehmen ist komplett neu für die Welt. Diese Strategien werden nur leider viel zu selten konsequent angewendet.

1. **Gesellschaftlicher Beitrag:** Machen Sie es zum Kern Ihrer Mission, die Lebensqualität der Menschen zu verbessern, und setzen Sie es auch so um. Genau das ist die erste Eigenschaft eines Bright Future Business. Wenn Sie sie gut erfüllen, haben Sie gleichzeitig eine wesentliche Voraussetzung für hohe Anziehungskraft auf Kunden geschaffen. So wie die GLS Bank, Vaude, Town & Country, Tesla und viele andere.

2. **Hoher Nutzen für Kunden:** Es ist banal und dennoch entscheidend. Coloplast und Novo Nordisk sind zwei Fälle, in denen den Patienten die Lösung für wirklich große gesundheitliche Probleme geboten wird. Amazon fällt auch in diese Kategorie, wenn man den Einkauf im »Alles-Kaufhaus« Amazon mit dem endlosen Surfen über unzählige verteilte Shops vergleicht. CAS Software unterstreicht mit seiner Kundenzufriedenheitsstrategie, die in Tests immer wieder bestätigt wird, den hohen Kundennutzen.

3. **Höchste Leistung:** Koenigsegg und Rimac zeigen, dass eine von unzähligen möglichen Positionierungen darin besteht, die Leistung einer Kategorie von Produkten auf das technisch-physikalische Maximum zu treiben. Das gilt in gewisser Weise auch für Ironman. Auch dort ist der Nimbus der Höchstleistung eine zentrale Geschäftsgrundlage.

4. **Menschlicher Kontakt:** Die menschliche Natur ändert sich nicht plötzlich, nur weil wir jetzt alle Vorgänge digitalisieren und

intelligentisieren. Enge persönliche Kontakte schaffen emotionale Bindung und Vertrauen. Menschlichkeit erfordert Investition in Zeit und Aufmerksamkeit für die Bedürfnisse der Kunden. Selbst der Gigant Amazon setzt persönlichen Service durch einen Menschen für Reklamationen ein. Wie können Sie mehr menschlichen Kontakt schaffen, ohne Ihre Kosten zu steigern?

5. **Gemeinschaften:** Ironman wie auch die genossenschaftlich organisierte GLS Bank nutzen Elemente einer Community-Strategie. Ähnlich machen es die Sportvereine. Sie schaffen Gemeinschaftserlebnisse und nutzen sie auch für ihre Wertschöpfung. Ähnlich machen das Harley Davidson und auch Tesla, wenn auch nur indirekt. Denn Tesla organisiert die vielen Tesla-Fans nicht bewusst als Community. Aber im Resultat wirkt es wie eine große Community. Gemeinschaften machen Kundenbeziehungen stabiler und senken drastisch die Kosten der Kundengewinnung. Wenn Sie es schaffen, dass Ihre Kunden sich gegenseitig unterstützen, haben Sie Ihr Wertangebot und den Kundennutzen zu geringen Kosten ausgeweitet.

6. **Sicherheit schaffen:** Town & Country hat es durch seine Schutzbriefe geschafft, die Ängste der Häuslebauer zu reduzieren. Tesla hat als erstes Unternehmen achtjährige Garantien auf Akkus und den Antrieb gegeben. Zudem gilt das Versprechen von Tesla, dass die Autos ständig besser werden, auch nachdem man sie gekauft hat. Und das kostenlos.

7. **Ökosystem:** Apple und Amazon haben jeweils ein Ökosystem an Produkten und Leistungen geschaffen, in dem es sich für Kunden lohnt zu bleiben. Die Kosten für Marketing und Vertrieb werden minimiert und die Umsätze stabilisiert. Welche Möglichkeiten sehen Sie, ein Ökosystem um Ihre Kernleistungen herum zu bauen?

8. **Nutzen-Differenzierung:** Das ist eine der wichtigsten Strategien. Es ist so schade, wie viele Unternehmen sich kaum von ihren Wettbewerbern unterscheiden. Ich habe den Eindruck, dass der Versuch aufgegeben wurde, weil es so schwierig erscheint. Sie

kennen vermutlich die Idee von »Blue Ocean«, also dorthin zu gehen, wo der Ozean frei von Wettbewerbern ist und nicht dorthin, wo im »Red Ocean« das Blut der konkurrierenden Unternehmen nur so fließt. Dieser Gedanke ist nun wirklich seit Jahrtausenden bekannt, aber schön illustriert. Starbucks, Body Shop, Nespresso und viele der neuen Startups waren oder sind vollkommen neue Kreationen. Apple hat revolutionäre Produkte entwickelt, aber der eigentliche Nutzen besteht in »Einfachheit« und, diskutierbar, »Schönheit«. Zur Nutzen-Differenzierung können Sie auch bewusst die Kann-Regeln Ihrer Branche brechen. So wie Tesla unerhörterweise Autos online und direkt an Kunden verkauft oder seine Werkstätten nicht als Profitcenter führt und keine Serviceintervalle verlangt, um die Garantie aufrechtzuerhalten. Der Raum der Möglichkeiten ist jedenfalls unbegrenzt. Inwiefern sind Ihr Angebot und Ihr Unternehmen einzigartig aus Sicht Ihrer Kunden?

9. **Zielgruppen-Differenzierung:** Auch diese Strategie ist uralt. Das ist Marketing-Einmaleins. Ich muss manchmal gegen mein Gefühl von Scham ankämpfen, wenn ich über so offensichtliche Strategien spreche. Die real existierenden Strategien der Unternehmen zeigen aber leider, dass der Wert einer Zielgruppenspezialisierung nicht erkannt, nicht verstanden oder schlicht viel zu wenig genutzt wird. Wer sich auf eine Teil-Zielgruppe konzentriert, erntet in der Regel automatisch mehr Aufmerksamkeit, mehr Treue und bessere Preise. Golfino spezialisiert sich auf Bekleidung für Golfspieler. Cinestar bietet mit Türk Filmleri ein Spezialprogramm für Türken. Gerade Startups fokussieren sich richtigerweise auf eine spezielle Zielgruppe, um schneller gewinnen zu können. Auf dem Markt für Zeitschriften und Blogs können Sie ein Maximum an Zielgruppensegmentierung sehen. Es reicht nicht mehr, sich auf Katzenliebhaber zu spezialisieren, sondern auf Katzenmenschen mit bestimmten Rassen, die unter typischen Krankheiten leiden. Welche Spezialzielgruppen können Sie sich vorstellen?

10. **Premium:** Bekanntermaßen sind manche Produkte beliebt, gerade weil sie teuer sind. Das Luxus-Mineralwasser »Bling« wird für bis zu 199 Euro pro Flasche angeboten. Und gekauft.

Das funktioniert immerhin schon seit 2015. Es ist Tennessee-Quellwasser. Es ist aber dennoch einfach nur Waser. Die teuerste Praline der Welt, La Madeline au Truffe, ist ein mit Schokolade überzogener Trüffelpilz. Sie kostet pro Stück 250 US-Dollar. Die Übernachtung in den teuersten Suiten der Welt im »The Mark« in New York kostet immerhin stolze 75.000 US-Dollar. Premium-Positionierungen sind nichts für Anfänger. Aber sie können funktionieren. Meist sind bewusste Pricing-Strategien am Werk, etwa zu dem Zweck, das Hauptangebot im Vergleich zum Premiumangebot preiswerter erscheinen zu lassen.

11. **Minimale Kosten und Preise:** Trotz erstaunlichster Zukunftstechnologien und innovativer Zukunftsstrategien wird es für Menschen immer eines der stärksten Argumente sein, wenn sie bei einem Anbieter weniger bezahlen müssen als woanders. Das gilt für IKEA mit dem Selbstaufbau-Modell, für Decathlon, Aldi und Lidl wie auch für SpaceX durch wiederverwendbare Raketen und Raumschiffe.

Es gibt noch viele Strategien mehr. Auf der Website zum Buch finden Sie auch zu diesem Thema weitere kostenfreie Inspirationen: www.micic.com/BFB

6. Exzellente Mitarbeiter kommen, bleiben und engagieren sich gerne

6.1. Mithelfen, die Welt zu retten

Am 19. August 2021 fand Teslas erster sogenannter AI-Day statt, der Tag der künstlichen Intelligenz. Der erste Satz von Elon Musk: »Heute wollen wir zeigen, dass Tesla weit mehr als ein Elektroauto-Unternehmen ist.« Und: »Wir sind vermutlich das führende Unternehmen in ›Real-World-AI‹«, in künstlicher Intelligenz für die reale Welt. Später sagte er noch, dass Tesla wahrscheinlich auch die größte Robotik-Firma der Welt sei, wenn man jedes KI-Auto auf den Straßen als Roboter verstehe.

Das synthetische Tier

In zweieinhalb Stunden präsentierten führende Mitarbeiter wie Andrej Karpathy und Musk selbst den Stand und die Zukunft ihrer Technologie für autonomes Fahren mit Antworten auf vier Fragen:

1. Wie machen wir ein Auto autonom?
2. Wie generieren wir Trainingsdaten für die künstliche Intelligenz?
3. Wie läuft die KI im Auto?
4. Wie stellen wir schnelles Lernen sicher?

»Wir bauen von Grund auf ein synthetisches Tier. So kann man ein autonomes Fahrzeug verstehen. Es bewegt sich, erfasst sensorisch seine Umwelt, macht Vorhersagen und handelt intelligent«, sagte Karpathy. Tesla baut alle Komponenten selbst. Einen künstlichen visuellen Cortex, ein Nervensystem aus Sensoren und elektronischen Komponenten und ein Gehirn. Es ging um direktes Labeln im vierdimensionalen Vektorraum. Um Simulationen, die dem Trainingscomputer selbst die abenteuerlichsten Situationen vorspielten. Darum, wie sich das Auto merkt, dass ein Fußgänger hinter dem Lkw verschwunden ist, und voraussagen kann, mit welcher Wahrscheinlichkeit er wieder links oder rechts davon auftauchen wird. Wie die Kameras durch KI sogar im Nebel weit besser sehen können als der Mensch und vieles mehr. Die Krönung der Tesla-KI ist »Dojo«, der von Tesla entwickelte Super-KI-Trainingscomputer, der die neuronalen Netze in unvorstellbar hoher und exponentiell zunehmender Geschwindigkeit und Präzision trainiert. Und das zu immer niedrigeren Kosten. Mit vierfacher Leistung und 30 Prozent weniger Energiebedarf gegenüber vergleichbaren Superrechnern. Der nächste Meilenstein ist eine Verzehnfachung dieser Leistung. Tiefer auf all das einzugehen, führt uns hier nicht weiter. Selbst die meisten Zuschauer waren vom Detailgrad der technischen Schilderungen sichtlich überfordert. Sehen Sie sich Videos der AI-Days von 2021 und 2022 auf Youtube an.

Helft mit

Schon in der ersten Minute nannte Musk den wichtigsten Zweck des AI-Day: »Wir wollen jeden ermutigen, der reale Welt-Probleme mit künstlicher Intelligenz lösen will, mit Hardware oder Software, zu Tesla zu kommen. Join our team and help build this.« Das folgende Chart auf der nächsten Seite zeigt, wie sich die Bewerbungen von KI-Experten durch den AI-Day entwickelten. Sie explodierten förmlich. Sie stiegen um den Faktor 100 an.

Höchste Anziehungskraft auf Ingenieure

Die Experten für Arbeitgeber-Marken von »Universum«, einer Tochter der Stepstone-Gruppe und in 20 Ländern mit Büros vertreten, ermitteln jährlich die attraktivsten Arbeitgeber in den USA, unter anderem in den für Tesla relevanten Bereichen Business, Engineering und Computer Science[52]. Es wurden 51.247 Studierende an 310 Universitäten befragt. Bei Engineering wird die Liste von SpaceX angeführt, dem Schwester-Unternehmen von Tesla im Bereich Raumfahrt. Tesla steht auf Platz zwei, mit sehr großem Abstand vor der NASA, Lockheed

Abb. 11: Zahl der Bewerbungen von KI-Experten nach dem AI-Day bei Tesla

Martin, Boeing, Google, Apple und Microsoft. Fast jeder Vierte nennt Tesla und / oder SpaceX als einen von drei nennbaren Wunscharbeitgebern. Bei Computer Science steht Tesla auf Rang vier, hier vor SpaceX. Nur Google, Apple und Microsoft stehen vor Tesla. Selbst bei Business nimmt Tesla nach Google und Apple Rang drei ein. Auch in Deutschland erklomm Tesla direkt nach Ankündigung der Tesla-Fabrik Platz acht der beliebtesten Arbeitgeber[53]. Diese Platzierungen zeigen erstens, dass Tesla bei qualifizierten Mitarbeitern eindeutig nicht als reines Elektroauto-Unternehmen verstanden wird. Denn Automobilhersteller sucht man unter den zehn Bestplatzierten in allen drei Gebieten vergeblich. Wie man übrigens generell kein einziges europäisches Unternehmen dort findet. General Motors ist auf Platz 17, Ford auf 20 und BMW ist der erste europäische Automobilhersteller auf Platz 26. Zweitens beweist diese Beliebtheit von Tesla als Arbeitgeber, welche enorme Wirkung es hat, wenn man Menschen glaubwürdig vermitteln kann, dass das Unternehmen an einer großen und positiven Mission arbeitet und man als Mitarbeiter ein Stück der Geschichte mitschreiben kann.

Ganz oben auf der Beliebtheitsskala als Arbeitgeber zu stehen, ist nicht nur ein Wohlfühlfaktor für das Topmanagement. Es ist ein harter strategischer Vorteil. Wer die meisten Bewerber hat, kann sich die besten Mitarbeiter aussuchen. Für die schlechter platzierten Arbeitgeber sind diese dann schon mal verloren. Tesla hat derzeit rund 110.000 Mitarbeiter. Schon allein diese Zahl ist in einem kapitalintensiven Produktionsgeschäft nach nur 18 Jahren mehr als beeindruckend. 2021 bewarben sich sage und schreibe drei Millionen Menschen bei Tesla.

Wie jedes strategisch gut geführte Unternehmen schafft Tesla ganz bewusst und gezielt eine starke Anziehungskraft auf Hochqualifizierte. Die große Mission ist nicht nur, Produkte herzustellen, die die Menschen lieben. Die Mission ist nicht weniger, als die Welt und die Lebensqualität der gesamten Menschheit durch Energie und Transport in nachhaltiger Form zu steigern. Die mitunter zu fantastisch anmutenden Visionen von 20 Millionen verkauften Fahrzeugen 2030, von Robotaxi-Flotten mit billigstem Transport, von dezentraler nachhaltiger Energiegewinnung und vor allem dem humanoiden Roboter Optimus faszinieren die Menschen. Jedenfalls diejenigen, die Tesla braucht, um diese Visionen zu verwirklichen.

Halten wir die eigentlich selbstverständliche nächste Eigenschaft eines Bright Future Business fest: Die besten Mitarbeiter kommen, bleiben und engagieren sich gerne.

Moment! Haben wir da nicht gelesen, wie schlecht die Arbeitsbedingungen bei Tesla sind? Dass farbige Mitarbeiter in den USA sich hinten in die Menge stellen sollen, wenn Elon Musk auftritt? Dass man nichts infrage stellen darf? Dass weit unter Durchschnitt gezahlt wird? Dass Tesla Gewerkschaften behindert? Dass Tesla auf Bewertungsportalen wie Glassdoor furchtbar schlecht abschneidet? Hat Elon Musk nicht etliche Menschen auf Twitter beleidigt?

Ja, diese und weitere Probleme wurden in den Medien berichtet. Musks bissige und teils geschmacklose Tweets sind dokumentiert. Ich kann nicht sicher beurteilen, was von den Vorwürfen zu den Arbeitsbedingungen wirklich wahr ist. Was wir jedoch aus den öffentlichen Aussagen und der generell beobachtbaren Haltung von Musk ableiten können, ist, dass die Unterdrückung von Ideen und eigener Initiative mit höchster Wahrscheinlichkeit nicht der Wirklichkeit entspricht. Wie wir später noch sehen werden, ist die Organisation und Führung von Tesla auf dem exakten Gegenteil gegründet. Die Prinzipien Diversität, Gleichheit und Inklusion werden mit mehreren Programmen wie »Latinos at Tesla«, »Women in Tesla«, »LGBTQ at Tesla«, »Black at Tesla« und so weiter gezielt überwacht und gemanagt. Externen Überprüfungen hält das stand: Im Juni erhielt Tesla zum siebten Mal in Folge hundert von hundert Punkten der Human Rights Campaign Foundation[54].

Die Gehälter in Grünheide[55] bewegen sich offenbar etwas über dem Branchendurchschnitt. Der Chef der zuständigen Arbeitsagentur in Frankfurt an der Oder, Jochem Freyer, wird zitiert mit: »Die Bezahlung ist einfach mal ein Kracher für diese Ebene.« Hinzu kommen Mitarbeiterbeteiligungen, die zumindest in den USA einige Tausend Mitarbeiter zu Millionären gemacht haben. Gewerkschaften, zuständig wäre in Deutschland die IG Metall, zählt Tesla in der Tat nicht zu den Erfolgsfaktoren. Ich kann das nachvollziehen. Einen Betriebsrat gibt es in Grünheide aber schon.

Tesla hat den Kritikpunkten in seinem jüngsten Impact Report für 2021[56] viel Platz gewidmet. Die Mitarbeiterzufriedenheit scheint hoch zu sein, wenn man nicht gerade im Vertrieb und im Service arbeitet. Das sind jedenfalls die Bereiche mit den meisten kritischen Stimmen auf Kununu und Glassdoor. Auf Glassdoor sind die Zufriedenheitswerte in den USA zuletzt aber stark gestiegen. Mehrere ehemalige Mitarbeiter von Tesla betreiben Youtube-Kanäle, auf denen sie meist bewundernd über die Arbeitsweise bei Tesla berichten. Beispielsweise Farzad Mesbahi[57] und Joe Justice[58].

Wo Menschen wirken, gibt es immer Konflikte und Probleme. Die Arbeitgeberattraktivität von Tesla ist weitgehend unabhängig ermittelbar und zeigt, dass die besten Mitarbeiter gerne kommen, bleiben und sich gerne engagieren.

6.2. Perks – Unternehmen als Erwachsenentagesstätten?

Die Knappheit an qualifizierten Mitarbeitern bleibt eine Herausforderung für so gut wie alle Unternehmen. Die Geburtenraten sind geschrumpft und die Babyboomer gehen in Rente. Zuwanderung und Verlagerung von Wertschöpfung in andere Regionen werden das Problem nur zum Teil lösen können. Zwar kommt eine nächste Welle der Automatisierung auf uns zu, aber vor allem für die Aufgaben, die weiterhin dem Menschen vorbehalten bleiben, wird die Knappheit nicht geringer. Deshalb lassen sich viele Unternehmen allerlei Annehmlichkeiten einfallen, mit denen sie Mitarbeiter locken und halten wollen.

Annehmlichkeiten, Vergünstigungen und Vorzüge

Wie zieht man exzellente Mitarbeiter an? Und wie behält man sie? Jetzt wäre es möglich, all die vielen Annehmlichkeiten, Vergünstigungen und Vorzüge (englisch: Perks) zu beschreiben, die Sie Ihren Mitarbeitern bieten könnten oder sogar müssen, damit sie kommen und bleiben. Ebenso die unzähligen Empfehlungen dazu, wie Sie sich als Führungskraft verhalten sollten, damit Ihre besten Mitarbeiter glücklich sind und im Unternehmen bleiben. Natürlich ist es gut, wenn Sie die Arbeitsumgebung angenehm und ein bisschen hip gestalten. Tischtennis, Kicker und Billard mitten im Office, Obstkörbe, Yoga-Kurse und Massagesessel – das kann man alles machen. Obwohl der zentrale gemeinsame Arbeitsplatz seit der Corona-Pandemie an Bedeutung verloren hat. Wirklich entscheidend ist, dass die Arbeitsräume das Wohlfühlen und die Produktivität fördern und sie nicht behindern. Geringe Lärmbelastung, gesunde Beleuchtung, aktuelle Geräte und Software und schlicht auch Modernität der Einrichtung sind leider nicht so selbstverständlich, wie man meint. Homeoffice und mobiles Arbeiten, zeitliche Flexibilität, Team-Events, eine große Portion Vertrauensvorschuss und Selbstverantwortung und vor allem ein bewusst gestalteter menschlicher Umgang miteinander sind wichtige Wohlfühlfaktoren.

Sicherheit und Freizeit

Generation Z legt überwiegend sehr viel Wert darauf, dass der Beruf genügend Zeit für die Familie lässt. Beruf und Privatleben sollen wieder stärker getrennt sein. Tatsächlich ist es offenbar nur jedem sechsten jungen Menschen überhaupt wichtig, für einen innovativen Arbeitgeber zu arbeiten[59]. Sie werden also auch dann Mitarbeiter finden können, wenn Ihr Unternehmen nicht besonders innovativ ist, könnte man daraus schließen. In der Tat: Der öffentliche Dienst ist sogar einer der beliebtesten Wunscharbeitgeber[60]. Jeder Vierte will für den Staat arbeiten. Warum? Zwei Drittel sagen »Jobsicherheit«, ein Drittel sagt »attraktive Arbeitszeiten«[61], wobei attraktiv hier natürlich mit kurz und geregelt zu interpretieren ist. Ich will niemanden für sein Sicherheitsbedürfnis kritisieren. Gerade nicht nach den für viele traumatisierenden Erfahrungen während der Corona-Pandemie. Die Frage ist nur, ob Mitarbeiter mit diesen Präferenzen ausreichen, um eine glänzende Zukunft Ihres Unternehmens zu schaffen.

Satt und ausgeruht

Wir haben es uns in Europa ziemlich gemütlich gemacht. Sechs Wochen bezahlter Urlaub plus Urlaubsgeld, sodass man mehr bekommt, wenn man nicht arbeitet, als wenn man arbeitet. Am besten eine 38-Stunden-Woche und keine Überstunden. Und wenn man weiter überlegt, reichen auch 80 Prozent davon. Die Zahl und Komplexität der Vorschriften steigt immer weiter. Die Zahl und der Umfang vorgeschriebener Dokumentationen und Prüfungen steigt gleichermaßen. Es entstehen Jobs in Ministerien und für Zertifizierer, Prüfer und zwangsweise zu engagierende Beauftragte. All dies wird den Unternehmen aufgeladen.

Dabei stehen wir international und weltweit im Wettbewerb mit Nationen wie China, Vietnam und Indien, die noch viel aufzuholen haben und sehr hungrig sind. Deren Unternehmen und Mitarbeiter mit großem Einsatz an einer für sie besseren Zukunft arbeiten. Die schon weit entwickelten internationalen Mitbewerber aus Südkorea und Taiwan sind noch stärker. Irgendwie hat man den Eindruck, unsere kollektive Überzeugung hierzulande sei, dass wir jetzt genug aufgebaut und geschafft haben und dass der erreichte Lebensstandard nun auf ewig gesichert und garantiert ist und nur noch verwaltet und kontrolliert werden muss. Das ist weit abgerückt von der Realität. Wenn wir so weitermachen, werden wir Teile unseres Wohlstands wieder verlieren.

> **Wir brauchen mehr Unternehmertum, mehr Engagement, mehr wirklich wertschöpfende Arbeit, die die Probleme der Menschen löst und ihre Wünsche erfüllt.**

Deshalb müssen wir genauer hinsehen, wenn es um die »beliebtesten Arbeitgeber« geht.

Zwei Welten

Es gibt offensichtlich zwei Welten, wenn es um die Arbeitgeberattraktivität geht. In der einen Welt soll es den Mitarbeitern vor allem gut gehen. Sie sollen Vertrauen, Respekt und Gemeinschaft erleben. Sie sollen Sinn in ihrer Arbeit sehen. Sie sollen ihre Arbeitszeiten und Arbeitsorte flexibel gestalten können. Gute Gehälter sind selbstverständlich. Wer noch etwas drauflegen möchte, bietet gesunde Nahrung, Fitnessstudio, Massagen und so weiter. Kostenlos natürlich. All diese Perks schaffen eine hohe Arbeitgeberattraktivität. Da habe ich keinen Zweifel. Sie gewinnen damit gute Mitarbeiter, um Ihr Unternehmen gesund zu erhalten. Das ist alles hilfreich, um Ihr Unternehmen als ein »Okay Future Business« zu bewahren.

Aber aus meiner Sicht reicht das nicht. Was ist dann stattdessen wichtig, fragen Sie? Nicht *stattdessen* wichtig, sondern *grundlegend* wichtig. Die Annehmlichkeiten, Vergünstigungen und Vorzüge können Sie gerne zusätzlich bieten. Für ein echtes Bright Future Business kommt es im Kern darauf an, dass potenzielle und vorhandene Mitarbeiter Ihrem Unternehmen eine glänzende Zukunft zutrauen. Dass Sie ihnen eine große herausfordernde Mission bieten, die den Menschen nützlich ist, und dass Sie sie einladen, daran mitzuwirken. Ich will es noch ein Stück weiter zuspitzen: Eine glänzende Zukunft soll hier nicht verwechselt werden mit »ein sicherer Arbeitsplatz«. Ich verwende »zukunftssicheres Unternehmen« hier oft synonym zu »Bright Future Business«, aber genau genommen bezeichnet der Begriff »zukunftssicher« das defensive und bewahrende Element, und Bright Future Business bezeichnet das fortschrittliche und transformative Element.

Denken wir zurück an die ersten beiden Eigenschaften Ihres Bright Future Business. Um exzellente Mitarbeiter anzuziehen, die mit Ihnen an einer glänzenden Zukunft Ihres Unternehmens arbeiten, brauchen

Sie Ihre bedeutende Mission, mit der Sie sichtbar und nachhaltig die Lebensqualität der Menschen verbessern. Und zwar auf eine neue, wirksamere, bessere Weise als bisher. Und Sie brauchen die großen Zukunftschancen, an denen Sie arbeiten, die Mitarbeiter anziehen, die die Welt zum Besseren verändern wollen und sich mit Freude stark dafür engagieren.

Die Formel muss also sein:

> Motivierende Mission
> + große Zukunftschancen
> + plus angenehme Arbeitsbedingungen
> = hohe Anziehungskraft auf Mitarbeiter

6.3. Die zukünftige Arbeitswelt

Wir müssen unsere Mitarbeiter-Strategien auf die kommende Arbeitswelt ausrichten. Dabei müssen wir im Sinn behalten, dass die menschliche Natur sich in den nächsten zehn, zwanzig Jahren selbstverständlich nicht grundlegend ändern wird. Menschen werden weiterhin die unmittelbare Begegnung mit ihren Kollegen wertschätzen. Sie werden weiterhin ein Gefühl von Gemeinschaft und Zugehörigkeit haben wollen. Menschen werden weiterhin soziale Wesen sein.

Flexibilität heilt Komplexität

Was in strategischer Hinsicht für Unternehmen gilt, gilt auch für den einzelnen Menschen. Flexibilität ersetzt Voraussicht. Wenn das Leben kompliziert und komplex wird, wenn es weniger voraussehbar wird und mehr Überraschungen bringt, haben Menschen das natürliche Bedürfnis, sich in Details weniger festlegen zu müssen. Das ist eine rationale Strategie zur Bewältigung von Komplexität.

Gefragt ist Flexibilität im Hinblick auf Ort, Zeit und Art der Arbeit[62]. Das bedeutet Homeoffice, flexible Arbeitszeiten und ein individuelles Portfolio an Aufgaben und Verantwortungen. Wo Homeoffice per Definition nicht geht, etwa in der Produktion, der Gastronomie oder der gesundheitlichen Pflege, bleiben die anderen Flexibilitäten möglich. Das betrifft je nach Land bis zu 45 Prozent der Mitarbeiter. Wo die Arbeit von Mitarbeitern und die Verwendung der Ergebnisse durch Kunden zeitlich auseinanderfallen, wo Menschen also nicht direkt und in Echtzeit mit Kunden arbeiten, wird maximale Flexibilität nicht nur möglich, sondern normal sein. Die Bedingungen, unter denen Menschen bereit sind, sich in Ihrem Unternehmen zu engagieren, werden sehr individuell. Das wird eine der großen Herausforderungen für Sie als Arbeitgeber sein.

Selbstmanagement

Das stellt aber auch neue Anforderungen an die Mitarbeiter. Dieses Höchstmaß an Individualität kann und sollte nicht zentral von Führungskräften gemanagt werden. Das ist zu langsam, zu teuer und zu fehlerbehaftet. Die Individualität können die Mitarbeiter selbst besser managen. Überhaupt müssen die Menschen weit weniger gemanagt werden. Sie sollten sich selbst managen. Mit den richtigen Mitteln können sie es auch. Tesla zeigt mit dem Digital Selfmanagement, wie man sogar in einer riesigen Organisation ein Maximum an Selbstverantwortung und Selbststeuerung verwirklichen kann. Und das sogar in der Produktion von Hardware, wo es bis heute vielen als kaum machbar gilt. Für diese neue Welt des Selbstmanagements brauchen Sie aber nicht so sehr die Mitarbeiter, die sich vor allem geregelte Arbeitszeiten und Work-Life-Balance wünschen. Sie brauchen sehr engagierte, sehr leistungsorientierte und sehr vertrauenswürdige Mitarbeiter. Und gerade die sind denkbar knapp.

Maximal automatisieren

Was eine Maschine tun kann, ist die Lebenszeit eines Menschen nicht wert. Das ist ein zentraler Gedanke für die zukünftige Arbeitswelt und für die Zukunft Ihres Unternehmens.

> **Alles, was ein Mensch im Speziellen kognitiv tun kann, kann künstliche Intelligenz heute schon oder bald besser. Alles, was ein Mensch im Speziellen physisch tun kann, können Roboter heute schon oder bald besser.**

Wir können uns gegen diese Wirklichkeit wehren und versuchen, sie zu verhindern. Vielleicht hätten wir damit die Jobs der Kutscher und des Wasch- und Spülpersonals retten können. Es ist uns auch ohne Smartphones gut gegangen. Ein Stadtplan in der Tasche hat gute Dienste geleistet. Hat uns die Beschleunigung durch E-Mails und Chats wirklich geholfen? Wären wir doch bloß beim Brief über unser fortschrittliches Postsystem geblieben. Sie merken schon: Es ergibt schlicht keinen Sinn, den technischen Fortschritt aufhalten zu wollen. Das würde nur dann funktionieren, wenn sich alle Regierungen und die meisten Menschen auf der Erde darauf einigen würden. Vielleicht wird das mit allgemeiner künstlicher Intelligenz und mit Gentechnologie am Menschen irgendwann einmal nötig sein. Aber weltweit werden Unternehmen jede Möglichkeit zur Automatisierung von Prozessen nutzen.

Wir werden uns im Rahmen der nächsten Eigenschaft eines Bright Future Business noch eingehender mit Automatisierung befassen. An dieser Stelle will ich nur die strategisch wichtige Leitlinie nennen: Stellen Sie sicher, dass Sie mit der Automatisierung von kognitiven und physischen Aktivitäten in Ihrem Unternehmen immer ganz vorne mit dabei sind. Nur dann bleiben Sie wettbewerbsfähig. Erstens, weil sie weniger von den knappen Mitarbeitern benötigen. Zweitens, weil Sie Ihren Mitarbeitern Aufgaben bieten können, die ihrer Zeit und Aufmerksamkeit würdig sind.

Bitte? Nein, das zeigt nicht fehlenden Respekt vor den Menschen. Das Gegenteil stimmt. Wozu sollen Menschen Aufgaben verrichten, die genauso gut eine Maschine oder eine Software verrichten kann? Automatisierung verstehe ich als Befreiung des Menschen von Routine, Langeweile und gesundheitlichen Gefahren. Der Mensch wird in Zusammenarbeit mit KI und Robotern produktiver und kann sich höheren Aufgaben widmen. Und diese bestehen vor allem darin, sich um die Probleme und Wünsche anderer Menschen zu kümmern.

Anziehendes gemeinsames Zukunftsbild

Flexibilität, Selbstmanagement, Automatisierung, wie soll das alles funktionieren? Was hält Ihr Unternehmen dann zusammen? Dem gemeinsamen Zukunftsbild kommt eine weitaus größere Bedeutung zu als bisher. Denn wie sollen sich viele Mitarbeiter produktiv selbst managen, wenn nicht klar ist, was der große Zweck des Unternehmens ist und was daraus abgeleitet die Teilziele sind?

6.4. Ihr Zukunftsbild hält alles zusammen

»Es ist der Geist, der sich den Körper macht«, schrieb Schiller im »Wallenstein«. »Unser Leben ist das Produkt unserer Gedanken«, sagte Marc Aurel. Worauf wir unsere Aufmerksamkeit richten, dorthin fließt auch unsere Energie. Alles lange wohlbekannt. Ihr heutiges Unternehmen ist das Ergebnis dessen, was Sie in früherer Zeit wahrgenommen, angenommen, entschieden und getan haben. Kurz: Es ist das Ergebnis Ihres Zukunftsbildes und Ihres darauf aufbauenden Verhaltens. Hätten Sie früher ein anderes Zukunftsbild gehabt, hätte sich Ihr Unternehmen anders entwickelt. Besser oder schlechter. Heute haben Sie die Chance, Ihr äußeres und inneres Zukunftsbild neu zu entwickeln. Ihr Zukunfts-Wir solider, robuster, innovativer und anziehender zu machen. Damit Sie eine bessere zukünftige Realität schaffen und Ihr Unternehmen zu einem Bright Future Business machen können.

Das Puzzle im Tagesgeschäft

Sie haben bestimmt schon einmal ein Puzzle zusammengesetzt. Was braucht man dafür? Eine plane Fläche, die 10.000 oder 100.000 Puzzle-Teile, einen oder mehrere Menschen, Getränke, Snacks, etwas Motivation und – eine Vorlage. Menschen ohne Vorlage puzzeln zu lassen, ist gemein. Und Menschen in einem Unternehmen im Tagesgeschäft ohne Vorlage puzzeln zu lassen, ist nicht nur gemein, sondern auch verdammt teuer. Wenn das gemeinsame Zukunftsbild fehlt, dann denkt sich jeder Einzelne im Team, wo es wohl mit der Firma hingehen soll. Menschen können einen fehlenden Sinn, hier also ein fehlendes Zukunftsbild, kaum ertragen. Also füllen sie es mit eigenen Vorstellungen. Jeder denkt sich dann sein und ihr eigenes Zukunftsbild. Jeder meint es gut. Und wem nichts Sinnstiftendes einfällt, der sieht den wenig motivierenden Sinn eben darin, dass die Inhaber der Firma viel Geld verdienen, dass man davon einen Bruchteil abbekommt und wenigstens einen sicheren Arbeitsplatz hat. Vor allem ist es praktisch ausgeschlossen, dass auf diese Weise ein gemeinsames Zukunftsbild als Vorlage für das tagesgeschäftliche Puzzle entsteht. Es spielt dabei übrigens keine Rolle, ob Sie gar kein Zukunftsbild haben oder ob das Zukunftsbild zwar vorhanden, aber schwach ist. Die Vektoren, die Kräfte der Mitarbeiter, führen in die verschiedensten Richtungen. Sie wissen noch aus dem Physikunterricht, dass das nicht effizient sein kann und dass solche Teams nicht erfolgreich sein können.

Wie geht das besser? Entwickeln Sie mit Ihrem Team zunächst mehrere alternative Zukunftsbilder, also mehrere Kandidaten für die Ausrichtung Ihres Unternehmens. Dazu gehören die Mission, die Positionierung und die Vision. Diskutieren Sie ausführlich. Lassen Sie alle Argumente zu. Gleichen Sie Ihre Kandidaten mit Ihren Zukunftsannahmen über Trends und Technologien im Markt ab. Beziehen Sie die Stärken des Teams und die Risiken ein. Bewerten Sie systematisch nach mehreren Kriterien, sodass Sie sich auf ein vom Team am stärksten unterstütztes Zukunftsbild einigen können.

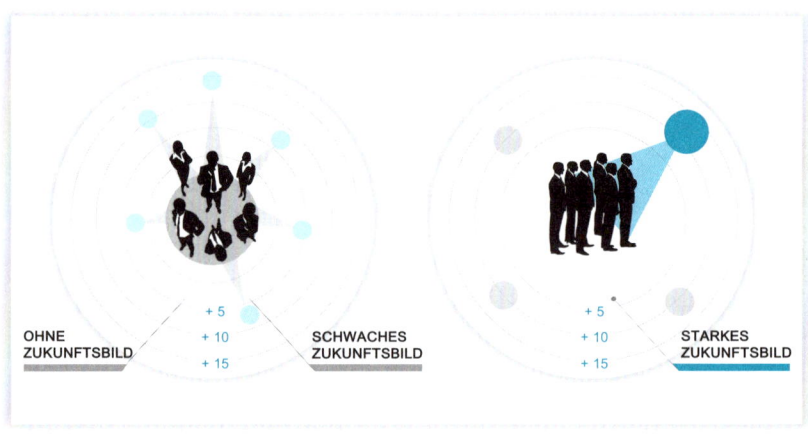

Abb. 12: Die Wirkung eines gemeinsamen Zukunftsbildes

Es passiert durchaus häufig, dass sich in solchen Situationen auch Wege trennen, weil Einzelne im Team für sich entscheiden, dass dieses Zukunftsbild für sie persönlich zu wenig Anziehungskraft hat. Das ist vollkommen in Ordnung und im Prinzip auch richtig. Es treten dabei nur Interessenkonflikte zutage, die es auch vorher schon gab. Dann ist es besser, dass jeder das Zukunftsbild verfolgt, das ihm die größte Motivation verschafft. Ob in Ihrem oder einem anderen Unternehmen.

Auf diese Weise haben Sie die Aufmerksamkeit Ihres Teams gleichgerichtet. Dann richten Sie die Aufmerksamkeit eines jeden Einzelnen und damit auch seine und ihre Energie – sprich: die Aktivitäten aus. Nein, es ist kein gefährliches Verwetten der ganzen Firma auf eine einzige Zukunft. Denn schließlich gleichen Sie Ihr inneres Zukunftsbild mit Ihrem äußeren Zukunftsbild ab. Dabei ziehen Sie auch potenzielle Überraschungen ins Kalkül. So werden Ihr Zukunftsbild und Ihre strategische Ausrichtung zukunftsrobust.

Ihr Zukunftsbild ist Ihre rentabelste Investition

Vergleichen wir nun die beiden Situationen im Bild, einmal mit fehlendem oder schwachem Zukunftsbild und das andere Mal mit einem starken Zukunftsbild, wenn jeder im Team nach der gleichen Vorlage puzzelt. Nehmen wir an, dass es sich um zwei verschiedene Unternehmen im gleichen Geschäftsfeld handelt. Welches Unternehmen erzielt nach einiger Zeit mehr Umsatz? Das rechte sicherlich. Welches Unternehmen ist effizienter, hat eine höhere Umsatzrendite und verdient mehr Geld oder kann ersatzweise den Kunden günstigere Preise bieten? Wieder das rechte.

Jeder Mensch und jedes Team profitiert davon, wenn es etwas gibt, das ihn oder sie in eine gute Zukunft zieht. Das ist idealerweise eine Mission, die bestimmt, zu welchem Zweck es das Unternehmen gibt. Eine Positionierung, die die Einzigartigkeit des Angebots definiert. Und eine Vision, die beschreibt, was man gemeinsam verwirklichen will. Ich habe unzählige Male die Transformation von der einen Situation in die andere erlebt. Und daher weiß ich mit voller Überzeugung, dass ein starkes Zukunftsbild ein Team wesentlich erfolgreicher macht, sowohl emotional als auch finanziell.

6.5. Unternehmen mit Anziehungskraft

Viele der Unternehmen, die ich als Beispiele für die Eigenschaft »Sie verbessern nachhaltig die Lebensqualität der Menschen« genannt habe, passen auch hier. Auch alle Unternehmen, die mir als Beispiele für die Eigenschaft »Sie arbeiten an großen, realisierbaren Zukunftschancen« dienten, könnte ich hier noch einmal aufführen. All diese Unternehmen bieten eine große, anziehende Mission und spannende Zukunftchancen, die sich leistungswillige, exzellente Mitarbeiter heute und in Zukunft wünschen. Hier sind einige weitere Beispiele:

OpenAI

Gerade OpenAI ist ein gutes Beispiel dafür, dass sich weltweit führende Experten lieber für eine Sache engagieren, als das maximale Gehalt zu verdienen. Spitzenexperten für künstliche Intelligenz können Millionengehälter verlangen. Bei OpenAI arbeiten viele dieser Fachleute, obwohl OpenAI nicht mit den Gehältern bei Microsoft, Google und Meta mithalten kann. Ilya Sutskever verließ Google, um für OpenAI zu arbeiten, und nahm dafür einen massiven Nachteil beim Gehalt in Kauf. Greg Brockman und Wojciech Zaremba berichten, dass sie ständig Angebote erhalten, die ein Vielfaches an Gehalt bedeuten würden, aber trotzdem bei OpenAI bleiben[63].

Simon, Kucher & Partners

Ich habe Prof. Hermann Simon von Simon, Kucher & Partners gefragt, was die Erfolgsfaktoren waren, mit denen der Consulter Weltmarktführer für Pricing-Beratung wurde. Als ersten und wichtigsten Erfolgsfaktor nennt er das unternehmerische Modell, das einzigartig in der Consultingbranche ist. In großen Consultingunternehmen konnte man als Partner viele Jahrzehnte lang ein Vermögen machen, indem man die Anteile lange hielt und dann an jüngere Partner verkaufte. Aber mittlerweile müssen sie ihre Anteile verschenken, weil diese so hoch bewertet werden, dass die jüngeren Partner sie nicht mehr bezahlen können. Bei Simon, Kucher & Partners gibt es 150 Partner bei über 1.750 Mitarbeitern. Jeweils im November läuft eine Woche lang ein Börsenmodell für Anteile. Senior-Partner dürfen verkaufen, Junior-Partner dürfen kaufen. Die Preise für die Anteile bilden sich in diesem Markt am Gleichgewichtspreis. So bleibt sichergestellt, dass die Anteile immer einen Wert behalten. Die Partner sind alle Unternehmer mit einem durchaus maßgeblichen Investment. Die Gründer haben sogar ihr ganzes Arbeitsleben bei Simon, Kucher & Partners verbracht. »Das ist der Wachstumstreiber schlechthin«, sagt Hermann Simon, dessen Unternehmen zuletzt um 22 Prozent gewachsen ist. Mitarbeiter zu Mitunternehmern zu machen, ist bekanntermaßen einer der starken Erfolgsfaktoren auch vieler Startups. Hermann Simon hält es für Blödsinn, zu glauben, dass »wer Visionen hat, zum Arzt gehen muss«. Die ganz großen Erfolge entstehen aus Visionen, ist er überzeugt. Die Vision ist ein Teil des Zukunftsbildes. So hat jeder Mitarbeiter nicht nur ein positives Zukunftsbild vom Unternehmen, sondern auch von seiner eigenen wirtschaftlichen Zukunft im Unternehmen.

SpaceX

»Die Menschheit multiplanetar machen.«[64] Diese Mission von SpaceX halte ich für die größte und bedeutendste Mission, die jemals postuliert wurde. Der Schritt der Menschheit von einer monoplanetaren Zivilisation zu einer multiplanetaren ist fast so groß wie die Entwicklung des Menschen zum Homo sapiens. Bei Ingenieuren in den USA ist SpaceX der beliebteste Wunscharbeitgeber. Vor Tesla. Die Kosten für den Transport eines Kilogramms an Ladung in den Weltraum sind durch die von SpaceX realisierte Wiederverwendung von Trägerraketen drastisch gesunken. Und sie werden weiter sinken. Bei den staatlichen Raumfahrtorganisationen hingegen kannten die Kosten immer nur eine Richtung: steil nach oben. Weil es eben Steuergeld ist. Allein diese Kostensenkung ist ein riesiger Beitrag zum Wohle der Menschheit. Die Möglichkeiten für Forschung an und Entwicklung von lebenswichtigen Lösungen hat SpaceX damit heute schon stark erweitert.

6.6. 100 Jahre vorausdenken?

Was machen Sie, wenn Sie mit Ihrem Unternehmen eher einfache Produkte herstellen? So etwas wie Stanzteile oder Kettenglieder. Unser Klient Johannes Winklhofer mit iwis, den ich schon erwähnt habe, hat es trotzdem immer wieder geschafft, seinem Team Lust auf die

Zukunft zu machen. Der Unternehmer, der von sich sagt »Ich bin als Unternehmer der Treuhänder für die nächste Generation«, hat zum hundertsten Geburtstag des Unternehmens ein Zukunftsbild bis zum Jahr 2116 entwickelt. In der Tat, einhundert Jahre in die Zukunft. Wozu? Um seine Mitarbeiter anzuregen und zu ermutigen, jenseits des vertrauten Geschäfts zu denken.

Auf der Roadmap stehen zum Teil abenteuerliche und kuriose Dinge. Jedenfalls aus heutiger Sicht. Doch wer weiß schon, was in vielen Jahrzehnten möglich und üblich sein wird. 2033 soll die Johann Baptist Winklhofer Hochschule für Elektromobilität öffnen. Iwis lebte früher hauptsächlich von der Produktion von Ketten. Folglich steht für 2041 das erste kettenlose Fahrsystem auf der Roadmap. 2049 launcht iwis das erste fliegende Fahrrad mit elektromagnetischem Antrieb unter der Marke Wanderer, was ein Vorläuferunternehmen von iwis ist. 2051 beteiligt sich iwis an der ersten benannten Expedition zum Mars (die vermutlich deutlich früher stattfinden wird). 2066 wird das 150. Firmenjubiläum im All gefeiert.

»Man muss das Unmögliche versuchen, um das Mögliche zu erreichen.« So lautete ein zentraler Gedanke von Hermann Hesse. Johannes Winklhofer sagt selbst, dass das verrückte Ideen sind. Why not? Es geht ihm darum, die eigene Mannschaft anzuregen, jenseits dessen zu denken, was man gerade tut. Mitarbeiter von iwis sollen »Träume haben und angehen«. »Man muss auch mal verrückte Sachen machen«, sagt Winklhofer, »und wenn auch nur, weil es allen wahnsinnig viel Spaß macht«. Er verwendet dieses Zukunftsbild nach wie vor in jeder Mitarbeiter- und Betriebsversammlung. »Wir müssen uns halt auch bemühen, Menschen dafür zu begeistern, gerade bei uns zu arbeiten«, fasst er seine Motivation für das hundertjährige Zukunftsbild zusammen. Er will Menschen anziehen, die Neugier und Interesse haben an technischen Themen und an Trend-Themen. Von Johannes Winklhofer können wir eines lernen:

> **Ganz gleich in welchem Geschäft Sie tätig sind: Sie haben immer die Möglichkeit, eine faszinierende und anziehende Zukunft Ihres Unternehmens zu zeichnen.**

Machen Sie das mal. Für zehn, zwanzig oder fünfzig Jahre. Sie werden merken: Es wird auch Sie motivieren und wieder mit positiver Energie aufladen. Und es wird sich auf Ihre aktuellen und auch Ihre potenziellen Mitarbeiter anziehend auswirken.

Welche Mitarbeiter brauchen Sie eigentlich für Ihr Bright Future Business? Wie sollen sie sein? Was sollen sie können? Kann man das überhaupt pauschal beantworten? Und überhaupt, was meine ich mit »exzellente Mitarbeiter«?

6.7. Exzellente Mitarbeiter

Wenn in Zukunft die intelligenten Maschinen immer mehr Dinge besser können als wir Menschen, was ist dann die wichtigste Fähigkeit und Eigenschaft des Menschen? Welche Mitarbeiter sollten Sie bevorzugt anziehen und engagieren? Wenn es stimmt, dass zwei Drittel der heutigen Schüler in ihrem Leben in Jobs arbeiten werden, die wir heute noch nicht kennen, dann können wir doch gar nicht absehen, welche fachlichen Qualifikationen heute genau in die Zukunft passen.

Wenn ich sicher sein will, dass meine Ärztin wirklich alle Therapien gegen eine schlimme Erkrankung berücksichtigt, dann will ich, dass sie eine KI einsetzt, die in wenigen Minuten eine Million medizinwissenschaftlicher Publikationen liest und auf der Basis meines einzigartigen genetischen Profils die erstbeste, zweitbeste und drittbeste Therapie empfiehlt. Für den nächsten Patienten macht die KI das gerade noch einmal. Wieder in ein paar Minuten. Wieder auf der Basis eines einzigartigen Genoms. So schnell und präzise kann ein Mensch gar nicht arbeiten. Können selbst tausend Menschen gar nicht arbeiten. Gegen diese Konkurrenz sind wir heute schon chancenlos.

Aber: Ich will, dass auf die Beratungsergebnisse der intelligenten Maschine noch ein Mensch draufschaut. Warum? Weil ich Mensch bin. Weil Millionen Jahre Evolution nicht neutralisiert sind, nur weil wir seit 70 Jahren an KI arbeiten und sie jetzt endlich beginnt zu funktionieren. Wir Menschen sind soziale Wesen. Und auch wenn wir manchmal an den Menschen verzweifeln, so brauchen wir doch andere Menschen, um uns wohlzufühlen. Ich will in Augen sehen, denen ich vertrauen kann, die mich leiten können. Ich will mit einem Menschen sprechen, der mir hilft, durch diese komplexe Welt zu navigieren. Der mir ein gutes Gefühl gibt, der mir hilft, die Aussagen der KI einzuordnen, ob sie plausibel sind oder nicht. Ob ich noch woanders suchen sollte.

Wenn meine Ärztin in Zukunft also nur in Zusammenarbeit mit der KI ihre beste Leistung erbringen kann, welche Qualifikation braucht sie dann? Sie muss eine exzellente Ärztin sein. Und dafür muss sie ein exzellenter Mensch sein. Das ist die logische Konsequenz. Wenn wir kognitiv und physisch immer weniger mit den Leistungen der intelligenten Maschinen konkurrieren können (in Spezialaufgaben jedenfalls), dann bleibt uns nur die eine ganz große Domäne, in der die intelligenten Maschinen für immer oder zumindest noch sehr lange chancenlos gegen uns sind.

Die intelligenten Maschinen werden uns in den Spezialdisziplinen überlegen sein. »Narrow AI« nennt man das, die schmale, spezialisierte KI. Wir aber sind überlegen in der Breite. Wir beherrschen die Komplexität. Wir überblicken das Ganze. Wir bestimmen die Werte und die Ziele. Wir sind die Chefs. Randnotiz: Langfristig müssen wir natürlich aufpassen, dass wir die Chefs der intelligenten Maschinen bleiben, wenn die allgemeine künstliche Intelligenz entsteht. Aber das dauert noch.

> **Wir dürfen und müssen uns darauf konzentrieren, exzellente Menschen zu werden und zu sein. Das ist die wichtigste Qualifikation für die Zukunft. Die Schlüsselqualifikation.**

Was ist das nun, ein exzellenter Mensch? Was gehört dazu?

1. **Emotionale Intelligenz:** Seit 1990 nennt man so die Fähigkeit, eigene und fremde Emotionen richtig wahrzunehmen, einzuschätzen und mit ihnen sinnvoll umzugehen. Schon vor hundert Jahren nannte man das auch die soziale Intelligenz. Empathie ist dabei die vielleicht wichtigste Fähigkeit, sich in die Emotionen und die Situation des anderen hineinzuversetzen.

2. **Kommunikationsfähigkeit:** Seine Emotionen und Gedanken präzise in Wort, Schrift und Bild ausdrücken zu können, wird immer wichtiger, und gleichzeitig hat man den Eindruck, dass diese Fähigkeit immer weniger verbreitet ist.

3. **Logisches Denken und Verhalten:** Emotional sind wir ja von Natur aus. Viel zu oft sind wir unvernünftig und kurzsichtig. Dafür brauchen wir nichts zu tun. Schauen Sie nur, wie unlogisch und sogar dumm sich der Mensch und die Menschheit als Ganzes verhält, beispielsweise bei der Energiegewinnung oder der Ernährung. Von den Verschwörungstheorien und den zum großen Teil erschreckenden Beiträgen in den sozialen Medien ganz zu schweigen. Angesichts dessen halte ich logisches Denken für die vielleicht wichtigste Fähigkeit eines exzellenten Menschen. Mit besserem logischen Denken wäre die Menschheit und damit die Welt friedlicher und nachhaltiger und man hätte noch mehr Lebensqualität für alle erreicht.

4. **Ethisches Verhalten:** Das heißt, so zu handeln, dass Sie damit die Welt und das Leben anderer besser machen, zumindest aber nicht schädigen. Genau, folgen Sie dem kategorischen Imperativ.

5. **Veränderungsfähigkeit:** Lernen Sie, sich mit Veränderung und Innovation wohlzufühlen. Sie gar zu lieben. Der beste und einfachste Weg dazu ist, dass Sie selbst sich und die unmittelbare Welt um sich herum immer mehr zum Besseren verändern. Denn die eigenen Ideen zur Veränderung lieben wir. Nur die Ideen der anderen hassen wir, weil sie uns zur Veränderung zwingen, statt dass wir sie selbst wollen.

6. **Selbstführung:** Ein exzellenter Mensch schafft es, sich selbst so zu steuern, dass er seine selbst gesetzten Ziele häufig erreicht. Gute Vorsätze und Ziele sind leicht erstellt, aber an der Umsetzung scheitern fast alle fast immer. Exzellente Menschen haben viel Umsetzungskraft. Und dabei hilft die Fähigkeit zur Selbstführung.

7. **Unternehmertum:** Menschen, die etwas unternehmen, sind die Generatoren des Wohlstands und der Lebensqualität. Und aller Steuern, denn ohne Unternehmen gibt es keine Jobs und keine

privaten Einkommen. Also auch keinen Staat, keine Behörden, keine öffentlichen Dienstleistungen und kein Sozialsystem. Das wird sich auch in Zukunft nicht ändern. Wir brauchen möglichst viele starke, erfolgreiche Unternehmer, Frauen wie Männer. Es ist für mich unfassbar, dass nur ein kleiner Teil der Menschen Unternehmer sein will oder kann.

Meine Liste ist natürlich nicht vollständig. Es hängt auch vom Weltbild ab, wie man sich einen exzellenten Menschen vorstellt. Solche und ähnliche Fähigkeiten sind es, die einen Menschen zukunftssicher machen. Wer zusätzlich noch eine grundlegende fachliche Qualifikation hat, insbesondere naturwissenschaftlich-technischer Art, wird sich im Wandel der Märkte und Berufe immer zurechtfinden. Fördern Sie primär diese Fähigkeiten bei Ihren Mitarbeitern. Unterstützen Sie Ihre Mitarbeiter dabei, exzellente Menschen zu werden und zu sein. Wenn Sie Kinder haben, machen Sie diese Fähigkeiten zur Priorität in Erziehung und Ausbildung. Und vor allem: Machen Sie auch selbst immer wieder kleine Fortschritte darin, ein noch exzellenterer Mensch zu sein.

Schade und eigentlich sogar fatal ist es, dass kaum eine dieser Fähigkeiten dort vermittelt wird, wo junge Menschen für das Leben ausgebildet werden: in den Schulen und Hochschulen. Es wird alles Mögliche gelehrt und vermittelt, aber ausgerechnet die wichtigsten Fähigkeiten nicht. Das ist unlogisch und zukunftsdumm. Und ich wiederhole mich: Es ist fatal für unsere Zukunft.

Vermutlich geht es Ihnen wie mir. In den 35 Jahren, in denen ich bis heute angestellte Vollzeitmitarbeiter geführt habe, habe ich eine gewisse Vorsicht entwickelt, wenn es darum geht, dass sich Menschen wirklich grundlegend ändern sollen. Sie müssen es zunächst einmal selbst wirklich wollen. Und ich meine, wirklich unbedingt wollen. Über diese Hürde kommen nur die wenigsten. Dann erst besteht überhaupt die Chance, dass sie Exzellenz im obigen Sinne entwickeln und trainieren können. Die Konsequenz liegt auf der Hand: Nutzen Sie Ihre eigenen Kriterien für »exzellente Menschen« schon bei der Einstellung. Tun Sie alles in Ihren Möglichkeiten Stehende, um Menschen anzuziehen und einzustellen, die schon exzellent sind. Im Nachhinein wird es schwierig.

6.8. Und was ist mit Kultur?

Ich wusste, dass Sie das fragen werden. Sie haben ja recht. »Kultur frisst Strategie zum Frühstück«, wie Peter F. Drucker zu sagen pflegte. Ich kann Unternehmenskultur in diesem Rahmen leider nicht gebührend ausführlich behandeln. Das Thema ist einfach zu groß. Es verdient, gründlich behandelt zu werden oder gar nicht. Zudem gibt es Kulturexperten en masse, die fachlich tiefer im Thema sind. Aber wenn Sie schon darauf bestehen, will ich doch einige Gedanken dazu beitragen. Es war schon immer so und wird auch immer so bleiben:

 Die Qualität des Miteinanders kann man gar nicht überschätzen. Wenn sie nicht gut ist, funktioniert nichts wirklich zufriedenstellend.

Weder im Unternehmen noch in irgendeiner anderen Gemeinschaft. Auch in einer Familie nicht. Die heutige Geschwindigkeit und Radikalität des Wandels in den Unternehmen erzeugt Stress und Ängste in bisher ungekanntem Ausmaß. Nichts ist mehr wirklich sicher. Ständig ist alles im Fluss. Die Verwerfungen durch die Corona-Pandemie und den russischen Angriff auf die Ukraine haben vielen Menschen psychisch und physisch den Rest gegeben.

Google hat nach mehreren Jahren intensiver Forschung mit dem »Project Aristotle«[65] einen grundlegenden kulturellen Erfolgsfaktor identifiziert: psychologische Sicherheit. Danach sehnen sich Menschen heute mehr denn je. Google versteht psychologische Sicherheit als die Gewissheit, dass es einem gut gehen wird, auch wenn man im Team Risiken durch kritische Äußerungen eingeht und sich im Team verletzlich zeigt. Dass man nicht verächtlich gemacht oder gar bestraft wird, wenn man neue Ideen äußert, Fragen stellt, Bedenken äußert oder einfach Fehler macht. Fehlende psychologische Sicherheit ist die Wurzel zahlreicher organisationaler Probleme und Misserfolge. Es gibt unzählige Maßnahmen und Strategien, mit denen Sie psychologische Sicherheit fördern können. Eine davon ist: Befreien Sie Ihr Team von drei Charakteren. Erstens von Personen, die niemals freiwillig einen Fehler zugeben. Deren Ängste bekommen Sie nicht mehr geheilt. Zweitens von Personen, die nicht in der Lage sind, ihren Kollegen grundsätzlich positive Absichten zu unterstellen oder ersatzweise gute Gründe für ihr Verhalten zu sehen. Deren Misstrauen können Sie nicht mehr umkehren. Drittens von Personen, die sichtbar ihren eigenen Vorteil auch zum Nachteil von Kollegen verfolgen. Die mächtigste Maßnahme ist, dass Sie selbst Fehler oder schlicht Unvermögen zugeben und sich damit verletzlich machen.

Ich will die Bedeutung psychologischer Sicherheit noch etwas erweitern. Wenn Sie Ihr Bright Future Business aufbauen, werden Sie neue Technologien und Verfahren einführen. Und sogleich wird die Angst vor dem Verlust des Arbeitsplatzes umgehen. Wie schaffen Sie es in einer solchen Situation, Ihren Mitarbeitern Sicherheit zu vermitteln? Ich habe in meinem Team immer wieder die Botschaft verbreitet, dass wenn eine Aufgabe wegfällt, damit nicht gleich auch der betroffene Mitarbeiter oder die Mitarbeiterin wegfällt. Jedenfalls dann nicht, wenn es im oben beschriebenen Sinne ein exzellenter Mensch ist. Die Begriffe »Stelle« und »Position« finde ich schon aus anderen Gründen sehr schädlich, aber hier ist es ein ganz praktischer Grund. Wer in Stellen und Positionen denkt, schafft in seinem Kopf ein statisches Bild der Organisation. In diesem Bild kommt eine dynamische Organisation, in der der Mensch der Fixpunkt ist und sich das Portfolio an Verantwortungen regelmäßig verändert, gar nicht vor. Daher:

 Vermitteln Sie Ihren exzellenten Mitarbeitern psychologische Sicherheit.

Es gibt den Glauben, dass man Kultur gar nicht beeinflussen kann. Dass Kultur einfach stattfindet. Ich sehe das anders. Ich bin überzeugt davon, dass man Kultur mit Vereinbarungen gestalten kann. Ich habe beispielsweise folgende Vereinbarung mit meinen Mitarbeitern: Du hast das Recht, mindestens 70 Prozent deiner Zeit mit Freude zu arbeiten. Bis zu 30 Prozent Mist musst du akzeptieren, weil es realistisch ist und es deshalb jeder akzeptieren muss, inklusive mir. Wenn ich immer wieder frage, ob die 70 Prozent erfüllt sind, erfahre ich frühzeitig, wann Mitarbeiter unzufrieden sind und wir ihr Portfolio an Verantwortung anders organisieren müssen.

7. Ihre Produktivität ist an der Spitze der Branche

7.1. Vielfach produktiver und schneller

»Die schaffen ein Auto in zehn Stunden, wir liegen bei über 30 Stunden.[66]« Herbert Diess, der frühere Vorstandschef von Volkswagen, hielt sich nicht zurück mit seiner Bewunderung für Tesla. Die zehn Stunden werden vom VW-Betriebsrat freilich als »Märchen« und als unmöglich bezeichnet[67]. Es kann augenscheinlich nicht sein, was nicht sein darf. Lieber hält man die Produktivität von Tesla für gelogen und gefälscht, als dass man sich selbst infrage stellt.

Der Newcomer lässt die Traditionellen staunen

Schon ein Vergleich der Kapitalkosten pro produziertem Auto zeigt, dass Tesla vielfach produktiver ist als fast alle anderen Hersteller. Heute schon. Dabei liegen die wirklich großen Stückzahlen und entsprechenden Skaleneffekte noch in der Zukunft. Tesla wird in absehbarer Zeit in der einen Fabrik in Grünheide voraussichtlich mehr Fahrzeuge produzieren als Audi mit seinen 1,7 Millionen Fahrzeugen (2021) in sage und schreibe neunzehn Werken. Und zwar inklusive der nötigen Zellen und Batterien. »Wir haben nicht erwartet, dass unser großer US-Konkurrent so schnell und so gut vorbereitet sein würde«, zitiert Reuters Herbert Diess im Mai 2022.

Volkswagen will durch das Projekt »Trinity« mithalten können. Die dafür geplante neue Fabrik wird nicht vor 2026 Autos produzieren. Volle fünf Jahre nach Diess' anerkennender Aussage und damit eine Ewigkeit im rasanten Wettbewerb um die Elektromobilität. Die meisten der traditionellen Autohersteller haben über hundert Jahre Erfahrung im Automobilbau. Wie kann es sein, dass ein Newcomer, der bei der Gründung 2003 buchstäblich gar nichts von Autoproduktion verstand, die etablierten Anbieter so in der Effizienz übertrumpft? Mehr noch, die Organisation und damit die Produktion gilt als ursächlicher Wettbewerbsvorteil von Tesla, mit dem alles andere erst möglich wurde.

Das Ende des Toyota-Produktionssystems

Toyota war über Jahrzehnte der Maßstab für exzellente Produktion, dem alle folgten. Die Maxime war, die Zahl der Änderungen am Produkt möglichst niedrig zu halten. Planungszyklen für neue Fahrzeuge von fünf oder gar sieben Jahren sind die Norm im Automobilgeschäft. Oder besser, sie waren es. Auffrischungen im Rhythmus von zwei Jahren sollen die Produkte aktuell halten. Anders, so die Überzeugung, kann man Autos nicht kostengünstig produzieren. Schon drei Änderungen pro Jahr sind nach diesem Paradigma zu teuer. Tesla funktioniert anders, nämlich eher wie ein Softwareunternehmen, das zusätzlich auch Hardware herstellt. Tesla nimmt mindestens 20 Änderungen an einem Fahrzeugmodell vor. Mittlerweile sollen es sogar im Mittel 27 sein. Pro Woche![68] Das sind 5.400 gegen drei Verbesserungen pro Jahr.

Maximal dezentrale Verantwortung

Agiles Arbeiten ist nichts Neues. Aber in der Produktion von Autos wurde es vor Tesla kaum angewendet, weil man es für die Herstellung großer komplexer Produkte für beschränkt anwendbar hielt. Bei Tesla haben einige kundennützliche Innovationen von der Idee bis zum Einbau in die Autos nur wenige Stunden gebraucht. Managemententscheidungen können in diesem Arbeitsmodus nicht in wöchentlichen oder gar monatlichen Sitzungen auf Basis detaillierter Entscheidungsvorlagen getroffen werden. Entscheidungen werden stattdessen direkt von Teams getroffen, die jeweils eine spezielle Aufgabe haben und den Lösungsweg selbst bestimmen. Niemand muss auf Entscheidungen warten. In jedem Team sind alle nötigen Fähigkeiten vertreten. Es sind »Full Stack«-Teams, die über den ganzen Stapel an benötigten Fähigkeiten verfügen. Wenn Tesla seine Autos am Polarkreis einem Kältetest unterzieht, reisen Ingenieure in die Kälte mit und treffen dort Dutzende Entscheidungen. Bei traditionellen Herstellern hingegen werden nach wochenlangen Tests nur die Ergebnisse zur Produktionsleitung zurückgemeldet. Jedes Tesla-Team entwickelt eine Komponente. Sie können alles verändern und verbessern, solange sie die Nahtstellen zu anderen Komponenten und die dafür vereinbarten Standards beachten. Oder eben neue Standards vereinbaren. Selbst die Bildung von Teams geht in der Regel nicht vom Management aus, sondern von einem Mitarbeiter, der eine Idee hat und Kollegen überzeugen kann, sie auszuarbeiten und umzusetzen. Durch die häufigen und zahlreichen Verbesserungen ist praktisch jedes von Tesla ausgelieferte Auto ein Unikat[69]. Bei keinem anderen Hersteller ist das so.

Agilität steckt Lieferanten an

Tesla überträgt seine Agilität auch auf die Lieferanten. So rief Musk bei 3M an, einem Weltmeister in Innovation, um eine Folie für die Solar-Dachziegel von Tesla geliefert zu bekommen. Ähnlich wie die Blickschutzfolien für Laptops sollte die Folie auf die Solar-Dachziegel aufgebracht werden, sodass sie von unten und von der Seite betrachtet wie normale Dachziegel aussehen, aber die direkte Sonneneinstrahlung ungehindert durchlassen. Der damalige CEO Inge Thulin von 3M freute sich über die Anfrage und antwortete, dass diese Idee nun durch die Neuprodukt-Entwicklungsphasen gehen werde und, wenn alles gut gehe, Tesla die gewünschte Folie in etwa sieben Jahren erhalten könne. Musk antwortete, dass man die Folie in fünf Wochen brauche, und legte auf.[70] Thulin war perplex. Die große Chance schien verloren. Thulin forderte seine Mitarbeiter auf, sich auf ein agiles Projekt ganz außerhalb der konventionellen Organisation von 3M zu bewerben. Ein kleines Team arbeitete nun durchgehend in einem Raum zusammen in Vollzeit und immer in Paaren mit einem großen gemeinsamen Bildschirm an der Wand. Jeder Schritt wurde gemeinsam gemacht, jede Entscheidung direkt im Team getroffen. Brauchten sie einen Prototyp, gingen sie gemeinsam in die Fabrik und beobachteten die Arbeit. Was ursprünglich sieben Jahre dauern sollte, schaffte das agile 3M-Team tatsächlich in fünf Wochen. Und Tesla bekam die gewünschte Folie. Sogar fünf Patente meldete 3M in dieser kurzen Zeit an und löste eine Welle an agilem Arbeiten im Unternehmen aus.

Digital Selfmanagement

Ein Schlüsselprinzip agilen Arbeitens ist das Selbstmanagement, also der weitgehende Verzicht auf Manager, die anderen sagen, was zu tun ist. Stattdessen managen sich die Mitarbeiter selbst, indem sie direkt die Ergebnisse ihrer Arbeit prüfen und verbessern können. Die Feedbackschleifen sind kurz, das Lernen ist schnell. Ein viel größerer Anteil der Mitarbeiter kann direkt an Verbesserungen der Ergebnisse und Produkte arbeiten. Auch das Prinzip Selbstmanagement verstärkt Tesla durch Technologie. »Digital Selfmanagement« ist Teslas technische Geheimwaffe für Agilität, die hilft, die enorme Produktivität und Innovationskraft zu erzeugen. Digital Selfmanagement ist ein KI-System, das – unter anderem – jedem Team und jedem Mitarbeiter in Echtzeit Feedback über die Ergebnisse, die Qualität und über Probleme der Kunden mit ihren Fahrzeugen liefert. Selbstverständlich lernt die KI mit jedem produzierten Fahrzeug hinzu. Apps auf den Smartphones der Mitarbeiter ersetzen weitgehend die Manager. In Tesla-Werken arbeiten zwischen 80 und 90 Prozent der Mitarbeiter direkt am Produkt und haben alle Innovation als wesentlichen Teil ihrer Aufgaben. Die Zahl und der Anteil von Managern und Verwaltern ist bei Tesla minimal.

Wird ein Produktionsschritt geändert, muss niemand auf den Experten warten, der eingehend die Qualität einer Stichprobe an Fahrzeugen untersucht und freigibt. Die KI erkennt in Sekundenbruchteilen alle Folgen einer Änderung. Nicht in einer Stichprobe, sondern an jedem einzelnen Fahrzeug und Teilprodukt, wie etwa Sitzen oder Akkus. So wird jeder Mitarbeiter zum Experten und kann täglich mehrere Verbesserungen vornehmen und testen. Und nein, es ist nicht so, dass KI die Menschen managt. Menschen entwickeln, verbessern und nutzen KI, um sich selbst besser zu führen und produktiver zu arbeiten. Und um ihre menschlichen Stärken zu nutzen.

Übrigens: Es war noch nie so billig, an Software für das Selbstmanagement zu kommen. Es wäre ein Trugschluss, wenn Sie glauben, dass nur große Unternehmen digitales Selbstmanagement betreiben können. Schon einfachste Lösungen wie Trello und Slack können für ein paar Euro im Monat Wunder bewirken.

Anti-Handbuch-Handbuch

»Ihre wichtigste Aufgabe ist, dieses Unternehmen zu einem Erfolg zu machen. Wenn Sie Möglichkeiten zur Verbesserung sehen, sprechen Sie sie an, auch wenn sie nicht in Ihrem Verantwortungsbereich liegen.« Jeder darf – vielmehr soll – direkt den Kollegen ansprechen, den er für den besten hält, um ein Problem schnell zum Wohle des ganzen Unternehmens zu lösen. Auch wenn es Elon Musk selbst ist. Eine Befehlskette muss niemand einhalten. »Sie können mit jedem sprechen, ohne die Erlaubnis eines anderen zu haben. Mehr noch, betrachten Sie sich als verpflichtet dazu, das Richtige zu tun, bis es passiert.« Wer als Manager einen Mitarbeiter daran hindert, höhere Vorgesetzte oder Musk anzusprechen, wird gefeuert. Das ist kein Gerücht, sondern schriftlich fixiert im Anti-Handbuch-Handbuch von Tesla[71].

Das Zukunftsbild koordiniert alles

Die große Mission von Tesla, Energie und Transport nachhaltig zu machen und dafür alle verfügbaren technologischen Werkzeuge wie künstliche Intelligenz und alle Prinzipien der Vereinfachung zu nutzen, gibt den Teams das große Bild. Ohne ein gemeinsames Zukunftsbild im einzelnen Team wie auch in der gesamten Organisation kann agiles Arbeiten nicht funktionieren. Dann kann Agilität leicht im Chaos enden. Jeder Tesla-Mitarbeiter kann sich mit Aktien und Aktienoptionen am Unternehmen beteiligen. Jede Verbesserung ist wertsteigernd für seine Anteile. Jeder Mitarbeiter im Unternehmen hat das gleiche Ziel wie das ganze Unternehmen: den Wert des Unternehmens zu steigern. Der aber wächst nur durch maximal großen Nutzen für die Kunden und durch deren Freude an ihren Fahrzeugen.

Die Chipkrise kreativ gelöst

In der Corona-Krise ab 2021 klagte die gesamte Automobilindustrie über die Knappheit an Mikrochips für ihre Autos. Beispielsweise in den USA wurden im vierten Quartal unfassbare 24 Prozent weniger Autos produziert und verkauft. Volkswagen und andere legten zeitweise Werke still. Nur ein einziges Unternehmen blieb weitgehend unbeeindruckt von der Chipknappheit. Im selben Zeitraum stiegen Produktion und Absatz von Tesla um über 70 Prozent im Vergleich zum Vorjahr. Die Knappheit behinderte auch Tesla. Aber was war passierte? Erstens hatte Tesla im Jahr 2020 nicht, wie beispielsweise VW, seine Verträge mit Chiplieferanten gebrochen und ohne Rücksicht auf Schäden für Lieferanten einfach Bestellungen storniert[72]. Tesla blieb vertragstreu und führte die ohnehin enge Zusammenarbeit mit den Chipherstellern fort. Zweitens hat Tesla alternative Chips für die Produktion verwendet und deren Firmware binnen weniger Wochen neu geschrieben. Soweit bekannt, hat dies kein anderer Produzent so gemacht. Entweder fiel es ihnen gar nicht ein, oder sie waren nicht in der Lage, die Idee umzusetzen. Ja, auch Tesla lieferte teilweise Fahrzeuge ohne nicht zwingend nötige Chips aus, die später nachgerüstet würden. Nach dieser Erfahrung mit der Chipkrise haben mehrere Hersteller angekündigt, zukünftig ihre Chips in Eigenregie zu produzieren.

Tesla Speed

Die einzigartige Denkart bei Tesla bestimmt die Organisation und ihre Produktivität. Das erzeugt die »Tesla Speed«, wie Robert Habeck es im April 2022 nannte. Mit dieser Produktivität und Geschwindigkeit verschafft sich Tesla die enormen Vorteile bei Beschaffung, Entwicklung, Produktion und Verkauf. Und sogar beim Bau seiner Fabriken. Was beim Bau des Werkes in Grünheide für deutsche Behörden ungewohnt chaotisch wirkte, war in Wirklichkeit agil. Und es war der Grund, dass dieses Werk nach weniger als zwei Jahren schon Autos produzierte. Trotz deutscher Regularien und aggressiver wie ideologisch motivierter Gegner jeglicher Industrie. In Shanghai dauerte es vom Spatenstich bis zum ersten produzierten Auto sogar weniger als ein Jahr.

Es würde zu weit führen, hier auch noch Teslas neu gedachte Art der Produktion mit mobilen Zellen zu beschreiben. Oder das erstmals von Tesla angewandte sogenannte »Gigacasting«, mit dem viele Arbeitsschritte und Roboter bei der Herstellung des Chassis eingespart werden. Was ich bisher über die Organisation von Tesla dargelegt habe, sollte genügen, um festzustellen, dass ein Bright Future Business eine fünfte zentrale Eigenschaft haben sollte: Die Produktivität ist an der Spitze der Branche.

7.2. Die Bedeutung der Produktivität

Produktivität ist der wichtigste operative Faktor für den Wohlstand einer Volkswirtschaft. So auch für den wirtschaftlichen Erfolg eines einzelnen Menschen und damit auch eines Unternehmens. Produktivität ist einfach Output durch Input, grundsätzlich in physikalischen Messgrößen beschrieben. Stunden pro Auto beispielsweise. In Preisen bewertet wird die Produktivität zur Wirtschaftlichkeit. Im einfachsten Fall ist das Umsatz durch Kosten des Umsatzes.

Die besten Unternehmen einer Branche sind im Mittel 40 Prozent produktiver als der Rest[73]. Der Vorteil kann in der Spitze sogar noch viel höher liegen. Eine hohe Produktivität macht Ihr Unternehmen natürlich profitabler. Sie macht es Ihnen möglich, hohe Gehälter und Löhne zu zahlen und damit auch exzellente Mitarbeiter anzuziehen und zu halten. Diese wiederum können durch ihre Leistung und durch die Umsetzung neuer Lösungen und den Einsatz neuer Technologien die Produktivität noch weiter steigern. Es entsteht eine positive und sich selbst verstärkende Erfolgsspirale.

KMU fallen in der Produktivität zurück

Größere Unternehmen weltweit investieren in folgender Reihenfolge in Wachstumstreiber[74]:

1. Mitarbeiter gewinnen und halten,
2. Initiativen zur digitalen Transformation,
3. höhere Agilität für ein turbulentes Geschäftsumfeld,
4. neue nachhaltige und digitalisierte Produkte und Dienstleistungen,
5. Verbesserung der Lieferketten-Resilienz.

Die Arbeitsproduktivität stieg in den 1990er-Jahren noch um 2,4 Prozent pro Jahr. Zuletzt stieg sie kaum noch. Das gilt für so gut wie alle Industrieländer. Die Bertelsmann-Stiftung[75] weist darauf hin, dass die Investitionen in die digitale Transformation bei den kleinen und mittleren Unternehmen erschreckend viel niedriger sind als bei großen Unternehmen. Deshalb wächst auch die Produktivität der KMU deutlich langsamer. Die KMU verlieren den Anschluss, vor allem im produzierenden Gewerbe. Sie können mit niedrigerer Produktivität weniger verdienen und deshalb auch nur niedrigere Gehälter und Löhne zahlen. Die größeren Unternehmen investieren pro Vollzeitarbeitsplatz zum Teil das Fünffache in Produktivität durch digitale Lösungen. Viele der KMU investieren so gut wie gar nichts in diesem Bereich. Gerade in der digitalen Welt entwickeln sich Vorteile und Nachteile exponentiell. Das heißt, dass ein einmal stattgefundener Vorsprung der größeren Unternehmen kaum noch eingeholt werden kann. Mit weniger zeitgemäßer technischer Ausstattung und weniger Spielraum für gute Gehälter wird die Personalnot der kleineren Unternehmen zusätzlich größer. Sie müssen die Umsetzung von Innovationen schon aus Personalknappheit zurückstellen. Eine Studie über 16 Länder hinweg kommt zum gleichen Ergebnis:

> **Die Produktivität der produktivsten Firmen und die der am wenigsten produktiven Firmen geht immer weiter auseinander[76]. Sowohl in der Produktion wie auch bei Dienstleistungen.**

Das hängt nicht zwingend von der Branche ab. Auch innerhalb einer Branche gibt es diesen Spread. Es sind einzelne Unternehmen, die es schaffen, wesentlich produktiver zu sein als andere.

Eine hochgefährliche Teufelsspirale, in die Sie nicht geraten dürfen oder aus der Sie mit allen Mitteln entkommen müssen. Das wichtigste Mittel sind Investitionen in produktivitätsfördernde Technologien.

Produktivität über Effizienz

Effizienz und Produktivität werden oft gleichbedeutend verwendet. Genau genommen erreichen Sie Effizienz dann, wenn Sie für einen gegebenen Output weniger Input brauchen. Also weniger Aufwand an Zeit, Material, Kapital. Effizienz liegt vor, wenn Sie den Nenner minimieren. Kaum wachsende Unternehmen erhöhen ihre Erträge durch mehr Effizienz, also meist durch weniger Mitarbeiter. Das hat natürliche Grenzen der Überforderung. Der Fokus sollte mehr auf Produktivität liegen. Produktivität bedeutet, mit der Zeit der Mitarbeiter sowie dem einsetzbaren Material und Kapital möglichst viel an Output zu erreichen. Produktivität heißt, dass Sie den Zähler maximieren. Die

Grenzen der Produktivität sind deutlich weiter gesteckt. Sie werden nur vom Bedarf der Kunden gesetzt. Diese Begrenzungen wurden und werden aber durch neue Kunden und neue Bedarfe immer mehr erweitert. Produktivität ist also wichtiger und grenzenloser als Effizienz.

7.3. Einfach ist schwierig, aber entscheidend

Der Zusammenhang zwischen Einfachheit der Organisation und der Prozesse und Produktivität ist vielfach erforscht worden – mit mehr als eindeutigen Ergebnissen. Tesla ist dafür ein eindrückliches Beispiel, so wie es auch Apple ist. Beide haben nur wenige Produkte und die Produkte selbst haben eher wenige Varianten. Ein schon lange erfolgreicher Meister der Einfachheit ist Aldi.

Wer hat nicht schon mal über die Produktivität der Kassierer bei Aldi gestaunt. Sie sind im Durchsatz der Kassiervorgänge pro Stunde weltweit führend. Lidl-Mitarbeiter kommen in die Nähe, sind aber immer noch 10 bis 20 Prozent langsamer. Bei Aldi gibt es ein bedingungsloses Commitment für Produktivität über alle Ebenen hinweg. Alle Führungskräfte haben an der Kasse gesessen und den Drill auf Geschwindigkeit als »Wettkampf« am eigenen Leib erfahren und als Prinzip aufgesogen. Eine entscheidende Voraussetzung für die hohe Flächenproduktivität von Aldi ist die nach wie vor radikale Einfachheit. »Auf das Wesentliche konzentriert – zum Wohl unserer Kundinnen und Kunden«[77], nennt es Aldi im Unternehmensleitbild. Und weiter: »Einfachheit sorgt für Klarheit und Orientierung.« Der Urdiscounter Aldi hat die Strategie eines im Vergleich zu regulären Supermärkten reduzierten Sortiments mit bewusst wenig Auswahl praktisch erfunden – mit vielen positiven Auswirkungen. Alles bei Aldi ist schlank und einfach. Die hohe Umschlagsgeschwindigkeit des Sortiments ermöglicht unvorstellbar niedrige Preise. Erst nach Jahrzehnten verstand die breite Bevölkerung, dass Aldi keine Kompromisse bei der Qualität macht. Die Einfachheit wirkt auch beim Kunden. Ständige Preisvergleiche sind praktisch unnötig. Wer bei Aldi einkauft, weiß, dass er im Schnitt zu sehr niedrigen Preisen einkauft. Menschen kaufen mehr, wenn sie drei Marmeladensorten zur Auswahl haben, als wenn es dreißig sind. Ein Effekt von Einfachheit ist, dass die organisationale Reibung[78] minimiert wird. Das Entscheidungsparadox kostet viele Unternehmen, vielleicht auch Ihres, enorme Summen, was nach einer Studie von Bain über 20 Prozent der Kapazität vernichten kann. Mehr als einen ganzen Tag in der Woche.

Die Empfehlung »Einfachheit« ist einerseits altbekannt, aber gleichzeitig ist ihre Umsetzung eine gewaltige Herausforderung. Es geht nicht darum, wie neu ein Gedanke ist, sondern wie wichtig. Jeder kleine Fortschritt lohnt sich.

7.4. Zukunftsbild macht produktiver

Ich erinnere an dieser Stelle an die Wirkung eines gemeinsam getragenen Zukunftsbildes, wie ich es im vorangehenden Abschnitt zur Attraktivität für exzellente Mitarbeiter beschrieben habe. Ein überzeugendes Zukunftsbild zieht Kunden und Mitarbeiter an. Als große Vorlage für die tägliche Arbeit macht es auch produktiver. Es schafft Klarheit und verhindert Verwirrung. Es schafft mehr Einigkeit und reduziert Konflikte. Es erzeugt mehr Fokus und vermindert Verzettelung. Und es macht Ihre Führung einfacher. McKinsey, an dessen Forschungsergebnissen Sie sich auch mit einem kleineren Unternehmen orientieren können, spricht vom »Meaning Quotient«[79]. Vom Sinn-Quotient, der anzeigt, in welchem Maße Mitarbeiter Sinn in ihrer Arbeit finden.

 Mit einem hohen Sinn-Quotienten kann die Produktivität von Mitarbeitern um den Faktor fünf steigen!

Oder anders: Ohne ein sinnstiftendes Zukunftsbild von Ihrem Unternehmen verzichten Sie auf bis zu 80 Prozent der Leistung. Das muss man sich mal auf der Hirnrinde zergehen lassen. Wenn Sie die Mackies nicht mögen: Auch PWC kommt in einer Studie auf ähnliche Ergebnisse. Sinn bei der Arbeit ist für Mitarbeiter der wichtigste nichtmaterielle Zufriedenheitsfaktor.

Ein wirkungsvolles Zukunftsbild ist die Voraussetzung für vertrauensvolle Zusammenarbeit. Wenn sich alle auf die Verwirklichung Ihres

Zukunftsbildes verpflichtet haben, können Sie viel leichter loslassen und die Entscheidungen dezentralisieren und von Teams und Mitarbeitern treffen lassen. Wenn aber immer wieder über die grundsätzliche Richtung diskutiert wird, werden Sie eher ein schlechtes Gefühl dabei haben, die strategische Ausrichtung einfach den Diskussionen zu überlassen. Aus gutem Grund, wie Gunter Dueck in seinem Buch über das Phänomen der Schwarmdummheit[80] dargelegt hat.

7.5. Kultur und Organisation für Produktivität

Eine sinnstiftende Aufgabe. Große spannende Zukunftschancen. Eine hohe Anziehungskraft auf Kunden. Eine zukunftsweisende Kultur, die Innovation, Erfolg, Leistung und Exzellenz als zentrale Pfeiler fördert. Und damit mehr exzellente und engagierte Mitarbeiter: Je besser Sie die bisher behandelten Eigenschaften eines Bright Future Business erfüllen, desto besser sind auch Ihre Voraussetzungen für eine höhere Produktivität.

Kultur für Produktivität

Um nochmals auf Google und seine hochinnovative und hochproduktive Organisation zurückzukommen. In einem umfassenden Forschungsprojekt[81] hat Google die psychologische Sicherheit, aber auch weitere Faktoren für »effektive« Teams identifiziert:

1. Psychologische Sicherheit: Wer Angst hat, hält sich zurück und handelt übervorsichtig und kann deshalb nicht besonders produktiv sein.
2. Vertrauen: Wo viel Vertrauen herrscht, wird weniger Aufwand getrieben für Kontrollen, Absicherungen und Entscheidungen durch aufgabenferne Personen.
3. Verlässlichkeit: Google nennt es »Dependability«. Teammitglieder erledigen ihre Aufgaben rechtzeitig und erreichen dabei die hohe Messlatte für Exzellenz. Wartezeiten, Konflikte und Qualitätsmängel werden minimiert.
4. Klarheit: Jeder im Team hat klare Ziele, Rollen und Pläne. Wohlgemerkt, das steht der Agilität nicht entgegen.

5. Sinn: Die Arbeit ist für einzelne Menschen im Team sinnstiftend und wichtig.
6. Wirksamkeit: Teammitglieder sehen, dass ihre Arbeit wertvoll ist und positiven Wandel erzeugt.

Jeder Faktor würde eine ausführliche Darstellung und Anleitung verdienen. In diesem Buch kann ich Ihnen leider nicht mehr als diese Checkliste an Faktoren bieten. Auf der Website zum Buch finden Sie einige Beispiele mehr: www.micic.com/BFB

Organisation für Produktivität

Ismail, Malone und van Geest haben hochproduktive Organisationen untersucht und ihre Ergebnisse im Buch »Exponential Organizations«[82] zusammengefasst. Da es ein solider Satz an Empfehlungen ist, baue ich darauf auf. Für exponentielles Wachstum braucht man eine exponentielle Organisation im Gegensatz zu einer linearen, ist ihre These. Dafür brauchen solche Organisationen einen »Massive Transformative Purpose«. Meine Kritik und Interpretation habe ich vorher schon dargelegt. Richtig ist aber in jedem Fall: Ein starkes und vom Team unterstütztes Zukunftsbild ist die Voraussetzung für alles hier Genannte. Praktischerweise werden die Eigenschaften einer exponentiellen Organisation mit zwei Akronymen beschrieben: SCALE und IDEAS. Scale beschreibt die externen Charakteristiken:

1. Staff on demand: Schaffen Sie ein Kern-Team und halten Sie zusätzlich Mitarbeiter auf Abruf. So können Sie schneller auf Anforderungen reagieren und schneller skalieren.
2. Community and Crowd: Nutzen Sie gezielt die Ressourcen aller Beteiligten und beteiligen Sie noch mehr Menschen. Der innere Kreis von Mitarbeitern, Kunden und Partnern ist die Gemeinschaft. Alle weiteren mit Ihnen vernetzten Personen bilden die Crowd, sei es für Ideen, Feedbacks oder auch für Crowdfunding.
3. Algorithmen: Steigern Sie die Produktivität Ihrer Organisation und die Qualität Ihrer Ergebnisse mit softwarebasierten Automatisierungen.
4. Leverage Assets: Sie brauchen weniger Eigentum an Ressourcen, als Sie vermutlich denken. Nutzen Sie die Ressourcen

Dritter. Dass Tesla und SpaceX es gerade nicht so machen, zeigt, dass nicht jeder Erfolgsfaktor für jeden passt.

5. Engagement: Aktivieren und animieren Sie Ihre Mitarbeiter, Ihre Community und Ihre Crowd durch Events, Befragungen und Wettbewerbe.

Neben den externen gibt es die folgenden internen Charakteristiken, die mit dem Akronym IDEAS aufgeführt werden:

1. Interfaces: Schaffen und verbessern Sie die Schnittstellen zwischen Ihrem Unternehmen und den äußeren Elementen in SCALE. Die Autoren nennen die App-Stores von Apple und Google als Beispiele, die das Innen mit dem Außen dieser Unternehmen verbinden.

2. Dashboards: Ermöglichen Sie es jedem in Ihrer Organisation, alle Daten zu nutzen, die über den Stand der Arbeit und die besten nächsten Schritte informieren. Tesla macht genau das mit seinem »Digital Selfmanagement«.

3. Experiment: Wenn alle im Tagesgeschäft eingebunden sind, gibt es zu wenig Möglichkeiten, Neues durch Versuch und Irrtum zu entdecken. Das ist nicht allein mit einer Abteilung für Forschung und Entwicklung erledigt. Experimentieren muss überall möglich sein.

4. Autonomie: Maximieren Sie die Möglichkeiten zur Selbststeuerung Ihrer Mitarbeiter. Je dezentraler und selbststeuernder die Entscheidungen in Ihrem Unternehmen getroffen werden, desto produktiver kann es sein.

5. Social Technologies: Nutzen Sie intensiv Kollaborationssoftware wie Slack oder Teams, um die direkte Kommunikation und Zusammenarbeit im Team auszubauen und zu beschleunigen.

Aus SCALE und IDEAS wird klar, dass, wenn auch nur Teile davon funktionieren, Ihr Unternehmen produktiver wird und Sie weniger im tagesgeschäftlichen Detail führen müssen. Ismail und Kollegen sagen es ganz deutlich: Wer sein Unternehmen zu einer exponentiellen Organisation ändern will, muss zuerst sich selbst ändern. Er oder sie muss ein »exponentieller Leader« werden. Das wiederum bedeutet, für das Zukunftsbild zu sorgen, die Strategie zu vereinbaren und die Voraussetzungen für höchste Produktivität zu schaffen.

7.6. Wie Technologien produktiver machen

Mehr Digitalisierung und generell eine intensivere Nutzung von Technologien führen in der Summe zu mehr Produktivität. Der kausale Zusammenhang ist eindeutig. Ja, wir lösen manchmal mit Technologien Probleme, die wir ohne die Technologien nicht gehabt hätten. Aber das sind so ungefähr zehn Schritte nach vorne und einer zurück.

Lust auf Zukunftstechnologien

Wie stehen Ihre Mitarbeiter zum Einsatz neuer Technologien? Überwiegen die Lust darauf und die Freude darüber? Oder beobachten Sie an sich selbst, dass Sie zögern, technische Neuerungen anzukündigen, weil Sie sich das Maulen und Murren schon im Vorhinein vorstellen?

> **Wenn Ihr Team erst noch überzeugt werden muss, dass neue Technologien überwiegend zum Vorteil aller sind, werden Sie niemals gegen ein Team Ihres Konkurrenten gewinnen, das diese Technologien schon aus reiner Neugier, aus Lust und aus Entwicklungsdrang unbedingt nutzen will.**

Wenn das in Ihrem Team nicht so ist, erzählen Sie bei jeder Gelegenheit, welche Erfolge, Qualitäten und Produktivitäten andere Unternehmen heute schon mit neuen Technologien erreichen. Nicht umsonst verlangt Johannes Winklhofer von seinen neuen Mitarbeitern große Neugier und großes Interesse an Technologien. Was machen Sie, wenn Sie Technologiemuffel im Team haben? Wenn sie andere nicht aktiv behindern, können Sie sie zum Mitmachen einladen. Wer hingegen ohne stichhaltige Gründe gegen neue Technologien kämpft, wem schlicht der Wille zur Weiterentwicklung fehlt, wird wohl oder übel woanders als bei Ihnen Karriere machen müssen.

Washtec: KI und Robotik gegen Personalmangel

Drei Nachwuchs-Führungskräfte von Washtec, Weltmarktführer für Autowaschanlagen, haben mit uns ihr Bild vom Washtec-Service der Zukunft entwickelt. Auch bei Washtec sind die Mitarbeiter knapp. Folglich werden die Mitarbeiter zukünftig durch intensiven Einsatz von Robotern und Exoskeletten entlastet. Zur Robotik gehören auch autonome Fahrzeuge, die sowohl in den Prozessen wie auch als Kundenfahrzeuge im Zukunftsbild eine Rolle spielen. Künstliche Intelligenz macht die gesamte Service-Organisation in Zukunft wesentlich produktiver. Sogar alternative Technologien zum Waschen mit Wasser spielen in den Zukunftschancen von Washtec eine Rolle. Die hier aber geheim bleiben müssen. Die Gesundheit der Mitarbeiter ist ein zentraler Teil der Vision von Washtec. In der Summe baut Washtec in den nächsten Jahren eine hochproduktive Service-Organisation auf und baut damit seine Weltmarktführerschaft weiter aus.

Drees & Sommer: KI macht Super-Projektmanager

Mit unserem Klienten Drees & Sommer, einem sehr erfolgreichen Immobilien-Projektmanagement-Unternehmen, haben wir unter anderem in einem Business Wargame ermittelt, welche Überraschungen durch disruptive Technologien und Wettbewerber drohen. In einem nächsten Projekt haben wir die Chancen aus künstlicher Intelligenz für die nächsten zehn Jahre identifiziert und die heute schon umsetzbaren Chancen ins Geschäftsmodell eingebaut. Im Ergebnis wird KI helfen, dass die Projektmanager des Unternehmens zu »Super-Projektmanagern« mit weitaus größerer Produktivität und Qualität in Planung und Ausführung werden.

KI macht alle produktiver

Kaum jemand kann sich heute vorstellen, welche enormen Leistungen künstliche Intelligenz in Zukunft erreichen wird. KI dient vor allem dazu, die Aufgaben von Wissensarbeitern zu automatisieren oder produktiver zu machen. Im Prinzip können Sie davon ausgehen, dass es für buchstäblich jeden Prozess in Ihrem Unternehmen schon KI-Lösungen gibt, mit denen Sie Ihre Produktivität steigern können.

Ark Invest geht davon aus, dass der Marktwert von Unternehmen, die Hardware und Software für KI herstellen, jährlich um 50 Prozent wachsen wird[83]. In konkreten Zahlen bedeutet das, dass die Marktwerte von heute rund drei Billionen US-Dollar auf unvorstellbare 87 Billionen US-Dollar um das Jahr 2030 wachsen werden. Zum Vergleich: Apple ist heute 2,3 Billionen wert. Die Kosten für KI werden drastisch sinken. Die Kosten für das Training von KI halbieren sich jedes Jahr, beispielsweise bei »GPT-3«, einem großen und schon unglaublich leistungsfähigen Sprachmodell von OpenAI.

»Codex« von OpenAI kann heute schon 37 Prozent der Coding-Aufgaben eines Programmierers übernehmen, indem dieser nur ausspricht, was der Code bewirken soll. Ark Invest gibt an, dass KI eine Softwareentwicklerin oder einen Buchhalter doppelt so produktiv macht. Bürokräfte werden vierfach produktiver. Der Zuwachs an Produktivität durch nachfolgende Automatisierung ist noch gar nicht abzusehen. Alleine das Aufkommen autonomer Fahrzeuge wird jedem autofahrenden Menschen im Schnitt jährlich zwei Wochen zusätzliche Zeit bringen, in denen er sonst hinter dem Steuer sitzt. Allein der Markt für Robotaxis soll 2030 bis zu 26 Billionen US-Dollar umfassen. Aus heutiger Sicht ist das ein Viertel der Weltwirtschaftsleistung, die 2030 natürlich höher sein wird. Das wäre die Innovation mit den größten wirtschaftlichen Auswirkungen in der Geschichte.

7.7. Jeder Mitarbeiter hat sein Zukunftsbild

Die meisten Ihrer Mitarbeiter haben Energiereserven, die sie gerne in ihre Arbeit einbringen würden, wenn sie nur begeisterter von Ihrem Unternehmen und ihrer Arbeit wären. Ein inspirierter Mitarbeiter ist rund 125 Prozent produktiver als ein nur zufriedener Mitarbeiter. Und das im Durchschnitt. Mit anderen Worten:

 Ein inspirierter Mitarbeiter kann das 2,25-Fache für Ihr Unternehmen bewirken, und zwar gerne und mit Freude[84].

Wenn Sie dieses Potenzial nutzen könnten, wäre es zum Vorteil aller Beteiligten: Mitarbeiter, Kunden und Unternehmen. Wie könnte das funktionieren?

Verstehen helfen

Sie haben für Ihr Unternehmen ein klares Zukunftsbild mit Mission, Position, Vision und Kultur? Sie wissen ja, dass Ihr Zukunftsbild in den Köpfen und Herzen Ihrer Teammitglieder wirksam werden muss, damit es einen Unterschied macht. Dabei gibt es zwei Herausforderungen:

1. Die meisten Mitarbeiter waren an der Entwicklung des Zukunftsbildes und der Strategie nicht beteiligt. So ist es zumindest häufig. Damit die Umsetzung der Strategie gelingt, muss die Strategie aber in ihren Grundzügen von allen verstanden sein.
2. Ihren Mitarbeitern ist die Zukunft Ihres Unternehmens immer ein wenig oder auch viel weniger wichtig als Ihnen.

Sie täuschen sich, wenn Sie denken, dass die Strategie gar nicht großartig verstanden sein muss, sondern dass einfach jeder die ihm oder ihr zugewiesenen Aufgaben erledigen muss, und schon gelingt die Strategie. Nein, die Welt ist komplex und Ihre Strategie deckt niemals alle Situationen der Praxis ab. Die Zukunftsstrategie muss verstanden und unterstützt sein, damit sie im Tagesgeschäft die Leitlinien für unzählige Einzelentscheidungen bieten kann. Ich empfehle, die beiden Herausforderungen auf eine besondere Weise zu lösen.

Jedem Mitarbeiter sein persönliches Zukunftsbild

Helfen Sie jedem Mitarbeiter dabei, aus der großen Strategie des Unternehmens seine eigene Teilstrategie zu entwickeln. In kleinen Unternehmen gilt das direkt für jeden Beschäftigten, in großen Unternehmen zunächst für die Einheiten, also Geschäftsbereiche, Abteilungen, Teams, und dann für jeden Einzelnen.

Ich werde ab jetzt immer von Mitarbeitern sprechen, aber Sie wissen, dass Sie in einem größeren Unternehmen zuerst die Zukunftsstrategien der Bereiche, Abteilungen und Teams brauchen.

Was bringt Ihnen das?

1. Die eigene Zukunftsstrategie ist jedem Menschen immer emotional wichtiger als die Zukunftsstrategie, die andere erarbeitet haben.
2. Die eigene Zukunftsstrategie wird natürlich viel besser verstanden, rational wie emotional, als die große Zukunftsstrategie der Firma.

3. Es muss nicht jeder in Ihrem Unternehmen jeden Teil der Gesamtstrategie verstehen und unterstützen, um mit Fokus, Energie und Freude zu ihrem Erfolg beizutragen. Es reicht, die eigene Zukunftsstrategie zu verstehen.
4. Menschen, die den größeren Sinn, den Zweck und die Richtung ihrer Arbeit verstehen, sind produktiver, glücklicher und bleiben gesünder.

Sie können sich auf folgende Elemente einer Zukunftsstrategie für jede Einheit und jeden Mitarbeiter konzentrieren. 1. Mission, 2. Vision, 3. Fähigkeiten, 4. Aufgaben.

Individuelle Mission

Was und wie will das einzelne Team oder der einzelne Mitarbeiter zum Gelingen der Mission und der Vision des Unternehmens beitragen? Entscheidend ist das Wort »will«. Es ist wirklich entscheidend, dass Ihre Mitarbeiter möglichst selbst ihren Beitrag zum Gelingen formulieren. Erstens verstehen sie Ihre Mission dann viel besser und zweitens ist jedem Menschen das selbst Geschriebene immer weitaus wertvoller als das von Dritten Vorgegebene.

Die Mission eines Teams oder eines Mitarbeitenden ist die Antwort auf folgende Frage: Was ist mein dauerhafter Beitrag zur Erfüllung der Mission unseres Unternehmens? Die Antwort darauf ist am besten wie folgt strukturiert:

Ich bewirke [Wirkung] für [die Zielgruppe], indem ich [Lösung] liefere und dafür [Aktivitäten] erledige.

Konkretes Beispiel: Ich bewirke Orientierung für den Vorstand, indem ich aussagekräftige Controllingberichte liefere und dafür alle verfügbaren Zahlen strukturiert in einer Datenbank erfasse, grafisch aufbereite und dem Vorstand monatlich online bereitstelle.

Sie erkennen darin folgende Elemente:

1. Wirkung: Was ist der gewünschte Effekt meiner Arbeit? Rational und emotional? Wofür bin ich wirklich im Team?

2. Zielgruppe: Welche Kollegen sind meine internen Kunden? Wem sollen meine Aktivitäten einen Nutzen bringen?
3. Lösung: Wie erzeuge ich die Wirkung? Was sind die »Produkte« und »Lösungen«, die ich mit meinen Aktivitäten erzeuge und liefere?
4. Aktivitäten: Was sind die Tätigkeiten, die ich ausführe, um die Lösung zu liefern und damit die Wirkung zu erzeugen?

Jeder Mitarbeitende kann eine oder mehrere solcher Missionen in Ihrem Unternehmen haben. Perfekt wäre es, wenn jeder Mitarbeiter auch seinen persönlichen Antrieb, sein Why, einbringen könnte. Hier ist die Frage: Was gibt mir die innere Motivation und Energie, diese Mission zu erfüllen?

Es kann hilfreich sein, dass die anderen Einheiten oder die Kollegen jedes Mitarbeiters ihre Vorstellung davon einbringen, was der Beitrag der Kollegen sein sollte. Wenn Sie eine offene Kultur im Unternehmen haben, wird das willkommen sein, auch um das gegenseitige Verständnis zu fördern. Ich habe aber auch schon gehört: »Was? Die anderen sollen mir sagen, was ich tun soll? No way!« Das ist zwar überhaupt nicht die Idee hier, aber so kann es passieren. Menschen sind manchmal sehr schnell und ganz ohne echten Grund empört. Der eigentliche Zweck ist, den gemeinsamen Denkhorizont zu erweitern und das gegenseitige Verständnis zu verbessern.

Individuelle Vision

Die Vision eines Teams oder Beschäftigten ist die Antwort auf folgende Frage: »Wie gut will ich/wollen wir in der Erfüllung meiner/unserer Mission(en) in drei Jahren geworden sein?« Das ist die denkbar einfachste Art von Vision, die wirklich jedes Team und jeder Mitarbeitende beschreiben kann. Ermutigen und unterstützen Sie Ihre Mitarbeiter, über diese einfache Vision hinauszugehen und eine wirklich faszinierende Vision zu entwickeln.

Ganz pragmatisch stellen Sie das in zwei Perspektiven dar. Das IST und das WILL.

1. IST: Wie gut bin ich / sind wir heute darin? Die Messkriterien können Zahlen sein. Stück pro Stunde, Umsatz pro Mitarbeiter, Unfälle pro Monat und so weiter. Wenn die Leistung und Qualität nicht in Zahlen messbar ist, kann man sie in Indikatoren messen, beispielsweise durch Zufriedenheitswerte, mit denen die internen Kunden die Leistung bewerten. Wenn auch das nicht geht oder zu aufwendig ist, müssen Sie das IST in Worten beschreiben.
2. WILL: Wie gut will ich / wollen wir in drei Jahren darin geworden sein? Das WILL ist die Ambition, das, was man erreichen WILL. Es gibt kaum ein Arbeitsgebiet, auf dem man nicht immer noch besser werden kann. Bitte, es geht nicht darum, immer mehr Leistung herauszupressen, sondern dem internen Kunden eine immer bessere Qualität zu bieten, seine Bedürfnisse immer besser zu befriedigen, seine Lebensqualität zu verbessern.

Fähigkeiten

Die Vision beschreibt einen Anspruch, besser zu werden. Das geht selten ohne erweiterte oder zusätzliche Fähigkeiten. Die Leitfrage zu den Fähigkeiten ist: Was will ich dafür (besser) können? Welche Fähigkeiten will ich dafür wie verbessern oder aufbauen? Das ist übrigens gleichzeitig ein Hinweis darauf, bei welcher Weiterentwicklung Sie als Führungskraft unterstützen sollen.

Das persönliche Zukunftsbild stellt sicher, dass Ihre Teams und Mitarbeiter ihre eigene Mission und Vision haben, die sie viel besser verstehen und ein bisschen mehr lieben als die Ihres ganzen Unternehmens. Zur Erinnerung: Menschen, die den größeren Sinn, den Zweck und die Richtung ihrer Arbeit verstehen, sind produktiver, glücklicher und bleiben gesünder. So werden alle Aktivitäten in Ihrem Unternehmen auf die Umsetzung Ihrer Zukunftsstrategie ausgerichtet und perfekt aufeinander abgestimmt. Auf diese Weise verbinden Sie alle Prozesse, Projekte und Verantwortungsbereiche in direkter Linie mit der Mission und Vision des einzelnen Teammitglieds und darüber wiederum mit der Zukunftsstrategie Ihres Unternehmens. Diese Methodik kann sogar Ihre Zielvereinbarungsgespräche ersetzen.

8. Ihre Wettbewerber haben es schwer, Sie zu kopieren

8.1. Vorerst uneinholbar

Bisher haben wir fünf Eigenschaften eines Bright Future Business identifiziert. Die Betrachtung der Wettbewerbsposition darf selbstverständlich nicht fehlen. Fassen wir für die generelle Fallstudie »Tesla« die in den fünf ersten Eigenschaften genannten Wettbewerbsvorteile erst einmal zusammen, bevor wir weitere Vorteile identifizieren. Und wieder: Jedes Element der Tesla-Strategie können Sie mit hoher Wahrscheinlichkeit auch auf Ihr Unternehmen anwenden. Vielleicht ein paar Nummern kleiner und weniger radikal.

Motivierende Mission

Teslas Mission, Transport und Energie nachhaltiger zu machen, ist glaubwürdig. Wenn traditionelle Verbrennerhersteller Ähnliches sagen, fehlt ihnen schlicht die Glaubwürdigkeit. Immerhin waren viele Fortschritte bei der Umweltfreundlichkeit ihrer Verbrennerantriebe, mit einem klaren Wort gesagt, gelogen.

Höchste Arbeitgeberattraktivität

Teslas erwiesene Anziehungskraft auf die besten Ingenieure in zentralen Bereichen wie KI und Robotik ist zumindest für andere Automobilhersteller kaum erreichbar. Zwar wollen bei uns immer noch viele junge Menschen zu BMW, Audi und Mercedes, aber im globalen Vergleich liegt Tesla weit vorne im Wettbewerb um die besten Talente. Das ist bekanntlich ein enormer Wettbewerbsvorteil, denn die weiter hinten liegenden Arbeitgeber können sich die Besten nicht mehr aussuchen und müssen, despektierlich gesagt, mit der zweiten Garde vorliebnehmen.

Hochproduktive Organisation und Kultur

Die oben beschriebene Organisation und Kultur von Tesla wurde über zwanzig Jahre hinweg entwickelt und hat Tesla hochproduktiv und innovativ gemacht. Bei traditionellen westlichen Konkurrenten wie Volkswagen, BMW, Daimler, GM, Ford und Stellantis sind die Organisationen und Kulturen über Jahrzehnte gewachsen. Lange Zeit erfolgsverwöhnt und mächtig, sind sie zu soliden, hierarchisch geführten Unternehmen mit vergleichsweise geringer Produktivität und niedriger Umsetzungsgeschwindigkeit geworden. Dass es überhaupt jemandem gelingen kann, die riesigen Belegschaften binnen kurzer Zeit zu einem vollkommen anderen Denken und Arbeiten zu bringen, ist so gut wie ausgeschlossen. Die Organisation und Kultur könnten sich als der zentrale Wettbewerbsvorteil von Tesla erweisen. Denn alles andere wird dadurch innovativer, produktiver und schneller.

Soweit die Wettbewerbsvorteile, die Tesla aus den schon ermittelten fünf Eigenschaften eines Bright Future Business hat. Doch macht es Tesla seinen Konkurrenten mit weiteren zentralen Elementen seines Geschäftsmodells enorm schwer, das Original zu erreichen oder gar zu überholen.

Niedrige Kosten

Tesla hat in der Automobilindustrie heute schon mit rund 30 Prozent die höchste Rohertragsquote (abgesehen von Ferrari) und mit über 12 Prozent die höchste Umsatzrendite. Obwohl Tesla weit weniger Autos produziert, verdiente Tesla zuletzt mehr als GM und Ford zusammen und sogar mehr als Toyota, die mehr als das Zehnfache an Autos verkauften. Dabei stehen Tesla das große Wachstum und die starken Skaleneffekte noch bevor.

Zudem verhilft das Prinzip Einfachheit Tesla zu erstaunlich niedrigen Stück- und Gesamtkosten. Als Porsche bei Tesla die Schwäche erkannte, dass aufgrund des fehlenden Gang-Getriebes bei hohen Geschwindigkeiten weniger Beschleunigungskraft geboten wird, entwickelte Porsche mit viel Aufwand ein Getriebe mit einem zweiten Gang für höhere Geschwindigkeiten. Porsche konnte mit dem Taycan wenige Monate lang bei hohen Geschwindigkeiten stärker beschleunigen als das Model S. Wie reagierte Tesla? Man baute einfach einen dritten, gleichen, nur anders übersetzten Elektromotor ein, der bei hohem Tempo die nötige Beschleunigung übernahm. Porsches aufwendig und teuer geschaffener Vorsprung war nach wenigen Monaten perdu.

Der Sensoren-Satz in Teslas ist einzigartig einfach, weil er mittlerweile ausschließlich auf Kameras basiert. Fast alle anderen Hersteller setzen zusätzlich auf mehrere Lidar-Sensoren und auf Radar. Das ursprünglich verwendete Radar hat Tesla abgeschafft. Es ist zumindest ein Kostenvorteil, aber auch ein Qualitätsvorteil, obwohl es kontraintuitiv klingt. Teslas KI muss nicht entscheiden, welchem Sensor sie glauben soll. Dieses Problem der »Sensor Fusion« vermeidet Tesla durch Fokus auf Kameras. Kameras können weit mehr sehen und erkennen als menschliche Augen, gerade bei Nacht und Nebel. Und sie haben dabei einen permanenten 360-Grad-Blick.

Es ist geradezu tragisch, dass so ziemlich alle bisherigen Verbrenner-produzenten sich darin überbieten, Dutzende E-Auto-Modelle auf den Markt bringen zu wollen. Haben denn alle vergessen, wie viele iPhone-Modelle Apple brauchte, um die 40 bis 50 damals aktuellen Modelle von Nokia zu zerstören? Eins! Tesla bietet derzeit genau zwei Massen-Modelle an, Model 3 und Y. Darauf konzentriert es alles. Und wird von der Nachfrage überrannt. Die traditionellen Hersteller nennen die Vielzahl ihrer geplanten Elektroauto-Modelle doch tatsächlich als Vorteil. Ich jedenfalls verstehe diese Logik nicht. Noch mal: Tesla wird in Grünheide in wenigen Jahren in dieser einzigen Fabrik mehr Autos bauen als Audi heute in 19 Fabriken! Man muss kein Betriebswirtschaftler sein, um zu verstehen, dass die Kostenvorteile gewaltig sein werden.

Synergistisches Geschäftsmodell

Tesla ist kein Automobilunternehmen nach klassischer Definition, auch wenn der Verkauf von Autos derzeit noch den weitaus größten Teil des Umsatzes ausmacht. Tesla ist in rund einem Dutzend Geschäftsfeldern[85] aktiv, die sich, und darauf kommt es an, gegenseitig sehr stark unterstützen[86]. Trotz mancher Versuche gibt es kein anderes Unternehmen, das von diesem Grad an Integration profitiert. Nur BYD aus China ist annähernd ähnlich ausgerichtet und stellt seine Akkus von Grund auf selbst her. Tesla kauft nur wenig zu. Starke eigene Fähigkeiten in mehreren Geschäftsfeldern machen das Geschäftsmodell von Tesla praktisch unnachahmbar: künstliche Intelligenz für autonomes Fahren, Trainingscomputer für künstliche Intelligenz (Dojo), selbst hergestellte hochautomatisierte Produktionsanlagen (ehemals Grohmann in Prüm), Akkufertigung, Stromspeicher für Haushalte, Betriebe und Regionen, Tesla Grid Services (Energiemanagement-System für virtuelle Speicher), Supercharger (weltweite Ladeinfrastruktur), Fotovoltaik mit Solar-Dachziegeln und -Panelen, Direktvertrieb ohne Händler, eigene Werkstätten (Service-Center), Autoversicherung und Internet-Service im Fahrzeug. Das eigene Tesla Operating System vernetzt alles hocheffizient.

Nach vernünftigem Ermessen kann es keinem traditionellen Konkurrenten gelingen, dieses Modell aus sich gegenseitig unterstützenden Geschäftsfeldern und Zukunftschancen in absehbarer Zeit zu kopieren. Allenfalls chinesischen Anbietern ist zuzutrauen, dass sie Tesla irgendwann Paroli bieten können.

Vertikale Integration

In der Automobilbranche hat sich über die jüngsten Jahrzehnte als beste Praktik etabliert, dass der vermeintliche Hersteller des Fahrzeugs tatsächlich nur etwa 20 bis 30 Prozent der Wertschöpfung am Fahrzeug selbst hinzufügt. Alles andere kommt von Zulieferern, die auch kräftig in die Entwicklung investieren müssen. Überdies werden sie von den mächtigeren Herstellern stark unter Druck gesetzt, ihre Preise regelmäßig zu senken. Die Hersteller lassen manche Fahrzeuge sogar vollständig von Zulieferern bauen, so etwa BMW den X3 bei Magna. Tesla macht es ganz anders: Fast alles macht Tesla selbst.

Die Abbildung rechts zeigt, dass sich Tesla sogar in der Gewinnung von Rohstoffen wie Lithium und Nickel engagiert und am Ende sogar die Akkus rezyklieren wird. Sogar Sitze und Glas produziert Tesla selbst. Nur Standardteile, die in Massen hergestellt werden und leicht

Klassischer Automobilhersteller		Modernisierter Automobilhersteller		TESLA	
CA. 20-30 % WERTSCHÖPFUNG		CA. 30-40 % WERTSCHÖPFUNG		CA. 70-80 % WERTSCHÖPFUNG	
Recycling		Recycling		Recycling	
Unterhaltung		Unterhaltung		Unterhaltung	
Versicherung		Versicherung		Versicherung	
Energie		Energie		Energie	
Instandhaltung		Instandhaltung		Instandhaltung	
Handel		Handel/Verkauf		Handel/Verkauf	
Finanzierung		Finanzierung		Finanzierung	
KI für Autonomie		KI für Autonomie		KI für Autonomie	
Fahrzeug		Fahrzeug		Fahrzeug	
Betriebssoftware		Betriebssoftware		Betriebssoftware	
Bauteile Schicht 1		Bauteile Schicht 1	Akku	Bauteile Schicht 1	Akkus
Teile Schicht 2		Teile Schicht 2	Zellen	Teile Schicht 2	Zellen
Teile Schicht 3		Teile Schicht 3	Rohstoffe	Teile Schicht 3	Rohstoffe

Abb. 13: Vertikale Integration von Automobilherstellern

austauschbar sind, kauft Tesla von Zulieferern aus der dritten Schicht. Der Direktvertrieb an Kunden belässt die sonst an Händler zu zahlenden Provisionen und Aufschläge bei Tesla. Bestellt wird ohnehin online auf der Tesla-Website, selbst wenn Sie im Tesla-Store sind. Auch die Service-Center (Werkstätten) gehören zu Tesla. Tesla agiert sogar als Versicherer, ein Element, das für autonome Fahrzeuge eine ganz besondere Bedeutung haben wird. Tesla spart sich über mehrere Wertschöpfungsstufen die Gewinnspannen von Zulieferern. Viele Diskussionen und Konflikte mit Zulieferern bleiben Tesla erspart. Eine derart hochintegrierte Wertschöpfung, alles verbunden über das Tesla Operating System, macht es Tesla leichter, Probleme in der Wertkette schneller zu erkennen, besser zu verstehen und ganzheitlicher zu lösen als seine Wettbewerber.

Solange Tesla dieses Geschäftsmodell in der heutigen und absehbaren Wettbewerbslandschaft betreiben kann, ist die vertikale Integration ein massiver Wettbewerbsvorteil. Sie könnte irgendwann zum Nachteil werden, wenn die einzelnen Elemente und Geschäftsfelder mit ähnlich hoher Qualität und zu ähnlichen Preisen am Markt von jedem zugekauft werden können. So ging es auch Henry Ford, als seine Erfolgsstory »Model T« endete. Eine Lehre, die Tesla auf dem weiteren Weg unbedingt ziehen muss.

Software als Kern

Für das Unternehmen Tesla gilt das Gleiche wie für die Fahrzeuge und seine anderen Produkte. Software ist der Kern. Tesla entstand im Silicon Valley, nicht in Detroit oder Stuttgart. Smartphones auf Rädern, so nennen viele die Fahrzeuge von Tesla. Nicht ohne Grund war vor allem eine Gruppe von Menschen unter den frühen Kunden von Tesla: ITler, also Menschen, die in der Informationstechnik arbeiten. Tesla hat schon 2012 im Model S mit seinem 17-Zoll-Monitor einen ganz neuen integrierten Weg für Fahrzeugsoftware beschritten und Maßstäbe gesetzt.

Zehn Jahre später: Volkswagen hatte, wie in der Branche üblich, nur rund 10 Prozent seiner Software selbst geschrieben. Der Rest kam von Dienstleistern. Volkswagen hatte die Mühe, die unterschiedlichen Systeme optimal miteinander zu verbinden. Für die traditionellen Hersteller stand und steht Hardware im Mittelpunkt. Software von traditionellen Automobilherstellern wirkt auch heute noch wie Software in Handys von Nokia im Vergleich zur Software eines iPhones. Volkswagen hat eine eigene Tochtergesellschaft für Software außerhalb von VW gegründet, um in die neue Welt von Fahrzeugsoftware aufzubrechen: Cariad. Doch eine Silicon-Valley-Software-Kultur und entsprechende Arbeitsweisen und Fähigkeiten entwickeln sich nur langsam. Wenn überhaupt. Die massiven Software-Probleme von VW sind öffentlich bekannt. Binnen weniger Jahre vom Auftraggeber für Software zum Entwickler künstlicher Intelligenz zu werden, übersteigt die Möglichkeiten selbst der größten Unternehmen. Dabei geht es lediglich darum, das nachzuholen, was Tesla seit 2012 liefert.

Universum an Daten

Seit 2012 sammelt jeder Tesla auf der Straße Daten, die von Tesla zusammengeführt und ausgewertet werden, um die Fähigkeiten der Fahrzeuge zu verbessern. Auch nach Auslieferung durch Updates. Die Bilder und Videos werden von künstlicher Intelligenz gelabelt, sodass die Fahrzeuge ihre Umwelt immer besser verstehen. Jedes Fahrzeug hat das Wissen der gesamten Flotte von mehreren Millionen Fahrzeugen. Wohlgemerkt: Der Eigentümer des Fahrzeugs kann das Teilen von Daten natürlich auch ablehnen. Aber Tesla-Käufer sind fast ohne Ausnahme von der Mission begeistert und helfen gerne mit. Seit Oktober 2016 hat jeder ausgelieferte Tesla acht Kameras und regelmäßig verbesserte Software. Ganz gleichgültig, ob der Kunde sie bezahlt hat oder nicht. Ende 2022 fahren 3,5 Millionen Teslas auf den Straßen der Welt, im Folgejahr sollen es über 5 Millionen sein. Die Zahl wächst rasant. Die Google-Schwester Waymo ist der zweite amerikanische Player im Rennen um Echtweltdaten für seine autonomen Fahrzeuge. Waymo hatte bisher nie mehr als 740 Fahrzeuge im Einsatz. Da Waymos Autos mindestens zehnmal länger pro Tag fahren, kommen wir auf ein Äquivalent von 7.400 Fahrzeugen. Tesla hat mit derzeit 6 Milliarden Echtwelt-Kilometern mit eingeschaltetem Autopilot etwa tausend Mal mehr Echtwelt-Daten als Waymo. Ohne Autopilot sind es viele Milliarden mehr. Und der Abstand wird immer größer, denn Tesla nutzt seine normal verkauften Fahrzeuge als Datenerfasser, während Waymo dediziert Fahrzeuge dafür ankaufen muss und auch nur in ausgewählten Städten aktiv ist.

Spezielle KI-Hardware

Tesla hat als einziger Automobilhersteller eine speziell auf die eigene KI und Software abgestimmte Hardware, den FSD-Chip. Im April 2019 vorgestellt, ersetzt der von Tesla entwickelte FSD-Chip die bis dahin verwendeten Nvidia-Chips in den Fahrzeugen. Damals schon sollte der Tesla-Chip 21-mal schneller bei der Verarbeitung von Sensordaten und im Treffen von Entscheidungen sein, aber weniger kosten als die Chips von Nvidia. Die Konkurrenten sind alle auf den Zukauf von Chips angewiesen und müssen ihre zumeist fremdentwickelte Software darauf optimieren. Tesla gibt an, dass weder Nvidia noch Mobileye schnell genug die von Tesla benötigte Leistung zu akzeptablen Preisen hätten liefern können. Es ist kein Tesla-Konkurrent erkennbar, der in der Lage wäre, vollständig im Haus einen speziell für seinen Bedarf entwickelten KI-Chip und einen Supercomputer für das Training seiner neuronalen Netze zu entwickeln.

Kostenfreie Updates und neue Funktionen

Es ist traurig und entmutigend anzusehen, wie bis heute noch kein traditioneller Hersteller es geschafft hat, die Software seiner Autos regelmäßig und problemlos »Over-the-Air« zu aktualisieren, geschweige denn regelmäßig neue Funktionen auszuliefern, selbst Jahre nach dem Kauf. Kunden berichten, dass es ein nicht gekanntes, besonderes Erlebnis ist, ins Auto zu steigen und zu sehen, dass es neue Fähigkeiten und Funktionen erlernt hat und dass das Auto sicherer fährt. Auch das macht Tesla seit 2012. Apple updated seine iPhones seit 2008.

Weltgrößte Ladeinfrastruktur

Ein Standard-Argument gegen Elektroautos war anfangs, dass es keine Ladeinfrastruktur gibt. Was natürlich nie stimmte, denn schließlich kann man grundsätzlich an jeder Steckdose laden. Aber für das Schnellladen auf der Langstrecke gab es tatsächlich keine Lösung. Während die traditionellen Hersteller auf den Staat oder mutige Investoren warteten, begann Tesla schon als sehr kleiner Hersteller im Jahr 2013 mit dem Bau der Supercharger. Heute betreibt Tesla das weltweit größte Schnellladenetz.

Batterie-Know-how

Ein heutiger Akku mit den neuen von Tesla entwickelten Zellen im Format 4680 hält mindestens eine Million Meilen, also 1,6 Millionen Kilometer. Professor Jeff Dahn, Partner von Tesla, hat einen Akku entwickelt, der für fast sechs Millionen Kilometer gut ist und dann immer noch mehr als 70 Prozent seiner Kapazität hat[87]. Natürlich braucht kein Mensch Akkus, die er vererben kann. Ein Mensch nicht, aber ein Robotaxi sehr wohl. Denn sie werden nicht eine Stunde am Tag fahren, sondern eher sechzehn und mehr Stunden täglich. Damit sind sie schon nach fünf Jahren bei über einer Million Kilometern.

Kosten spielen bei der Akku-Strategie von Tesla die entscheidende Rolle. Seit dem ersten Auto von Tesla 2008 fielen die Kosten pro Kilowattstunde Akkukapazität (Zelle plus Akkupack) um mehr als 91 Prozent von 1.200 auf jetzt unter 100 US-Dollar[88]. Der erste Akku im Roadster mit 53-kWh-Akku kostete noch über 60.000 Dollar. Heute kostet der mit 75 kWh deutlich größere und viel leistungsfähigere Akku eines Model Y nur noch 7.500 US-Dollar in der Herstellung. Die Kosten werden weiter fallen.

Pro Kilowattstunde Ladung fahren Teslas unter Berücksichtigung des Gewichts weiter als die Fahrzeuge anderer Elektroautohersteller. Ganz gleich, mit welchem Konkurrenten man Tesla-Fahrzeuge vergleicht[89].

Das Zellformat 4680 wird sich allem Anschein nach zu einem zentralen Wettbewerbsvorteil entwickeln[90]. Die Reichweiten werden um 30 Prozent größer oder die nötigen Akkus entsprechend kleiner und billiger. Der Preis pro Kilowattstunde sinkt weiter auf fast die Hälfte. Die Akkus können viel schneller geladen werden und die Haltbarkeit ist signifikant höher. Strategisch geschickt erlaubt Tesla den Akku-Herstellern Panasonic, CATL und anderen, das 4680-Format zu produzieren. Natürlich mit dem Vorteil, dass Tesla damit größere Skaleneffekte nutzen kann und die Akkus nicht nur selbst produziert, sondern auch preiswert am Markt einkaufen kann. Die anderen Elektroautohersteller müssen höhere Preise bezahlen.

Batterie-Kapazität

Tesla ist heute der weltgrößte Einkäufer von Akku-Zellen für Elektroautos. Mit großem Abstand[91]. Schon im Jahr 2020 verarbeitete Tesla so viele Gigawattstunden an Akkus wie die fünf nächstplatzierten Elektroautohersteller zusammen. Tesla wird 2030 laut Musk drei Terawattstunden an Akkus selbst herstellen und zusätzlich alle Akkus aufkaufen, die es von Zulieferern bekommen kann. Wir können nur schätzen, dass Tesla im Jahr 2030 damit insgesamt fünf Terawattstunden an Akku-Kapazität pro Jahr zur Verfügung stehen werden. Bei einer mittleren Akkugröße von 65 kWh reicht das für die Produktion von 77 Millionen Elektroautos. Pro Jahr. Das wäre mehr als die gesamte Autoproduktion des Jahres 2021 aller Hersteller zusammen. Das kann natürlich nicht sein. Der größte Teil der Kapazität wird in stationäre Akkus für das Stromnetz gehen. Um sein Ziel von 20 Millionen im Jahr 2030 produzierten Elektroautos zu erreichen, könnte Tesla sogar mit nur 1,3 Terawattstunden auskommen. An Akku-Knappheit wird Tesla nicht scheitern.

Was machen die Konkurrenten? Unter ihnen liegt Volkswagen mit der geplanten Akku-Kapazität auf Platz zwei[92]. Volkswagen investiert enorme Beträge in Elektromobilität und die Versorgung mit Akkus[93]. In sechs europäischen Fabriken, die man auch »Gigafactories« nennt, will VW in Europa 240 Gigawattstunden an Kapazität schaffen. Mit Tesla vergleichbar wird diese Zahl, wenn wir für die globale Produktion einen höheren Wert annehmen. VW hat zwar keine zusätzliche globale Investition angekündigt. Erhöhen wir aber dennoch mal um 50 Prozent, dann verfügt VW im Jahr 2030 über rund 360 GWh an jährlicher Akku-Kapazität. Bei 65-kWh-Akkus pro Auto kann VW damit 5,5 Millionen Autos herstellen. Das sind weniger als 8 Prozent von Teslas Kapazität. 2019 verkaufte VW fast elf Millionen Autos, 2021 noch fast neun Millionen. Wenn meine Annahme stimmt, dass 2030 rund 80 bis 90 Prozent der Neuwagenverkäufe elektrisch sein werden, wird VW auf gut die Hälfte seines Absatzes schrumpfen[94]. Eine Katastrophe. Die Ursache sind falsche Zukunftsannahmen, also ein falsches äußeres Zukunftsbild.

Auch General Motors, Ford, Mercedes, BMW und Stellantis werden beim starken Wachstum der Elektromobilität sehr wahrscheinlich alleine schon durch fehlende Akku-Kapazität nicht mithalten können. Um die Rohstoffversorgung haben sich die traditionellen Hersteller noch viel weniger gekümmert[95]. Es ist einfach unglaublich. Und traurig.

Tesla ist für die Zell-Produzenten der zuverlässigste und zukunftsträchtigste Partner und wird deshalb in Mengen und Preisen bevorzugt behandelt. Die einst mächtigen Automobilhersteller, die ihre Zulieferer auspressen konnten, erleben plötzlich, dass sie sich als Kunde hinten anstellen müssen.

Die Maschine, die die Maschinen baut

Tesla sieht die Gigafactory als sein eigentliches Produkt. Man nennt es »die Maschine, die die Maschine baut«. Die Idee ist, nicht nur die Autos zu kopieren und zu multiplizieren, wie es alle anderen machen. Tesla kopiert und multipliziert die Fabrik. Es mag wie ein kleiner und spitzfindiger Unterschied im Denken wirken. Konsequent praktiziert wird dieses etwas andere Denken die Produktivität der Gigafactories, gemessen an Umsatz pro Kubikmeter Fabrik, zu einer enormen Höhe bringen.

Zusammenfassung der Wettbewerbssituation

Können Volkswagen, Mercedes, BMW oder Stellantis nicht auch erreichen, was Tesla macht? Sie haben doch viel mehr Umsatz, mehr Gewinn und viel mehr Erfahrung. Nein. Können sie nicht. Nicht mehr. Sie haben so spät, wie es irgendwie möglich war, mit der Transformation zur Elektromobilität begonnen. Sie schauten Tesla zu. Erst amüsiert und verächtlich, dann zunehmend beunruhigt. So wie damals Nokia dem absoluten Telefon-Newcomer Apple mit seinem seltsamen und teuren iPhone ohne Tastatur zuschaute. Jetzt haben die Autohersteller nicht nur die Investitionen in neue Anlagen und neues Know-how zu finanzieren, neue Fabriken zu bauen und die Fertigungen hochzufahren, sondern müssen auch zigtausend Mitarbeiter umschulen. Gleichzeitig müssen sie das alte Geschäft herunterfahren und rückabwickeln, was enorm teuer ist. Anlagen zur Produktion von Fahrzeugen mit Verbrennungsantrieb verlieren sukzessive an Wert. Um das Jahr 2030 werden sie buchstäblich wertlos sein. Schwer vorstellbar, ich weiß. Unterdessen kann sich Tesla wie nur wenige andere voll auf Elektroautos, Robotaxis und Energie konzentrieren. Die hochproduktive und innovative Organisation von Tesla kann ein traditionell hierarchisch organisiertes großes Unternehmen, wenn überhaupt, nur sehr langsam nachbilden. Bis dahin ist Tesla nicht stehengeblieben, sondern weitere Jahre voraus.

Das synergistische Geschäftsmodell von Tesla aus einander perfekt unterstützenden Aktivitäten und die unvergleichlich tiefe vertikale Integration kann aus heutiger Sicht kein einziger traditioneller Automobilhersteller in den nächsten Jahren nachmachen. Zwar kopieren alle Tesla, aber es bleibt in allen Fällen Stückwerk. Selbst die chinesischen Anbieter, die in vielem von null auf anfangen konnten, werden entscheidende Elemente des Tesla-Geschäftsmodells lange nicht nachahmen können.

Die Gewinne aus dem Verkauf klassischer Verbrenner, die traditionelle Automobilhersteller angeblich nutzen wollen, um die Investitionen in die Elektromobilität zu finanzieren, werden schrumpfen und ins

Minus drehen. Noch aussichtsloser wird die Lage, weil keiner der traditionellen Automobilhersteller sich genügend Kapazitäten an Akkus gesichert hat, um bis 2030 die volle Wende zu schaffen. Somit werden ihre Herstellungskosten für Elektroautos deutlich höher und ihre Erträge weitaus niedriger liegen als die der Chinesen und die von Tesla. Branchenexperten vermuten, dass derzeit kaum einer der traditionellen Hersteller mit Elektroautos einen Gewinn erzielt. Während die Chinesen, allen voran BYD, und Tesla schon von Skaleneffekten profitieren, werden die traditionellen Hersteller erst in fernerer Zukunft ausreichende Gewinne mit ihren Elektroautos machen können. Wenn sie bis dahin überleben. Tesla hat heute schon mit über 30 Prozent ein Vielfaches an Bruttomarge im Vergleich zu den alten Anbietern. Mit wachsenden Stückzahlen wird die Bruttomarge eher noch weiter zunehmen.

Alles zusammen betrachtet, stehen die alten Hersteller vor einer dreifachen finanziellen Belastung, aus der es keinen erkennbaren Ausweg gibt. Klar, sie können ihre Investitionen mit Krediten finanzieren. Doch zu allem Übel werden sie durch riesige Schuldenberge gedrückt. Volkswagen hat unvorstellbare 250 Milliarden Dollar Schulden! Zusammen mit den Pensionsverpflichtungen sind es rund 300 Milliarden Dollar. Zum Vergleich, der Haushalt der Bundesrepublik Deutschland liegt derzeit in Dollar bei rund 500 Milliarden. Tesla hingegen ist mit nur 66 Millionen US-Dollar (2022) praktisch schuldenfrei.

Und so können wir die nächste Eigenschaft eines Bright Future Business festhalten: Ihre Wettbewerber haben es schwer, Sie zu kopieren.

Überlegen wir nun gemeinsam, was und wie Sie von Tesla hinsichtlich dessen beeindruckenden Wettbewerbsdifferenzierung lernen können.

8.2. Mehrere Eigenschaften schützen vor Wettbewerbern

Wir haben uns bisher fünf Eigenschaften eines Bright Future Business angesehen. Je besser Sie mit Ihrem Unternehmen diese Eigenschaften erfüllen, desto schwieriger ist es für Wettbewerber, Sie zu kopieren.

Starkes Zukunftsbild

Hat nicht jedes Unternehmen schon ein Mission-Statement und ein Vision-Statement? In vielen Vorträgen habe ich die Frage gestellt, wie viele der Zuschauer noch nie gehört haben, dass eine robuste, motivierende und wirksame Mission und Vision ein entscheidender Erfolgsfaktor sind. Nie hat sich jemand gemeldet. Das heißt, dass es eine Binsenweisheit ist. Jeder weiß das. Meine zweite Frage ist dann, wie viele der Anwesenden in einem Unternehmen arbeiten, das genau ein solches motivierendes Zukunftsbild hat. Es melden sich üblicherweise rund 10 bis 15 Prozent der Teilnehmer. Dann frage ich, wie viele von denen, die sich gerade gemeldet haben, glauben, dass der entscheidende Teil der Mitarbeiter – es müssen nicht alle sein – diese Mission und Vision kennt und kraftvoll unterstützt. Nie blieben mehr als 3 Prozent übrig. Ist das nicht traurig? Ist das nicht schade, wie viel Erfolgspotenzial da verschwendet wird? Und auf wie viel Sinn und Freude verzichtet wird? So schlimm steht es um wirksame Zukunftsstrategien in unseren Unternehmen. Alle wissen, was richtig ist und wie es sein sollte. Aber die meisten setzen es nicht um.

Weil es selten ist, ist ein starkes Zukunftsbild ein großer und robuster Wettbewerbsvorteil. Groß ist der Vorteil, weil er das Wichtigste aktiviert, was es in einem Unternehmen gibt, nämlich die Energie der Mitarbeiter. Und robust ist der Vorteil, weil Mitbewerber diesen Vorteil nicht einfach durch mehr Investition in Zeit und Geld aufholen und nachbilden können.

Arbeit an großen Zukunftschancen

Wenn Sie in Ihrer Branche zu denen gehören, die frühzeitig die großen und realisierbaren Zukunftschancen angehen, sichern Sie sich damit einen Vorsprung. Gerade digitale Geschäftsfelder und Geschäftsmodelle und solche, die auf einen großen Datenpool basieren, entwickeln sich exponentiell. Wer frühzeitig einen Vorsprung hat und ihn konsequent ausbaut, ist praktisch nicht mehr einholbar. Neben Tesla mit seinen Realweltdaten über die Straßeninfrastruktur ist auch Here Technologies[96] mit seinen standortbasierten Daten kaum einholbar.

Hohe Anziehungskraft auf Kunden

Menschen ändern ihre Gewohnheiten nur ungern und langsam. Wer sich einmal für das Zukunftsbild, hier vor allem für die Mission und Positionierung eines Unternehmens begeistert hat, wird Kunde dieses Unternehmens bleiben. Die Menschheit multiplanetar zu machen (SpaceX) oder den Übergang zu nachhaltiger Energie zu beschleunigen (Tesla) oder das Leben von Menschen mit sehr persönlichen medizinischen Bedürfnissen zu erleichtern (Coloplast), kann niemand direkt kopieren, ohne sich lächerlich zu machen.

Exzellente Mitarbeiter

Die Kultur eines erfolgreichen Unternehmens zu kopieren, ist praktisch unmöglich. Man kann nur eine andersartige erfolgsfördernde Kultur aufbauen, die dann ebenfalls exzellente Mitarbeiter anzieht. Einen speziellen Antrieb eines Teams zu kopieren, geht auch nur zum Preis der Lächerlichkeit. Wer nimmt Unternehmen wie Volkswagen wirklich ab, dass das ganze Unternehmen getrieben und motiviert ist von der Idee, die Welt von Transport und Energie so schnell wie möglich ökologisch nachhaltig zu machen? Genau. Niemand.

Höchste Produktivität

Ein hochproduktives Geschäftssystem aufzubauen, dauert viele Jahre. Durch die Lockdowns wurde vielen bewusst, wie lange es dauert, eine einmal gestoppte Produktion wieder hochzufahren. Die Lieferketten waren über viele Monate und gar Jahre gestört. Wenn Sie es einmal geschafft haben, ein hochproduktives Geschäftssystem aufzubauen und dauerhaft zu verbessern, machen Sie es Wettbewerbern sehr schwer, Ihr Unternehmen zu kopieren.

8.3. Einzigartige Positionierung gegenüber den Kunden

Von Positionierung sprechen heutzutage Tausende von Beratern, Trainern und Coaches. Fast könnte man das Thema langweilig finden, so omnipräsent ist es. Aber erstens ist es tatsächlich erfolgsentscheidend und zweitens sprechen fast alle nur von dem einen kundenorientierten Verständnis von Positionierung: Ihr Unternehmen und sein Angebot aus Sicht der Kunden so positiv einzigartig zu definieren, dass Sie praktisch konkurrenzlos sind. Es gibt aber noch einen zweiten, genauso wichtigen Teil der Positionierung: Ihr Geschäftsmodell so zu konfigurieren, dass es für Wettbewerber möglichst schwierig ist, Sie zu kopieren. Wenden wir uns erst einmal der kundenorientierten Positionierung zu.

> **Der Wert Ihres Unternehmens ist zu einem guten Teil seine Position im Kopf Ihrer Kunden. Alles andere in Ihrem Unternehmen gibt es nur, damit Sie diese Position erreichen und weil Sie diese Position erreicht haben.**

Schauen wir uns einige Beispiele von gut positionierten Unternehmen an.

Warema

Unser Klient Warema ist auf den ersten Blick im Geschäftsfeld Sonnenschutz tätig. Das große mittelständische Unternehmen mit über 4.800 Mitarbeitern wird von der Hauptgesellschafterin Angelique Renkhoff-Mücke geführt. Für Warema haben wir vor vielen Jahren die Positionierung »Die Sonnenlichtmanager« entwickelt. Warema konnte sich damit so einzigartig gegenüber den Kunden aufstellen, dass es praktisch unvergleichbar mit seinen Wettbewerbern wurde. Dass solch eine Positionierung tatsächlich auch das strategische Verhalten ändert, erkennen Sie daran, dass man kaum auf die Idee kommen würde, in Skandinavien ein großes Geschäft mit Sonnenschutz zu machen. Aber mit Sonnenlichtmanagement sehr wohl. Diese Positionierung ist offenbar so attraktiv, dass sogar einige Installationspartner aus dem Handwerk sie übernommen haben und sich mittlerweile selbst »Sonnenlichtmanager« nennen.

Forschungs- und Präventionszentrum

Mit dem Forschungs- und Präventionszentrum FPZ von Dr. Frank Schifferdecker-Hoch haben wir ein Zukunftsbild entwickelt, das das Institut in seinem Markt für gesunde Muskulatur einzigartig macht. Die Mission der knapp 40 Mitarbeiter lautet: »Wir aktivieren die menschliche Muskulatur als körpereigene Apotheke zur Steigerung der Leistungsfähigkeit und Lebensqualität.« Die FPZ-Therapien wirken gegen Rückenschmerzen, Hüft- und Kniearthrose und Osteoporose. Die Vision von FPZ ist, den Menschen insgesamt 500.000 zusätzliche gesunde Lebensjahre zu geben. FPZ kann das sogar anhand der sogenannten Sullivan-Formel genau berechnen[97]. Das Zentrum wendet nur Therapien an, deren Wirksamkeit evidenzbasiert gesichert ist. Das ist erstaunlicherweise extrem selten. Schon die antreibenden Überzeugungen sind einzigartig: »Bisherige Strukturen (Ärzte und Zentren) können die demografiebedingten Probleme des Gesundheitswesens nicht lösen.« Und: »Wir nutzen unseren (im sportlichen Sinne) absoluten Siegeswillen, um Grenzen und Barrieren mit wissenschaftlichem Denken zu überwinden.« Bei FPZ arbeiten nur Menschen mit Sportsgeist und dem Willen, mit fairen Mitteln der Beste im Spiel zu sein. Mit mehr als 200 Lizenzpartnern ist FPZ in seiner Positionierung das größte Therapienetzwerk in Europa. FPZ arbeitet zudem an großen Zukunftschancen, vor allem durch Digitalisierung der Therapien und Prozesse. In der Gesamtheit ist das Geschäftsmodell von FPZ praktisch nicht mehr kopierbar.

Tomra

Norwegen, das Heimatland unseres Klienten Tomra, war eines der ersten Länder, das ein Pfandsystem einführte. Tomra hat den ersten Leergutrücknahmeautomaten entwickelt, das Pfandsystem Norwegens mit aufgebaut und sich einen jahrzehntelangen Vorsprung bei Pfandsystemen gesichert. Tomra verfolgt mit seinen Leergutrücknahmelösungen und seinen Sortierlösungen für Lebensmittel, Recycling und Bergbau eine gesellschaftlich sehr nützliche Mission: »Die Art und Weise zu verändern, wie wir alle die Ressourcen des Planeten gewinnen, nutzen und wiederverwenden, um so eine Welt ohne Abfall zu ermöglichen.« Den dahinter wirkenden Antrieb vertritt auch die heutige CEO Tove Andersen: »Wir leben in einer Welt, die einen grundlegenden Wandel

nötig hat. Wir müssen dringend nachhaltiger handeln, die Kreislaufwirtschaft ausbauen und Ressourcen effizienter nutzen.« Tomra ist der
Initiator von Resociety[98], einer branchenübergreifenden Initiative für
Kreislaufwirtschaft. Wir konnten erleben, wie stark sich die Tomra-
Mitarbeiter mit der Mission von Tomra identifizieren. Tomra ist der
»thought leader« im Feld der Circular Economy (Kreislaufwirtschaft)
und hat höchste technische Kompetenz entwickelt, die nur schwer
kopierbar ist. Als einziges Unternehmen schafft Tomra mit seinen
Lösungen ein Ökosystem, das fast die gesamte Kreislaufwirtschaft
abdeckt, vor allem Sammlung und Sortierung. Der nächste Wettbe-
werbsvorsprung ist ein starkes Partner-Netzwerk über die gesamte
Wertschöpfungskette. Zudem hat Tomra eine Reihe von Startups in
der Sortiertechnologie aufgekauft und skaliert sie gemeinsam mit den
ursprünglichen Gründern. Tomra gehört für uns zu den Unternehmen,
die Wettbewerber so gut wie nicht kopieren können.

Plattformen (AirBnB & Co.)

Wer für Kunden eine Plattform geschaffen hat, die gleichzeitig ein sehr
breites Sortiment, tiefgehende Information, globale Reichweite, gute
Preise und ein angenehmes Nutzererlebnis bietet, hat damit eine sehr
starke und kaum direkt kopierbare Wettbewerbsposition geschaffen.
Eines der besten Beispiele ist AirBnB. Es gibt sehr viele Portale zur
Vermittlung von Übernachtungen und Ferienhäusern. Aber keines
funktioniert so einfach und hat eine buchstäblich globale Reichweite wie AirBnB. Kein Wunder, dass so viele Unternehmen versuchen,
ihre Geschäftsmodelle um solche Plattformen zu erweitern. Uber und
Lyft hingegen haben zwar eine ähnlich starke Plattform geschaffen,
werden aber durch das Aufkommen autonomer Fahrzeuge in ihrer
Existenz bedroht.

Im Grunde können Sie hierzu nochmals auf die Beispiele schauen,
die ich zur Eigenschaft »Viele Kunden kaufen gerne, viel und zu rentablen Preisen« genannt habe. Hier sind auch die Strategien nützlich,
die ich an dieser Stelle genannt habe, beispielsweise Zielgruppen- und
Nutzen-Differenzierung.

8.4. Positionierung mit synergistischer Wertschöpfung

Der zweite Teil von Positionierung zum Schutz vor Wettbewerbern findet in Ihrem Geschäftsmodell in den Wertschöpfungsprozessen statt. Was Sie Ihren Kunden versprechen, kann jeder andere Anbieter auch versprechen. Aber das Versprechen zu halten, ist weitaus schwieriger. Nehmen wir an, Sie haben ein starkes Zukunftsbild mit motivierender Mission, glaubwürdiger Vision und einzigartiger Positionierung. Wenn Sie es dann noch schaffen, dass nur Sie mit Ihrem Unternehmen und seinem Geschäftsmodell dieses Zukunftsbild wirklich realisieren können, haben Sie das Maximum an Sicherheit vor Wettbewerbern erreicht. Mit anderen Worten:

> **Es ist nicht nur wichtig, dass Sie einzigartige Wirkungs- und Lösungsversprechen abgeben, sondern auch solche, die so gut wie kein anderer erfüllen kann.**

Was ist leicht zu kopieren? Etwas Einfaches. Was ist schwer zu kopieren? Etwas Kompliziertes. Noch schwieriger: etwas Komplexes. Ihr Geschäftsmodell muss gegenüber denen der Wettbewerber komplex sein. Dieses strategische Prinzip wird oft übersehen. Sprechen Sie deshalb bitte nie wieder von einem »Alleinstellungsmerkmal«, auch nicht von einem »Besondersstellungsmerkmal«. Konfigurieren Sie mehrere Besonderheiten zu einer komplexen Einzigartigkeit. Der wirksamste Schutz vor Wettbewerbern liegt also darin, dass Sie Ihre Versprechen an Ihre Kunden in höherer Qualität und/oder zu geringeren Kosten erfüllen können, weil Sie die Leistungen mit einem Geschäftsmodell erbringen, das möglichst schwer kopierbar ist. Je komplexer Sie Ihr Geschäftsmodell – oder anders genannt: Ihre Wertkette – für die Wettbewerber machen und je stärker sich die Elemente Ihres Geschäftsmodells gegenseitig synergetisch unterstützen, desto erfolgreicher und zukunftssicherer ist Ihr Bright Future Business.

Wer hat das außer Tesla und Apple so schon gemacht? Anhand von großen und bekannten Unternehmen lässt sich die Strategie eines synergistischen Geschäftsmodells besser erklären als bei kleinen, unbekannten Unternehmen.

Roche

Mit Roche haben wir in mehreren Projekten zusammenarbeitet, auch deshalb, weil es trotz seiner Größe noch überwiegend in den Händen der Gründerfamilien ist und deshalb naturgemäß einen langfristigeren Denkhorizont hat als rein börsendominierte Unternehmen. Roche ist seit dem Kauf und der Integration von Boehringer Mannheim im Jahr 1997 sowohl in der Diagnostik als auch in der Therapie tätig, was in dieser Größe eine Seltenheit ist. Die beiden Geschäftsfelder verstärken sich gegenseitig. Das dritte verstärkende Element des Geschäftsmodells von Roche ist, dass Roche den größten Forschungsetat weltweit unter seinen Konkurrenten investiert.

IKEA

Ist IKEA ein erfolgreiches Geschäft? Ja. Hat in all den Jahren es irgendwer geschafft, IKEA auch nur annähernd erfolgreich zu kopieren? Nein. Warum nicht? IKEA ist ein Klassiker unter den Beispielen für schwer kopierbare Geschäftsmodelle. Schon der Altmeister der Strategie, Michael Porter, hat seit den 1990er-Jahren IKEA als Beispiel für eine erfolgreiche Wettbewerbsstrategie genannt. Der Fokus auf die Geldsparer statt auf die Zeitsparer, der Selbstzusammenbau, die hohe Warenverfügbarkeit vor Ort, der Katalog (bis 2021), der schwedische Humor, die geführte Tour durch das Möbelhaus, die Anordnung nach Zimmern, die Modularität, die Kinderbetreuung und vieles mehr: Jedes einzelne Element unterstützt die anderen Elemente optimal.

Microsoft

Seit Satya Nadella im Jahr 2014 das Ruder bei Microsoft übernommen hat, hat sich der alte Software-Gigant bemerkenswert gewandelt. Es war an der Basis vor allem ein kultureller Wandel. Das gehört insofern trotzdem an diese Stelle, als dass die auf offenere und bessere Kommunikation ausgerichtete neue Kultur es möglich gemacht hat, dass Microsoft wieder so gut dasteht wie seit weit über zehn Jahren nicht mehr. »Damals stand das schlechte Arbeitsklima der Intelligenz im Weg«, sagt Nadella. Anfänglich unmerklich und zuletzt in hoher Geschwindigkeit hat Microsoft seinen Dienst Microsoft365 zu einem bis vor Kurzem unvorstellbar vielfältigen Universum an aufeinander abgestimmter Software ausgebaut. Mit Windows, Azure, Sharepoint und OneDrive zusammen ist ein Ökosystem entstanden, das in der Geschäftswelt keine Parallele hat. Man muss kaum noch auf andere Anbieter zurückgreifen. Gerade weil Microsoft365 ein Abonnement-Produkt ist, sind die Grenzkosten für die Nutzung weiterer Programme aus der Suite gleich null. Sorgte man sich vor zehn Jahren noch, dass Microsoft durch Open-Source-Software aus dem Markt gedrängt wird, hat keine der Alternativen wirklich eine Chance. Ernst zu nehmen ist nur noch Google Workspace.

8.5. Positionierung mit Schlüsselressourcen

Einige Unternehmen haben es geschafft, sich eine Schlüsselressource aufzubauen, die ihnen einen langfristigen Wettbewerbsvorteil verschafft. In der ausführlichen Tesla-Story haben Sie erfahren, dass Tesla neben der jüngst begonnenen eigenen Fertigung von Akkuzellen allen großen Produzenten praktisch unbegrenzte Abnahmezusagen gegeben hat. Tesla wird alles kaufen, was die weltgrößten Produzenten in den nächsten Jahren an Tesla liefern können. Obschon Tesla noch ein kleiner Automobilproduzent ist, ist es aber der größte Elektroautoproduzent und damit der attraktivste Kunde für Akkuzellen. Ähnlich liegt der Fall bei Teslas Realwelt-Daten über die Straßen. Vergleichbar starke Positionen bei der Verfügbarkeit einer Schlüsselressource hat Here Technologies mit Standort-Daten oder Google mit Kartendaten. Einen der historisch größten Wettbewerbsvorteile hat sich der chinesische Staat gesichert, indem er schon vor über zwanzig Jahren begonnen hat, sich den Löwenanteil an zahlreichen Rohstoffen zu sichern. Bei den sogenannten Seltenen Erden (die zum Teil nicht wirklich selten sind) liegt der Anteil Chinas bei bis zu 95 Prozent! China hat sich mit dieser Praktik strategischer Weitsicht und seiner bis vor Kurzem weniger rücksichtsvollen Umweltregulierung eine starke wirtschaftliche Wettbewerbsposition gesichert, die leider auch eine politische und militärische ist[99].

8.6. Chancen für kleine Unternehmen

Was können Sie mit Ihrem vermutlich kleinen oder mittleren Unternehmen aus dem Dargestellten lernen?

Fokus und Verzicht

Je breiter Ihre geschäftlichen Aktivitäten sind, desto größer ist die Angriffsfläche, die Sie Wettbewerbern bieten. Die meisten Unternehmen machen zu viele verschiedene Dinge und setzen sich damit unnötig größeren Gefahren aus. Sie können von den genannten Beispielen großer Unternehmen viel lernen. Bedenken Sie dabei: Je kleiner Ihr Unternehmen heute ist, desto existenziell wichtiger ist Fokus. Sie haben eine bestimmte Menge an Ressourcen in Form von Geld, Zeit und Geist. Wenn Sie diese Ressourcen auf mehrere Aktivitäten verteilen, können Sie in jedem dieser Gebiete nur in der Regionalliga spielen. Weltklasse werden Sie in der Regel nur, wenn Sie Ihre begrenzten Ressourcen darauf konzentrieren, in einem Feld überragend gut zu werden. Das erfordert harte Entscheidungen gegen die meisten Chancen. Und es erfordert Verzicht. Das physikalische Bild von den »Standbeinen« ist verführerisch, aber es ist falsch. Es sind nicht Standbeine, sondern Ressourcenverzetteler.

Erst anders, dann besser

Jeder weiß es im Prinzip, aber leider wird es von den meisten Unternehmern konsequent ignoriert. Generationen von Strategen warnen: Wenn Sie im gleichen Feld wie Ihre Wettbewerber besser sein wollen, kann Ihnen das nur gelingen, wenn all Ihre Wettbewerber dauerhaft dümmer sind. Das ist, sagen wir, unwahrscheinlich. All die vielen Managementmethoden für das Besser-Werden führen oftmals nur dazu, dass sich die Wettbewerber in ein Nullsummenspiel und in eine Spirale hin zur Umsatzrendite null begeben.

Warum verfolgen dann so viele Unternehmen immer noch die Besser-Strategie? Weil anders zu sein Kreativität erfordert. Weil es mühsam ist, ein Geschäft ganz anders zu gestalten als die Wettbewerber. Und weil die Akzeptanz der Kunden für vollkommen neue Geschäftsmodelle nicht unbegrenzt ist. Sie bleiben in den meisten Fällen bei dem, was sie kennen. Ein andersartiges Angebot muss schon wirklich überzeugend sein, um angenommen zu werden. Dennoch muss »anders sein« vor »besser sein« stehen.

Synergistisches komplexes Wertschöpfungsmodell

Diese Leitlinie ist richtig, ganz gleich wie groß Ihr Unternehmen ist. Ich habe viele kleine und mittlere Unternehmen gesehen, deren Aktivitäten so aussehen, als hätte man jede Chance genutzt, etwas Spannendes zu machen. Da werden Unternehmen gekauft, nur weil sie billig sind, und Abteilungen eingerichtet, deren Leistung standardmäßig am Markt eingekauft werden kann. Stellen Sie sicher, dass Ihr Unternehmen Geld, Zeit und Geist nur in solche Aktivitäten investiert, die zusammengenommen mehr Leistung erzeugen als einzeln. Stellen Sie sich jede Aktivität als Vektor vor, als gerichtete Kraft. Alle Vektoren müssen bildlich gesprochen in die gleiche Richtung und auf andere Elemente Ihres Wertschöpfungsmodells zeigen.

9. Sie sind gegen technisch-strategische Disruptionen abgesichert

Die Geschäftswelt ist seit jeher geprägt von Schöpfung und Zerstörung. Clayton Christensen machte den Begriff »Disruptive Innovation« mit einem Artikel im Jahr 1995[100] bekannt. Und seitdem spricht jeder von Disruption. Ich verwende den Begriff Disruption bewusst breiter als Christensen. Immerhin wurde das Wort schon im frühen 19. Jahrhundert verwendet. Auch Marx[101] und Schumpeter[102] beschrieben die schöpferische Zerstörung. Marx mit negativem und Schumpeter mit positivem Anstrich. Jedes Unternehmen ist ständig in seiner Existenz bedroht. Die einen weniger, die anderen mehr.

9.1. Jedes Unternehmen kann disruptiert werden

Was könnte Tesla in seinem Erfolg oder gar in seiner Existenz bedrohen? Wichtig ist hier, dass diese Bedrohungen immer dann besonders schlimm wären, wenn die Bedrohung sich schneller manifestiert, als Tesla reagieren kann. Es muss sich also um ein relativ überraschendes, binnen kurzer Zeit stattfindendes Ereignis handeln.

Viele starke Wettbewerber

Mehrere Hundert Elektroautos kommen in den nächsten Jahren auf den Markt. Viele davon werden eindrucksvoll und überzeugend sein. Das ist weniger eine mögliche Bedrohung als ein sicheres Szenario. Der Markterfolg von Tesla ist bis heute unerreicht. Aber einzelne Konkurrenzfahrzeuge sind heute schon in manchen Punkten besser als die besten Teslas. Das junge Unternehmen Lucid beispielsweise bietet mehr Luxus, höhere Reichweiten (wegen größerem Akku) und weitere Vorteile gegenüber Tesla[103]. Mercedes hat mit dem EQS, EQE und den kleineren Ablegern sehr gute Elektroautos im Angebot, wenn auch mit deutlich niedrigeren Leistungswerten und höheren Preisen als Tesla[104]. Beide Anbieter sind für die meisten Menschen preislich deutlich außer Reichweite. Dieses Problem lösen chinesische Anbieter wie Nio, BYD oder Xpeng. Die Konkurrenz ist also schon da und wird noch viel intensiver. Tesla wird langfristig nicht über 70 Prozent Marktanteil halten. Dort, wo Apple als das Original für Smartphones heute mit rund 20 bis 25 Prozent Marktanteil liegt, wird Tesla im besten Fall sein. Und auch wie Apple wird Tesla mit hoher Wahrscheinlichkeit die höchsten Gewinne erwirtschaften. Die Vielzahl der oben beleuchteten Wettbewerbsvorteile hat in dieser Kombination und mit dieser vertikalen Integration an eigenen Fähigkeiten keiner der heute sichtbaren Anbieter.

Akkus werden knapp

Mehrere Konkurrenten könnten es trotz der heute bekannten Probleme irgendwie schaffen, sich mehr Kapazität an Akkus zu sichern und auch preiswerter einzukaufen oder herzustellen als Tesla. Nach allem, was man bisher über die Marktverhältnisse und Lieferverträge weiß, kann diese Bedrohung nicht eintreten. Es müsste schon ein großer politischer Konflikt stattfinden, vielleicht mit China. Dann aber wäre jeder Wettbewerber von Tesla und im Grunde die gesamte westliche Wirtschaftswelt existenziell getroffen. Relativ gesehen bliebe Tesla durch die eigene Akkuproduktion in Deutschland, den USA und in kommenden Fabriken in weiteren Regionen der Welt zukunftssicherer als die Konkurrenten.

Neue Akku-Technologie

Es könnte eine Akku-Technologie auftauchen, deren Rohstoffe leicht und in großen Mengen zu gewinnen sind, die preiswertes Produzieren ermöglicht und deren Produkte die Energiedichte der Tesla-Akkus deutlich übersteigen. Durchbrüche mit ganz neuen Formen von Akku-Technologien werden seit Jahrzehnten alle paar Wochen gemeldet. Dieses Technologiefeld lehrt, wie groß der Unterschied zwischen

Laborversuch und Markterfolg ist. Ernst zu nehmende und zukunfts-trächtige Alternativen für mobile Akku-Technologien gibt es einige[105]. Statt Lithium ließe sich Natrium, Mangan oder Magnesium verwen-den. Der chinesische Marktführer CATL will Natrium-Ionen-Akkus ab 2023 in Massen produzieren[106]. Noch ist die Energiedichte zu gering und das Gewicht zu hoch. Die Berichte über die Lebensdauer sind wi-dersprüchlich. Sie sprechen von nur 1.500 bis 50.000[107] Ladezyklen, was mehreren hundert Jahren entspräche. Ebenso zur Ladegeschwin-digkeit gehen die Meinungen auseinander, von wesentlich schneller bis deutlich langsamer als Lithium-Ionen-Akkus. Um die Zukunfts-sicherheit von Tesla zu beurteilen, muss man wissen: Natrium-Ionen-Akkus lassen sich weitgehend mit den gleichen Anlagen herstellen wie Lithium-Ionen-Akkus. Der heilige Gral sind Feststoff-Akkus. Der Elektrolyt ist nicht flüssig, sondern fest. Kleiner Unterschied mit gro-ßer Wirkung: mehr Reichweite, sehr kurzes Laden, nicht brennbar. In einigen Bussen von Mercedes-Benz werden Feststoff-Akkus schon eingesetzt. Unternehmen wie Quantumscape[108], Solid Power[109] und SES[110] wollen damit das Akku-Geschäft revolutionieren. Mit den für eine Ablösung von Flüssigstoff-Akkus nötigen großen Stückzahlen ist aber nicht vor 2030 zu rechnen. Bis dahin werden Innovationen in Flüssigstoff-Akkus implementiert sein, die ähnliche Leistungen wie Feststoff-Akkus ermöglichen. Lithium brauchen beide Technologien. Es bleibt spannend. Tesla als einem der größten Verwender von Ak-kus mit ungebrochenem Drang zu Verbesserung kann man zutrau-en, dass es sich auf die jeweils beste Akku-Technologie nach Leistung und Kosten einstellt. Mit der erstaunlich schnellen Übernahme der LFP-Akkus als Alternative zu NMC-Akkus hat Tesla es bereits einmal bewiesen.

Autonomes Fahren scheitert

Autonomes Fahren könnte sich als ein zu komplexes und nicht lös-bares Problem erweisen. Stattdessen werden Autos immer stärker aus den Städten verdrängt. Niemand kann sicher sein, dass die vielen Milliarden, die viele bedeutende Unternehmen in autonomes Fahren investieren, nicht verloren sind. Autonome Fahrzeuge, die auf öffent-lichen Straßen vielfach sicherer fahren als ein Mensch, hat bisher noch niemand hinbekommen. Im schlimmsten Falle würde Tesla beim Ge-schäftsmodell bleiben, Autos zu verkaufen und sie mit fortschrittlichen

Assistenzsystemen auszustatten. Die große Chance wäre weg, aber das Unternehmen würde weiter funktionieren wie bisher und weiter wachsen können. Wenn auch deutlich langsamer.

Bessere Robotaxis

Mehrere Konkurrenten könnten Tesla in der Qualität und Zuverlässigkeit ihrer (zukünftigen) autonomen Fahrzeuge überholen. Das ist eine nicht ausschließbare Bedrohung. Die Tesla-eigene KI »Full Self Driving« und der Trainingscomputer »Dojo« könnten durch eine umfassende Allianz mehrerer Hersteller gegen Tesla und riesige aggressive Investitionen übertrumpft werden. Möglicherweise schaffen sie es, Quantencomputer einzusetzen und damit Tesla zu überholen. Hiergegen gibt es keine andere Absicherung als intensive Forschung und Entwicklung und konsequente Umsetzung in Innovationen. Tesla gibt pro produziertes Auto zwei- bis dreimal so viel für Forschung und Entwicklung aus wie Ford, Toyota und General Motors[111]. Der Verzicht auf klassische Werbung finanziert das teilweise. Die Geschwindigkeit und Innovativität der Tesla-Organisation kann ein traditioneller Hersteller in den nächsten Jahren praktisch nicht nachbauen.

Bessere Software

Mehrere Konkurrenten könnten binnen kurzer Zeit die Qualität der Tesla-Software überholen. Sie wäre leichter bedienbar und vor allem fahren die Fahrzeuge der Konkurrenten deutlich sicherer als Teslas. Die großen Schwierigkeiten von Volkswagen mit Cariad zeigen, dass die Gefahr weniger von den etablierten Produzenten droht. Größer ist die Gefahr durch einen Newcomer im Autogeschäft mit starker Softwarekompetenz. Der erstaunlich langsame Fortschritt bei den Projekten der Google-Schwester Waymo und auch von Apple zeigen, dass selbst die weltbeste Softwarekompetenz und viele Jahre Entwicklung nicht ausreichen, um diese Gefahr sehr groß werden zu lassen.

Service bleibt schlecht

Tesla könnte im Kundenservice auf dem heutigen schlechten Stand bleiben. Kunden weltweit verbinden dann Tesla mit dem Makel von schlechtem Service und meiden das Unternehmen trotz aller Technikbegeisterung. Service ist heute die große Schwäche von Tesla. Und das seit mehreren Jahren, seit die Stückzahlen so stark gestiegen sind. Tesla hat kürzlich angekündigt, sich dieses Problems anzunehmen. Das aber nicht zum ersten Mal. Solange Tesla diese große Nachfrage erfährt, gibt es keinen wirtschaftlichen Anreiz für besseren Service. Das wäre ein sehr kurzsichtiges Denken und Verhalten. So gut wie sicher ist, dass der schlechte Service heute schon potenzielle Kunden vom Kauf eines Teslas abhält. Das ist eine durchaus große Bedrohung. Da sich größere Absatzverluste daraus nur allmählich materialisieren, müsste die hochflexible und schnelle Organisation von Tesla in der Lage sein, das Problem wirklich zu lösen, bevor es große Schäden verursacht.

Hacker-Angriff

Hacker könnten es schaffen, die Software der gesamten Flotte so zu manipulieren oder zu schädigen, dass eine Wiederherstellung Wochen oder gar Monate dauert. Das Gefährlichste daran wäre der dauerhafte Vertrauensschaden, der Kunden zum Verkauf ihrer Fahrzeuge und potenzielle Kunden zur Wahl anderer Hersteller bringt. Ein solch katastrophales Ereignis ist jederzeit möglich und praktisch nicht vollständig zu verhindern. Die russische Regierung ist heute schon dabei, das Satelliteninternet Spacelink von SpaceX anzugreifen, das auch von Musk geführt wird. Da ist Tesla nicht weit, um sich für die Unterstützung der Ukraine zu rächen. Als Tesla noch Verluste machte und kaum Geldreserven hatte, wäre die Firma an einem solchen Angriff zugrunde gegangen. Die zunehmende Finanzkraft schützt Tesla nur insofern, dass es einen massiven Absatzverlust länger überleben könnte.

China enteignet

China könnte in einem politischen Konflikt die dortigen Tesla-Werke beschlagnahmen. In einer milderen Version behindert die chinesische Regierung stark das Geschäft von Tesla und fördert im Gegenzug die chinesischen Konkurrenten. Grund für solche Maßnahmen der chinesischen Regierung könnte auch hier wieder die andere große Musk-Firma sein: SpaceX betreibt Starlink, das satellitengestützte Internet-System, das für die Ukraine im Krieg existenziell nützlich war. Russland hackte schon in den Stunden vor dem physischen Angriff konventionelle Kommunikationssatelliten. Gegen Starlink waren die Russen aber bis jetzt machtlos. Später wurde bekannt, dass China ein Projekt laufen hat, dessen Ziel es ist, herauszufinden, wie China im Kriegsfall Starlink ausschalten könnte. Eine der Maßnahmen könnte die Beschlagnahme der Tesla-Fabriken sein, um die Abschaltung von Starlink zu erzwingen. Die chinesischen Fabriken machen heute einen großen Teil des Tesla-Geschäfts und vor allem des Gewinns aus. Aber nach Hochlauf der Werke in Grünheide und Austin und nach dem Bau weiterer schon angekündigter Werke würde Tesla von einem Wegfall der chinesischen Kapazitäten mit einem immer kleineren Anteil getroffen werden.

Elon Musk stirbt

Musk könnte frühzeitig sterben oder muss das Unternehmen aus einem anderen Grund verlassen und hat keinen Einfluss mehr auf Tesla. Bisher befeuert der Personenkult um Elon Musk den Erfolg des Unternehmens. Es gibt aber auch zunehmend Kritik. Das ist immer noch ein existenzbedrohendes Risiko. Die Wahrscheinlichkeit liegt beim üblichen Sterberisiko eines Menschen in den frühen Fünfzigern. 2018 wäre der Tod von Musk buchstäblich tödlich für Tesla gewesen. Musk motivierte sein Team, indem er selbst über Monate in der Fabrik schlief, um den Hochlauf des Model 3 zu schaffen. Die Finanzsituation wurde kritisch. Vier und mehr Jahre später ist Tesla ein anderes Unternehmen. Mit deutlich über 100.000 Mitarbeitern, einer etablierten agilen Kultur und mehreren beeindruckenden Persönlichkeiten um Musk scheint das Existenzrisiko für Tesla nur noch gering zu sein. Der Aktienkurs würde schon beim ersten Gerücht über den Tod von Musk dramatisch einbrechen. Aber das Unternehmen würde vermutlich weitgehend reibungslos weiterlaufen. Wie damals Apple, als Steve Jobs starb.

Die Organisation und Kultur von Tesla habe ich als zentralen Erfolgsfaktor dargestellt. Die Innovationskraft, Flexibilität und Agilität sollte es Tesla möglich machen, auf viele der obigen Bedrohungen schnell und wirksam zu reagieren. Wie in der Chipkrise, die Tesla besser meisterte als alle Konkurrenten. Tesla ist weiterhin ein Unternehmen und deshalb immer vom Scheitern bedroht. Relativ gesehen aber ist Tesla ein zukunftssicheres Unternehmen, weil es große Zukunftschancen hat und gleichzeitig relativ gut gegen Wettbewerber und Disruptionen abgesichert ist.

Als siebtes Kriterium können wir also bestimmen: Ihr Unternehmen ist gegen strategisch-technische Disruptionen weitestmöglich abgesichert.

Was das mit Ihnen zu tun hat? Auch Ihr Unternehmen und Geschäftsmodell könnte von einem neuen Wettbewerber vom Markt gefegt werden. Dass Sie sich das im Moment vielleicht nicht vorstellen können, ist genau das Problem.

9.2. Wirklich abgesichert?

Wenn ich schreibe »weitestmöglich abgesichert«, dann meine ich, dass Sie das Menschenmögliche getan haben, um potenzielle Disruptionen frühzeitig zu erkennen, sie möglicherweise zu verhindern oder sich gegen sie zu schützen. Sie werden selbstverständlich niemals ganz sicher sein können, dass nicht irgendwo auf dieser Welt ein hochmotiviertes und fähiges Team daran arbeitet, genau Ihr Unternehmen und Ihre Wettbewerber überflüssig zu machen.

Wenn Sie aber eben das Menschenmögliche tun, tun Sie meinem Erleben nach schon mehr als die meisten Unternehmer. Das gilt auf jeden Fall für die kleinen und die mittleren Unternehmen. Jetzt könnte man glauben, dass die ganz großen Unternehmen mit mehreren Hunderttausend Mitarbeitern ganze Heerscharen von Strategen haben, die den ganzen Tag nichts anderes machen als über potenzielle Disruptionen nachzudenken. Ja, viele unserer sehr großen Klienten haben genau das. Einige davon machen das sehr gut und sehr wirksam. Sie schaffen es, ihre großen Organisationen vor potenziellen Disruptionen zu schützen und sie darauf vorzubereiten. Aber es geht auch oft genug schief, trotz aller geballten und teuren Intelligenz. Die Volkswagen AG hat seit über 20 Jahren eine Abteilung für Zukunftsforschung. Sie hat offenbar nicht verhindern können, dass Volkswagen genauso wie alle anderen traditionellen Automobilhersteller durch Elektromobilität und autonome Fahrzeuge in eine existenziell bedrohliche Krise gerät.

Größe ist keineswegs ein Schutz gegen Disruption. Oft ist sogar das Gegenteil der Fall.

9.3 So passieren Disruptionen

Was passiert genau in einer Disruption? Ein Konkurrent bietet den Kunden die gleiche emotionale Wirkung, liefert sie aber mit neuen Technologien, neuen Geschäftsmodellen oder neuen Lösungen auf eine ganz andere Weise, die besser, einfacher, angenehmer, bequemer oder schlicht billiger ist. Oft liefert die neue Lösung sogar bessere und zusätzliche Wirkungen. Beispiele: Amazon statt Fußgängerzone. Robotaxi statt eigenes Auto. Einfacher Elektroantrieb mit 20 beweglichen Teilen statt komplexer Verbrennungsantrieb mit über 1.500 beweglichen Teilen. Whatsapp statt SMS. Paypal statt Bankkonto. Streaming als Musik-Miete statt MP3-Download.

Disruptionen haben also zwei Elemente:

1. eine emotionale Wirkung, die die Kunden haben wollen und kaufen,
2. eine neue Art, diese emotionale Wirkung zu erzeugen.

Viele Unternehmer haben bei diesen beiden Elementen gefährliche blinde Flecken. Ja, es wirkt etwas abstrakt. Aber genau das ist der Trick. Sie müssen Ihr Geschäft abstrakter denken, um an die grundlegenden Erfolgsfaktoren heranzukommen. Wenn Sie Ihr Geschäft immer nur im Konkreten denken, können Sie Bedrohungen weitaus weniger gut erkennen. Und wenn, dann in der Regel zu spät. Für Sie klingt das trotzdem theoretisch? Nun, ich weiß nicht, was praktischer ist als Prinzipien, an deren Missachtung schon Hunderttausende Unternehmen gescheitert und in der Folge vom Erdboden verschwunden sind. Betrachten wir einige Beispiele:

Musikgenuss

Die Wirkung Musikgenuss wollen Menschen schon seit Jahrtausenden haben. Vor der Stiftwalze gab es nur die Live-Musik. Dann gab es die Notenrolle, die Schellack-Schallplatte, das Tonband, die Musik-Kassette, die Compact Disk, das Digital Audio Tape, die Mini Disc, die Musik-Datei und schließlich das Cloud-Streaming. Heute mietet man sich die Musik zum Hören. Immer noch gibt es die Live-Musik, die teurer geworden ist, seit die Musiker durch das Aufkommen von Cloud-Streaming nicht mehr so viel an aufgenommener Musik verdienen. Menschen kaufen nicht ein Musik-Streaming-Abo, sondern die Emotion, die die Musik erzeugt. Das hat sich seit der Stiftwalze, der Schallplatte, der MC und der CD nicht geändert. Aber wie wir die Musik erzeugen und bezahlen, hat sich radikal geändert.

Ernteschutz

Landwirte kaufen nicht Tonnen an Pestiziden, sie kaufen auch nicht getötete Insekten, sondern sie kaufen den Schutz ihrer Ernte und letztlich ihrer wirtschaftlichen Existenzgrundlage. Sobald es gelingt, beispielsweise mit CRISPR die Pflanzen auch ohne den Einsatz von Pestiziden widerstandsfähig gegen Ernteschädlinge zu machen, ist das Pestizid-Geschäft disruptiert. Sogar eine Ernteausfallversicherung kann die gleiche disruptive Wirkung erzielen und den Pestizid-Produzenten in die Pleite treiben. Was die Landwirte aber mit dem Mehrpreis für widerstandsfähige Pflanzen kaufen, nämlich Ernteschutz, ist immer noch das Gleiche.

Finanzielle Orientierung

Buchhaltung soll finanzielle Orientierungsinformationen für unternehmerische Entscheidungen liefern. Heute bucht man überwiegend noch manuell, wenn auch mithilfe von Software. In Zukunft aber kann Buchhaltung vollautomatisch erfolgen. Und sie wird maximal vertrauenswürdig sein, wenn wir sie auf Distributed Ledgers, also Blockchains, dokumentieren. Dann brauchen wir praktisch betrachtet auch keine Wirtschaftprüfung mehr. Denn eine Buchführung, die nicht gefälscht werden kann, muss nur noch dort geprüft werden, wo Menschen manipulieren könnten, was immer seltener möglich sein wird. Die Wirkung finanzieller Orientierung wird weiterhin benötigt. Aber sie wird deutlich anders erzeugt.

Gutes Gefühl für das Alter

Wozu wollen Menschen die Altersvorsorgeberatung einer Finanzberaterin? Für ein gutes Gefühl beim Gedanken ans eigene Alter. Die Finanzberater aber haben immer nur eine einzige Idee. Sie sagen uns, dass wir, wenn wir in Rente gehen, eine Versorgungslücke haben werden. Und sie haben auch nur eine einzige Lösung dafür: Sie geben uns die Möglichkeit, ihnen heute einen Teil unseres Geldes zu geben, das sie uns im Rentenalter wieder zurückgeben. Wenn wir Glück haben, mit Zinsen. Ganz gleich, ob die Finanzprodukte Sparplan, Fondssparen, Lebensversicherung, Immobilienkauf heißen: Es ist immer nur diese eine einzige Idee. Wenn sich jemand auf die wirklich von Kunden erwünschte Wirkung konzentrieren würde, nämlich das gute Gefühl beim Gedanken ans eigene Alter zu haben, käme man auf noch ganz andere Lösungen, nämlich eine Beschäftigungsfähigkeitsberatung, damit man einfach später in Rente gehen kann. Oder eine Altersexistenzgründungsberatung, damit man im Alter mit einem Hobby noch Geld verdienen kann. Oder eine kaufkraftoptimierende Wohnortverlagerung, damit man in Belize oder Malaysia mit der europäischen Rente wie Krösus leben kann. Was die Menschen dann kaufen, ist immer noch das Gleiche: das gute Gefühl beim Gedanken ans eigene Alter.

Visuelle Erinnerungen

Zur Geschichte von Kodak muss man nicht mehr viel sagen. Jeder kennt sie. Menschen wollen die Emotionen haben, die visuelle Erinnerungen in ihnen erzeugen. Die Analogfotografie war eine wunderbare Lösung. Immerhin konnte man mit bis zu 40 Megapixel aufgelöste Fotos genießen. Ein Film mit 24 Bildern brachte zudem bei der Abholung der entwickelten Fotos noch die Spannung, welche Fotos »etwas geworden« sind. Okay, war nicht ernst gemeint. Die ersten Digitalkameras hatten lächerliche Auflösungen. Aber wenige Jahre später brach die Analogfotografie zusammen. Gleich darauf wurden auch die einfachen Digitalkameras überflüssig, weil die Fotos in ausreichender Qualität auch mit Handys gemacht werden können. Die Strategie heißt »Good Enough«. Zu Beginn wenden die Disruptoren sehr häufig diese Strategie an, nach der die neue Lösung in manchen Leistungsbereichen einfach gut genug ist. Das galt für die Fotos, für Navigation und auch für die Spaltmaße bei Tesla. Die Menschen kaufen immer noch die Emotionen, die visuelle Erinnerungen auslösen. Aber wie wir sie erzeugen, hat sich mehrfach radikal geändert.

Menschen begegnen

Das soziale Wesen Mensch will anderen Menschen begegnen. Dafür reisen und kommunizieren wir. Ein Auto ist eine Lösung dafür, anderen Menschen zu begegnen. Wir kauften und leasten Autos mit Verbrennungsmotor dafür. Nun kaufen immer mehr Menschen batterieelektrisch betriebene Autos, um anderen Menschen zu begegnen. Gleiche emotionale Wirkung, aber vollkommen andere Lösung. Während die traditionellen Autohersteller mit der Elektrifizierung große Probleme haben, bahnt sich die nächste Disruption an. Wir werden in der Zukunft Robotaxis nutzen, die viel preiswerter sind, sicherer fahren und keinen Parkplatz brauchen. Menschen zu begegnen, ist immer noch eine der erwünschten emotionalen Wirkungen. Aber die Lösung ist wieder umwälzend neu. Und dann stellen einige Menschen fest, dass sie anderen Menschen auch per Videokonferenz begegnen können. Zwar nicht ganz so schön, wie physisch zusammen zu sein, aber in vielen Fällen ausreichend. Zoom ist dann der Disruptor der Autoindustrie. Dann wird die Geschäftsreise sogar demonetarisiert. Der wesentliche Teil ihrer Wirkung ist damit kostenfrei erhältlich. Was die Menschen aber wirklich an emotionaler Wirkung kaufen, hat sich nicht geändert.

Gerade beim Auto sind die Auswirkungen drastisch. Eine der wichtigsten europäischen Industrien wird gleich mehrfach in Serie disruptiert und mit ihr ganze Zulieferbranchen. Wer Zylinderkopfdichtungen, Kolben, Zündkerzen, Tanks oder Steuerketten herstellt, kann darin wahnsinnig gut und sogar marktführend sein. Wenn aber die Autokäufer für ihre ersehnten Begegnungen mit anderen Menschen Elektroantriebe verwenden, braucht das alles niemand mehr. Obwohl die Kunden aus ihrer Sicht immer noch das Gleiche kaufen wie bisher auch.

Transport in den Weltraum

Was ist am Transport in den Weltraum emotional? An sich nichts. Aber wozu will man etwas in den Weltraum transportieren? Um etwas zu erforschen oder zu testen. Wozu? Um ein besseres oder neues Produkt zu entwickeln. Um eine neue Lösung zu schaffen. Und die wiederum ist dazu da, emotionale Wirkungen zu erzielen. Es ist also wirklich gleichgültig, wo in der Wertschöpfungskette Sie sich mit Ihrem Unternehmen befinden. Am Ende der Wertkette stehen Endkunden, die bestimmte emotionale Wirkungen haben wollen. Zurück zum Weltraum. Auch in der kommerziellen Raumfahrt findet seit wenigen Jahren eine massive Disruption statt. Bis zum Jahr 2012 beherrschten staatliche Organisationen praktisch 100 Prozent des Weltmarktes. Sie geben Steuergeld aus und haben folglich wenig Anreiz, mit grundlegenden Innovationen Geld zu sparen. In diesen wenigen Jahren seit 2012 hat SpaceX weit über 65 Prozent des Weltmarktes erobert. Die etablierten Anbieter haben in Sachen Qualität, Zeit und Kosten so gut wie keine Chance mehr. Sie werden vermutlich nur aus strategisch-militärischen Gründen noch weiterbetrieben. SpaceX befördert Menschen und Güter drastisch preiswerter in den Weltraum. Die Innovation von SpaceX bestand unter anderem in der Wiederverwendung von Raketenstufen. Schließlich wirft man nach einem Flug von New York nach London ja auch nicht den Jumbo einfach weg. Bis vor Kurzem hielt man die Wiederverwendung von Raketen bei der Arianegroup für eine »Spielerei«[112]. Jetzt entwickeln sie dort selbst welche. Viele Jahre nachdem SpaceX die Technik schon perfekt beherrscht.

9.4. Wofür zahlen Ihre Kunden wirklich?

Was kaufen Ihre Kunden wirklich? Wofür zahlen Ihre Kunden wirklich? Diese an sich einfache Frage bringt Führungskräfte regelmäßig ins unsichere Stochern in Antwortversuchen. Dabei ist weder das Prinzip noch die Frage wirklich neu. Aloys Gälweiler nannte es das »lösungsunabhängige Kundenproblem« und Clayton Christensen nannte es »Job to be done«. Gälweiler betonte mir zu sehr das sachliche Problem und Christensen zu sehr die sachliche Aufgabe der Kunden. Aus meiner Sicht muss die Betrachtung mindestens eine Ebene tiefer gehen. Warum und wozu wollen die Menschen das Problem gelöst haben? Warum und wozu wollen sie einen Job gemacht haben?

Nur emotionale Wirkungen zählen

Produkte, Leistungen, Lösungen sind für Menschen nur Mittel zur Erzielung von emotionalen Wirkungen. Erst die emotionale Wirkung, die sie erzielen, gibt Produkten, Leistungen und Lösungen ihren Wert. Warum betone ich das Adjektiv »emotional«? Weil Menschen den Wert von etwas an ihren Emotionen erkennen und messen. Ohne Emotion kein Wert. Auch Gold, so gebrauchswichtig es in manchen technischen Anwendungen auch ist, hat seinen Wert durch die Emotionen, die Menschen mit ihm verbinden. Eine Aktie hat einen Börsenwert, der sich aus dem Ertrags- und Substanzwert des Unternehmens ergibt, die aber wiederum daraus entstehen, dass Menschen die Produkte des Unternehmens kaufen, um für sich emotionale Wirkungen zu erzeugen.

Warum ist dieses Prinzip der emotionalen Wirkung so zentral?

> **Wenn Sie in dieser komplexen und schnellen Wirtschaftswelt etwas suchen, das wirklich konstant ist und worauf Sie sich langfristig verlassen können, dann sind es die emotionalen Wirkungen, die Menschen für sich erzeugen wollen.**

Das war schon immer und bleibt für immer die einzige Konstante im Geschäft. Das gilt für alle Branchen. Ihre Produkte, Leistungen und Lösungen werden vergehen, die von Kunden erwünschte emotionale Wirkung aber bleibt ewig. Nein, hier geht es nicht um Verkaufsstrategien, von wegen »Verkaufe nicht das Produkt, verkaufe den Nutzen«. Es geht um die Grundlage der Existenz Ihres Unternehmens, denn Ihr Unternehmen existiert, weil es emotionale Wirkungen erzeugt. Es geht darum, wie Disruptionen funktionieren. Stellen Sie die emotionalen Wirkungen als einzige Konstante der Wirtschaftswelt ins Zentrum Ihres Geschäftsmodells.

Nicht in Produkte und Leistungen verlieben

Das Prinzip der emotionalen Wirkungen ist denkbar einfach. Aber es ist in der Praxis schwierig zu denken. Ihr Unternehmen ist um seine Produkte und Leistungen herum gebaut. Alles dient dazu, sie zu entwickeln, zu produzieren, zu verwalten und zu verkaufen. Sie haben großartige Arbeit geleistet, damit es Ihre Produkte überhaupt gibt.

Vielleicht stecken darin sogar Generationen an Tradition und Erfahrung. Und doch werden Ihre Kunden zu einem disruptiven Anbieter wechseln, wenn sie die von ihnen ersehnten emotionalen Wirkungen woanders stärker, schneller, einfacher, angenehmer oder billiger erhalten können. Gerade wenn Sie sich in Ihre Produkte, Modelle, Methoden und Werkzeuge verliebt haben, sind Sie besonders disruptionsgefährdet.

1. Ihr Geschäft sind Brillen und Kontaktlinsen? Die Laseroperateure bedrohen Ihr Geschäft teilweise schon. Passen Sie auf, dass die Anbieter intelligenter Kontaktlinsen Ihnen das Geschäft nicht zerstören.

2. Sie vermieten Immobilien mit Parkplätzen? Achten Sie darauf, dass Sie vorbereitet sind, wenn Parkplätze in der Stadt durch das Aufkommen von Robotaxis im Wert verlieren.

3. Sie sind Konzertveranstalter? Die Player, die das Metaverse bauen, werden Ihnen einen Teil Ihres Geschäfts wegnehmen.

4. Sie verkaufen Smartphones? Achten Sie auf die Entwicklung von Smartglasses, die irgendwann einen guten Teil der Smartphones überflüssig machen werden.

5. Sie bieten Autoversicherungen? Überlegen Sie sich Alternativen, denn viele Autohersteller werden Versicherungen zusammen mit ihren Fahrzeugen verkaufen, gerade mit autonomen Fahrzeugen.

6. Sie sind im Weiterbildungsgeschäft? Nutzen Sie frühzeitig die künstlich intelligenten Agenten, die in absehbarer Zukunft die perfekten individuellen Lehrerinnen und Coaches sein werden. Und sie werden das Geschäft demonetarisieren, weil sie so gut wie nichts kosten werden.

7. Sie entwickeln Software? Behalten Sie Systeme wie »Codex« von OpenAI im Auge. Heute schon können 37 Prozent der Coding-Aufgaben eines Programmierers erledigt werden, indem dieser nur ausspricht, was der Code bewirken soll. Und schon steht der Code.

8. Sie handeln mit Autos? Stellen Sie sicher, dass Sie Ihren Bestand an Verbrennerfahrzeugen niedrig halten, denn sie werden ab einem bestimmten Zeitpunkt rasant an Wert verlieren.

9. Sie managen Baustellen? Nutzen Sie frühzeitig Systeme mit

künstlicher Intelligenz, die diesen Job drastisch schneller, präziser und preiswerter machen werden.

10. Sie verkaufen Brot und Backprodukte? Die Discount-Bäckereien sind schon da. Sie haben erkannt, wie groß die Margen im Bäckereigeschäft sind und dass darin genügend Raum für eine Kette von Discount-Bäckereien liegt.

Ihre Wirkungsanalyse

Zurück zu Ihrem Unternehmen: Für welche emotionalen Wirkungen zahlen Ihre Kunden wirklich? Wie gesagt, wir haben eine systematisch erarbeitete Antwort auf diese Frage so gut wie noch nie bei einem unserer Klienten in ausreichender Qualität vorgefunden. Ganz gleich, wie groß und professionell das Unternehmen ist. Es ist wirklich erstaunlich. Und erschreckend. Wie kann etwas so existenziell Wichtiges wie der eigentliche Daseinsgrund so vernachlässigt werden.

Erstellen Sie eine Wirkungsanalyse. Das Ergebnis ist im einfachsten Fall ein einziger Satz: Unsere Kunden abonnieren unseren Musikdienst, weil sie sich durch Musikgenuss angenehme Emotionen verschaffen wollen. Unsere Kunden kaufen Bohrmaschinen, weil sie Inspiration durch Kunst in Ihrer Wohnung genießen wollen. Unsere Kunden nutzen unseren Designservice für Präsentationen, weil sie durch ihre Auftritte mehr Wirkung und Anerkennung erzielen wollen. Wenn Sie aber Stanzteile oder Chemikalien herstellen, wird die Sache schon deutlich aufwendiger. Auch die Hersteller von Werkzeugmaschinen können erst über mehrere Stufen hinweg erkennen, für welche emotionalen Wirkungen sie bezahlt werden. Der Käufer der Maschine will sorgenfrei bestimmte Teile produzieren und verkaufen können. Der Käufer der Teile will sie sorgenfrei in seine Produkte einbauen, zum Beispiel in Wechselrichter für Solaranlagen. Der Produzent von Solaranlagen will problemfreie Wechselrichter in seine Anlagen einbauen. Der Endkunde der Solaranlage will sich unabhängig fühlen, ein gutes Gefühl durch seinen Beitrag zu nachhaltiger Energie genießen und Freude am Sparen von Stromkosten empfinden. Als Werkzeugmaschinenbauer müssen Sie praktisch für jedes auf Ihren Maschinen produzierte Teil eine separate Wirkungsanalyse erstellen.

Eine häufige Denkfalle ist, absolute und relative Wirkungen zu verwechseln. Die absolute Wirkung eines Autos ist erstens der Transport von A nach B, zweitens die Imagewirkung des Autos, drittens vielleicht noch die Fahrfreude. Nein, die Kunden zahlen nicht primär für Qualität, Design, Service, Preisvorteil oder Freundlichkeit. Diese relativen Wirkungen werden oft als Erstes genannt, wenn wir fragen, wofür die Kunden wirklich bezahlen. Nein, erst wenn die Kunden überhaupt ein Auto kaufen wollen, vergleichen sie mehrere Angebote nach solchen Kriterien. Niemand denkt sich: »Ich gehe mir jetzt mal Design und Service kaufen.« Damit wird auch klar, dass emotionale Wirkungen absolut nicht das Gleiche sind wie Ihre Verkaufsargumente. Auch wieder ein potenziell blinder Fleck, der gefährliche Angriffspunkte für Disruptionen bietet.

Durch Ihre Wirkungsanalyse haben Sie endlich eine klare Antwort auf die Frage, wofür Ihre Kunden eigentlich bezahlen. Dann können Sie den nächsten Schritt machen und herausfinden, welche Disruptionen überhaupt stattfinden könnten.

9.5. Freude an Selbstdisruption

Zu technisch-strategischen Disruptionen können Sie drei grundsätzliche Strategien verfolgen:

1. Ignorierend: Sie konzentrieren sich darauf, Ihre Produkte und Leistungen in höchster Qualität zu liefern, Ihre Prozesse zu optimieren und keine großen Risiken mit grundsätzlichen Innovationen einzugehen.
2. Reaktiv: Sie beobachten systematisch den Wettbewerb, sowohl die heutigen Wettbewerber als auch potenzielle neue Wettbewerber, um frühzeitig zu erkennen, wenn sich etwas Gefährliches abzeichnet, und dann Ihr Geschäftsmodell schnell anzupassen.
3. Proaktiv: Sie behalten die von Ihren Kunden erstrebte emotionale Wirkung immer im Fokus und entwickeln aus eigener Lust und Motivation ständig neue Lösungsmöglichkeiten. Die machbaren davon setzen Sie um.

Ignorierende Strategie

Sie denken vermutlich, dass die erste Strategie keinen Sinn ergibt. Richtig, das tut sie nicht. Es ist erstaunlicherweise aber die Strategie, die sehr viele Unternehmen faktisch praktizieren. Sie würden es nie »ignorierend« nennen und die Strategie auch nicht so formulieren. Aber ihr reales Verhalten entspricht genau dieser hochgefährlichen Strategie. Warum verhält sich ein Unternehmen so? Oftmals ist das Tagesgeschäft schon so herausfordernd und anstrengend, dass man keine Zeit und keine mentale Kraft mehr übrig hat, um sich über noch nicht Geschehenes intensiv Gedanken zu machen. Hinzu kommt, wie ich im ersten Kapitel dargelegt habe, dass wir Homo präsens sind und ohnehin der Gegenwart mehr Aufmerksamkeit widmen als der Zukunft. Auch schlichtes Verdrängen von unangenehmen Gedanken kann die Ursache für das Ignorieren potenzieller Disruptionen sein. Man hat ein gut laufendes Geschäft und will einfach nicht wahrhaben, dass es möglicherweise durch eine neue Lösung oder ein alternatives Geschäftsmodell zerstört werden könnte.

Reaktive Strategie

Die reaktive Strategie ist schon intelligenter. Wenigstens hält man nach den potenziellen Überraschungen Ausschau. Aber es ist eben eine reaktive und defensive Strategie. In der Praxis erfordert diese Strategie immer wieder Zufuhr von Energie. Sie müssen Ihre Mitarbeiter ständig dazu auffordern, in gewisser Weise paranoid zu sein. Aber niemand mag es, sich wie ein Verfolgter und Getriebener zu fühlen. Denn am liebsten wäre es allen, wenn sie nichts erkennen, was wirklich gefährlich werden könnte. Die reaktive Strategie kostet viel Kraft und lässt im Zweifelsfall doch blinde Flecken übrig.

Proaktive Strategie

Nur die dritte Strategie ist wirklich sinnvoll. Erinnern Sie sich? Zukunftsfreude besiegt Zukunftsangst. Ihr Team muss wissen, welche emotionalen Wirkungen die Kunden wirklich kaufen. Das darf nicht irgendwo in einer Präsentation stehen, die schnell wieder vergessen ist. Die emotionalen Wirkungen für Ihre Kunden müssen so viel Raum in Ihren Überlegungen und Diskussion einnehmen wie bisher Ihre Produkte und Leistungen. Dann brauchen Sie Mitarbeiter, die ein starkes Interesse an neuen Technologien und neuen Geschäftsmodellen haben und viel Freude daran, immer wieder Ihre heutigen Produkte und Leistungen infrage zu stellen und sich Alternativen zu überlegen und sie zu testen. Je fokussierter Ihr Unternehmen ist, desto leichter wird dies. Wenn Sie über sehr viele verschiedene Wirkungen nachdenken müssen, werden Sie jeder einzelnen nur einen Bruchteil der Zeit und Aufmerksamkeit widmen können.

Und wo ist jetzt der Knopf, mit dem Sie die proaktive Strategie einschalten können? Den gibt es selbstredend nicht. Weder bei Ihnen noch bei Ihren Wettbewerbern. Es ist eine mittel- bis langfristige Aufgabe, ein Team aufzubauen, das für die proaktive Strategie nicht erst mühsam ausgebildet und trainiert werden muss. Machen Sie es wie Johannes Winklhofer von iwis. Machen Sie das Interesse an neuen Technologien und Geschäftsmodellen zur unbedingten Anforderung bei der Einstellung. Am besten stellen Sie Menschen ein, die schon eine große Freude am Denken von Disruptionen mitbringen. Wenn Sie das schaffen, haben Sie gleichzeitig auch die reaktive Strategie verwirklicht. Und das mühelos.

 Wer Freude an Innovation und Disruption hat, kann gar nicht anders, als den Horizont nach neuen Bedrohungen und vor allem Chancen abzusuchen.

Europa-Park

Mit Michael Mack und Europa-Park, dem größten Freizeitpark Europas, haben wir frühzeitig an potenziellen Disruptionen und neuen strategischen Chancen gearbeitet. »Wir sind einen ganz neuen Weg gegangen und waren beeindruckt von den Ergebnissen und deren Umsetzbarkeit«, resümierte Michael Mack damals. Wenige Jahre später hat Europa-Park geschafft, was sich kaum jemand vorstellen konnte. Mit Coastiality, dem Themenpark in der Tasche, Yullbe und anderen Virtual-Reality-Lösungen werden die Erlebnisse im Park in Rust angereichert, können aber prinzipiell auch außerhalb des Parks überall auf der Welt genutzt werden. Hier entwickelt MackMedia Lizenzmodelle, die die Reichweite des Europa-Parks praktisch grenzenlos machen. Virtual Reality und jetzt konkreter das Metaverse sind die potenziell disruptiven Technologien für Realtwelt-Erlebnisse. Das Virtuelle proaktiv ins Geschäftsmodell einzubauen, erforderte Vorstellungskraft und Mut.

Rügenwalder

Die Rügenwalder Mühle (Carl Müller GmbH und Co. KG) positionierte sich früher in ihrer Werbung mit rauen Männern und echtem Fleisch. Vielleicht erinnern Sie sich noch. Schon im Jahr 2014 erkannte Rügenwalder, dass vegetarische, fleischähnliche Produkte von einer schnell wachsenden Zahl an Kunden wertgeschätzt werden. Und gleichzeitig, dass Fleisch allmählich ein schlechteres Image bekam. Im Jahr 2020 hat das Unternehmen erstmals mehr Umsatz mit vegetarischen und veganen Fleischalternativen als mit klassischen Fleischprodukten gemacht. 2021 betrug Rügenwalders Marktanteil daran in Deutschland über 41 Prozent. Rügenwalder hat sich frühzeitig proaktiv selbst disruptiert und damit eine historisch große Chance genutzt[113].

9.6. Woher kommen Disruptionen?

Was war noch gleich eine Disruption im weiteren Sinne? Ihre Kunden wechseln erst allmählich und dann in hohem Tempo zu einem Anbieter, der ihnen die gleiche emotionale Wirkung bietet, diese aber stärker, einfacher, angenehmer, schneller oder billiger liefert. Und Sie können Ihr Unternehmen nicht schnell genug verändern, weil das neue Angebot des Wettbewerbers auf einem anderen Modell beruht, für das Sie erst Altes abschaffen und ganz Neues aufbauen müssen. Möglicherweise eröffnet der neue Anbieter Ihren Kunden sogar zusätzliche Wirkungen, die Sie mit ihrer bisherigen Ausrichtung noch weniger erzeugen können als das neue Kernangebot. Ein entscheidendes Element in Disruptionen ist, dass die etablierten Anbieter den Disruptor lange Zeit unterschätzen und sogar verächtlich machen – bis es zu spät ist.

Elemente einer disruptiven Lösung

Wie Sie an den oben genannten Fallbeispielen sehen, spielt in den meisten Fällen eine Kombination aus einer neu eingesetzten, aber nicht zwingend vollkommen neuen Technologie und einem innovativen Geschäftsmodell eine Rolle. Deshalb nenne ich es technisch-strategische Disruption. Die Schlüsselfragen lauten für Sie deshalb:

1. Welche Technologien könnten wir nutzen, um die gleiche Wirkung wie wir auf eine andere Weise zu erzielen?
2. Welche Strategien und Methoden könnten wir nutzen, um die gleiche Wirkung wie wir auf eine andere Weise zu erzielen?

Die Wirkung technologisch anders erzeugen

Was bewirkt ein Medikament gegen Malaria? Es gibt prophylaktische Mittel, die die Anopheles-Mücken davon abhalten sollen, Sie zu stechen. Und es gibt therapeutische Mittel, die die Folgen der Infektion lindern sollen. Nehmen wir mal an, man würde nicht Mediziner und Pharmazeuten, sondern Astrophysiker fragen, wie man Malaria bekämpfen könnte. Die Astrophysikerin versteht nichts von Medikamenten, aber sie kennt sich mit Photonik aus. Speziell auch mit Lasern. Sie könnte auf die Idee kommen, dass man die Moskitos mit Lasern abschießen könnte. Man würde erst mit einem nichttödlichen Laser abtasten und sicherstellen, dass es wirklich eine Anopheles-Mücke ist und dass sie weiblich ist. Nur die weiblichen Mücken übertragen die Malaria-Erreger. Ein zweiter, tödlicher Laserstrahl würde den Moskito verbrennen. Auf diese Weise können 50 bis 100 Mücken pro Sekunde aus der Luft entfernt werden[114]. Mit einer Phalanx solcher Laser kann man einen photonischen Zaun um eine Klinik, eine Schule oder ein ganzes Dorf errichten. Verrückt, oder? Tatsächlich stammt die erste Idee für diese Lösung von einem der Architekten der Strategic Defense Initiative der USA (SDI), die bei uns als Star Wars[115] bekannt wurde. Diese Idee erregte 2009 viel Aufsehen und wurde auch in funktionierende Anlagen umgesetzt. Soweit ich weiß, ist diese Lösung aber noch nicht in der Breite umgesetzt.

Dieses bemerkenswerte und nicht ganz ernst gemeinte Beispiel zeigt, wie weit man manchmal denken darf und sogar muss, um auf ganz neue Lösungen zu kommen. In den meisten Fällen liegen die neuen Lösungen aber viel näher.

1. Analysieren Sie frühere und aktuelle Fälle von Disruptionen, ganz gleich in welcher Branche. Dabei können Meister disruptiver Strategien wie Tesla, Alphabet oder Apple eine sehr produktive Quelle sein. Auch wenn ich es schon mehrfach gesagt habe: Verfallen Sie nicht in den Reflex, zu glauben, dass Sie von großen Unternehmen nichts lernen können. Das Gegenteil ist wahr.
2. Wie schon im Kapitel zu den großen Zukunftschancen empfohlen, nutzen Sie Startup-Datenbanken wie Crunchbase, um sich durch reale Unternehmensgründungen und deren Lösungen inspirieren zu lassen.
3. Befragen Sie regelmäßig Fachleute aus anderen Disziplinen dazu, mit welchen Technologien und Methoden sie die von Ihren Kunden erstrebten emotionalen Wirkungen erzeugen würden.
4. Nutzen Sie Technologie-Datenbanken, die es Ihnen mithilfe künstlicher Intelligenz leichter machen, neue Lösungsoptionen zu finden. Wir nutzen unter anderem die Datenbank unseres Partners »Mapegy« aus Berlin[116].

Die Wirkung angenehmer machen

Ein disruptiver Wettbewerber muss nicht unbedingt die Welt neu erfinden. Es kann durchaus schon gefährlich werden, wenn er zwar die prinzipiell gleiche Lösung verwendet, um die emotionale Wirkung zu erzeugen, dabei aber das Erlebnis der Kunden angenehmer macht. Die neu gedachte Bedienung durch Finger auf einem Touchscreen war zu Beginn einer der größten Vorteile des iPhones. Plattformen für Ferienwohnungen gab und gibt es viele. Aber AirBnB hat die Nutzung erheblich vereinfacht und zusätzlich einen gewissen Reiz eingebracht, in einer real bewohnten Wohnung übernachten zu können. Die zuletzt sehr erfolgreiche Messenger-App »Signal« hat den zusätzlichen Nutzen, dass sie im Gegensatz zu WhatsApp nicht einer Datenkrake wie Facebook gehört und auch nicht Verschwörungsideologen anzieht wie »Telegram«.

Was heißt angenehmer? Ihre Kunden haben die folgenden acht Motive, die die Lösung eines disruptiven Konkurrenten besser bedienen könnte als Ihre bisherigen Produkte und Lösungen:

1. Gesundheit: Die neue Uhr kann die Herzfrequenzvariabilität messen, ein wichtiger Gesamtindikator für Gesundheit, wofür bisher stationäre Geräte nötig waren, sodass die Messung entsprechend selten vorgenommen wurde.
2. Sicherheit: Das neue Auto kann die Sicherheitslage am jeweiligen Standort durch Echtzeit-Auswertung mehrerer kombinierter Informationsquellen aus Kameras, Mikrofonen, Nachrichten und Social-Media-Posts angeben.
3. Fortschritt: Die neue Weiterbildungsplattform zeigt ein Dashboard mit Bildungswerten an, die der Lernende mit jedem erfolgreich abgeschlossenen Kurs steigern kann.
4. Anerkennung: Die neue Balkonbrüstung enthält ein Solarmodul, das als solches von außen erkennbar ist und den Eigentümer als umweltorientiert ausweist.
5. Verbindung: Die neue Investmentplattform integriert ein soziales Netzwerk, sodass man sich mit anderen Privatinvestoren austauschen und voneinander lernen kann.
6. Komfort: Der neue Service stellt künstlich intelligent die wöchentliche Einkaufsliste für Lebensmittel zusammen, schlägt sie zur Prüfung vor und liefert die Produkte dann nach Hause.
7. Freude: Die neue Sprachlern-App ist gamifiziert. Man spielt gegen andere Lernende weltweit in mehreren Disziplinen wie in einem Turnier.
8. Gewinn: Der neue Hochdruckreiniger ist in ein intelligentes Nachbarschaftssystem eingebunden, über das man sein Gerät ohne viel Aufwand gegen Geld an Nachbarn vermieten kann.

9.7. Flexibilität ersetzt Voraussicht

Die agile und schnelle Organisation von Tesla habe ich im Rahmen der Eigenschaft »Produktivität« als den möglicherweise wichtigsten Wettbewerbsvorteil des Unternehmens dargestellt. Es ist offensichtlich: Wenn schnelle Veränderung notwendig ist, um auf eine drohende Disruption zu reagieren, ist eine langsame und träge Organisation tödlich. Die Gewohnheiten Ihrer Mitarbeiter, detaillierte und streng durchgesetzte Organisationskonzepte und Prozessbeschreibungen sind so lange gut für eine hohe Produktivität, bis das System schnell geändert werden muss. »Wenn die Änderungsgeschwindigkeit in Ihrem Umfeld höher ist als die Änderungsgeschwindigkeit Ihres Unternehmens, dann ist das Ende nah«, sagte Jack Welch. Banal, aber lebenswichtig:

In dieser Zeit voller Überraschungen wirkt jedes Stück an Flexibilität wie eine Lebensversicherung. Produktivität und Flexibilität stehen traditionell im Widerspruch. Plattformen, Modularität, Datenmodelle und künstliche Intelligenz können diesen Widerspruch zumindest teilweise auflösen.

Trumpf

Der weltweit erfolgreiche Werkzeugmaschinenbauer Trumpf entwickelt sich in Kooperation mit anderen Unternehmen und dem Fraunhofer IPA von einem Maschinenanbieter zu einem Anbieter von »Smart Factory as a Service«, also zu einem Dienstleister. Das macht es Trumpf selbst und seinen Kunden möglich, die Produktion flexibler zu gestalten und nur das zu bezahlen, was wirklich benötigt wird. Die Fabrik als Dienstleistung reduziert die traditionell hohe Kapitalbindung und wandelt das Geschäft zu einem daten-, service- und wertorientierten Geschäft, das von variablen Kosten geprägt ist. Die große disruptive Idee dahinter ist »XaaS«, »Everything as a Service«, alles als Dienstleistung. Unterschiedlichste Systeme werden integriert zu einem Gesamtangebot aus Produktionssystemen, Robotern, Tracking, Steuerung, digitalen Abbildern, Cloud-Services und mehr[117]. Die Kunden zahlen das gesamte System nach Nutzung und sind somit wesentlich flexibler in einer volatilen Welt.

Findustrial

Wer nicht so viel investieren will oder kann wie Trumpf und seine Partner, kann sein Maschinenbau-Unternehmen mithilfe von Plattformdienstleistern wie Findustrial[118] zukunftsfit machen. Sie helfen kleinen Maschinenbauern, »X as a Service«- und »Pay per Use«-Angebote zu finanzieren. Um die Verbindung zum Prinzip der emotionalen Wirkungen herzustellen: Der erste Schritt und die einfachste Form, dieses Prinzip anzuwenden, besteht darin, dass Sie nicht mehr Ihre Produkte und Leistungen berechnen, sondern deren Nutzung. Das wird schon seit Urzeiten gemacht. Aber erst die neueren Möglichkeiten durch weitaus bessere Datenverfügbarkeit, Vernetzung und künstliche Intelligenz machen die Berechnung von Wirkungen zur offensichtlichen großen Chance.

Vention

»IKEA der Automatisierung« könnte man Vention[119] nennen. Vention ist eine Cloud-Plattform zum Entwerfen, Automatisieren, Bestellen und Bereitstellen von automatisiertem Equipment. Sie können sich wie in einer Bibliothek aus modularer Hardware, Designs und Teilen Ihre Produktionsanlage zusammenstellen. Vention nennt das die Zukunft der industriellen Automatisierung. Die Liste der Referenzen ist beeindruckend.

Spanflug

Spanflug ist eine Plattform für den Einkauf von Dreh- und Frästeilen. Wie Uber hat Spanflug keine eigenen Kapazitäten, sondern vermittelt die vorhandenen Kapazitäten der nicht ausgelasteten Zerspanungsbetriebe. Nach Eingabe der Anforderungen in Form von CAD-Daten erhält man binnen weniger Minuten ein verbindliches Angebot. Von Losgröße eins bis zu mehreren Hunderttausend Stück. Lieferzeit: Oft nur wenige Tage. In der Welt der Zerspanung ist dieses Tempo bisher unvorstellbar. Möglich machen es auch hier wieder Algorithmen, die nun auch diesen traditionellen Markt aufmischen, indem sie ihn standardisieren, flexibilisieren und beschleunigen. Das ist sehr gut für die Kunden, weniger gut für die Zerspaner, die damit auch noch den Kontakt zum Kunden verlieren.

Tapio

Die Plattform Tapio ist für Anbieter aus der Holzbranche sowohl eine große Chance wie auch eine Disruption. Tapio ist angetreten, ein offenes Ökosystem der Holzbranche zu sein. Das Unternehmen bietet die technologische Basis für digitale Anwendungen für Schreiner, Möbelhersteller und Plattenverarbeiter. Tapio hat die gesamte Dateninfrastruktur für die Branche aufgebaut und will alle digitalen Werkzeuge aller Anbieter unter einem Zugang zusammenführen. Man ebnet der gesamten Holzbranche den Weg in die digitale Welt.[120] Tapio ist eine Chance, weil sich die Anbieter der Branche flexibler machen und schneller auf Marktveränderungen einstellen können. Disruption ist Tapio, weil man dort ein Feld für Wettbewerbsvorteile, nämlich digitale Fähigkeiten, auf sich vereint, das man damit den Anbietern praktisch wegnimmt.

9.8. Business Wargaming: Lassen Sie sich angreifen

Seit rund zwanzig Jahren führen wir Business Wargames mit unseren Klienten durch. Vom Technologie-Unternehmen Bosch bis zum Lautsprecher-Hersteller d+b Audiotechnik konnten Unternehmen von dieser einzigartigen Simulation denkbarer Wettbewerbsszenarien profitieren. Wir spielen sogar Business Wargames gegen uns selbst, um zu verstehen, wie neue Wettbewerber unser eigenes Geschäft bei der FutureManagementGroup AG angreifen könnten. Im Ergebnis wissen wir besser, welche großen Zukunftschancen wir haben und welche davon wir umsetzen müssen und wollen.

Ein Business Wargame ist eine sehr aufregende und inspirierende Erfahrung. Es ist ein Rollenspiel, aber laden Sie Ihre Kollegen nicht zu einem Rollenspiel ein. Wenn Sie es Wargame nennen, sind diese eher geneigt, mitzumachen. Sie können auch andere gängige Bezeichnungen verwenden, so wie etwa »Be the Enemy« oder »Nightmare Competitor« oder »Disrupt me«.

Mit einem Business Wargame können Sie denkbare, wahrscheinliche und auch überraschende Angriffe von Wettbewerbern gegen Ihr Unternehmen erkennen, simulieren und daraus lernen. Das Ziel ist, blinde Flecken in Ihrer Strategie zu erkennen und festzustellen, welche Bedrohungen es gibt, wo Sie verletzlich sind. Mit einem Business Wargame können Sie sich besser vorstellen, was Wettbewerber tun könnten und wie sie es tun könnten, um Ihnen Ihre Aufträge und Ihre Kunden wegzunehmen – und Ihr Unternehmen in die Bedeutungslosigkeit und in den Konkurs zu treiben. Sie können erkennen, wie bestehende und ganz neue Wettbewerber die neuesten erstaunlichen Technologien nutzen und die intelligentesten Strategien anwenden könnten, um Sie vom Markt verschwinden zu lassen.

Das zweite Ziel ist, dass Sie sich präventiv vor diesen Angriffen schützen, indem Sie sich auf die Angriffe vorbereiten. So machen Sie Ihre Ausrichtung und Ihre Strategie zukunftsrobuster. Das dritte und wichtigste Ziel besteht darin, dass Sie in den potenziellen Angriffen der Wettbewerber Chancen erkennen, indem Sie die wirksamsten Angriffe umkehren. So werden Ihr Unternehmen und Ihr Geschäftsmodell deutlich zukunftssicherer und Sie werden nie mehr Gefahr laufen, wesentliche Bedrohungen und Chancen durch mangelnde Aufmerksamkeit zu verpassen.

> **Durch ein Business Wargame kalibrieren Sie die Aufmerksamkeit Ihres Teams für Signale am Markt. So bekommen Sie eine Art strategisches Zukunftsradar, und das praktisch kostenlos.**

Ihr Business Wargame können Sie ganz pragmatisch in drei Stunden, aber auch sehr professionell in zwei oder drei Tagen mit mehreren Runden durchführen. So gehen Sie grundsätzlich vor:

1. Nutzen Sie von Beginn an Ihre Wirkungsanalyse. Bestimmen Sie, für welche Wirkungen die Kunden Ihr Unternehmen bezahlen. Konzentrieren Sie sich also nicht auf die greifbaren Produkte und Dienstleistungen, sondern auf das, was Ihre Kunden wirklich kaufen.
2. Bestimmen Sie die Wettbewerber. Wählen Sie reale, potenzielle und auch imaginäre Wettbewerber aus. Stellen Sie sicher, dass Sie immer auch einen reichen, intelligenten und aggressiven Chinesen als Wettbewerber nehmen. Und wenn der noch nicht da ist, seien Sie sicher, der kommt. Und nehmen Sie einen vollständig digitalen Albtraum-Wettbewerber hinzu.
3. Versetzen Sie zwei, drei oder mehr Mitarbeiter in die Rolle eines Wettbewerbers. Geben Sie den Teams Denkhilfen, beispielsweise eine Liste innovativer Technologien, die in Ihrer Branche gerade aufkommen. Oder eine Visualisierung der Elemente Ihres Geschäftsmodells.

4. Dann greifen die Wettbewerber-Teams Ihr Geschäftsmodell an. Sie werden sich wundern, was Ihren Mitarbeitern so alles Gemeines einfällt. Sie simulieren die Angriffe, vor denen Sie eigentlich Angst haben. Sie werden diese Zukunftsängste und das Gefühl der Bedrohung aber nur dann los, wenn Sie sich ihnen stellen.

5. Wechseln Sie die Rollen. Ihre Teams werden jetzt wieder Teil Ihres Unternehmens. Jetzt können Sie erkennen, welche Auswirkungen die Angriffe auf die Erfolgsfaktoren Ihres Unternehmens haben.

6. Die Angriffe Ihrer Wettbewerber sind – wenn Sie sie umkehren – genau die Chancen, die Sie für die Zukunft brauchen. So sehen Sie die Zukunft weniger bedrohlich und eher chancenreich.

Am besten legen Sie gleich einen Termin für Ihr Wargame fest.

10. Ihr Unternehmen ist eine Freude für die Anteilseigner

10.1. Das wertvollste Unternehmen der Erde?

Fassen wir zusammen: Tesla will spätestens 2032 jährlich 20 Millionen Fahrzeuge verkaufen. Wenn es Tesla gelingt, einen Robotaxi-Service aufzubauen, könnte ein guter Teil des Verkaufs in von Tesla selbst betriebene Fahrzeuge umgewandelt werden. Die Rendite daraus wird enorm sein. Das Energie-Geschäft mit Fotovoltaik und stationären Akkus wird dann stark im Wachstum begriffen sein. Der Tesla-Bot, der humanoide Roboter, ist dann womöglich noch gar nicht finanziell wirksam. Es ist umsatzmäßig betrachtet möglicherweise Teslas größte Chance. Aber lassen wir »Optimus« hier mal vorsichtshalber außen vor. Auch ohne den humanoiden Roboter sind Teslas Umsatzchancen denkbar groß.

Die heute schon sichtbaren Kostenvorteile, gemessen an einem Vielfachen der Rohertragsquote gegenüber konventionellen Automobilherstellern, werden zusammen mit dem exponentiell steigenden Absatz und Umsatz zu stark steigenden Gewinnen führen. Diese wiederum sind Grundlage für den Wert der Tesla-Aktie. Ich schreibe diese Zeilen im Sommer 2022. Tesla ist das mit Abstand am höchsten bewertete Automobilunternehmen, trotz der heftigen Korrektur der letzten Monate. Selbst Toyota, Volkswagen, General Motors, Ford, Daimler, BMW und Stellantis zusammen sind weit weniger wert als Tesla. Dabei ist Tesla mit weniger als einer Million verkaufter Autos im Jahr 2021 noch einer der kleineren Anbieter. Es verdient aber an EBIT heute schon mehr als Toyota mit rund 10 Millionen verkauften Fahrzeugen. Betrachtet man den Börsenwert pro produziertem Auto, wird Tesla mehr als dreißigfach höher bewertet als Toyota als zweitwertvollstes Unternehmen und mit derzeit dreifacher Zahl an Mitarbeitern. Volkswagen hat gar sechsmal mehr Mitarbeiter als Tesla und ist dabei nur die Hälfte von Toyota und ein Achtel von Tesla wert. Das wäre im Grunde ein Argument für ein gefährlich großes Abwärtspotenzial. Kurzfristig ist es selbstverständlich denkbar, dass sich der Wert von Tesla halbiert. Nach all dem, was wir uns in den sieben ersten Eigenschaften für ein Bright Future Business gemeinsam angesehen haben, kann aber langfristig gesehen nur eine globale Katastrophe Tesla aufhalten.

Selbst institutionelle Investoren wie Morgan Stanley, Goldman Sachs, UBS und Oppenheimer, die naturgemäß sehr konservativ agieren, setzen vielversprechende Kursziele für Tesla[121]. Meine persönliche Zukunftsannahme: Tesla wird noch vor dem Ende dieses Jahrzehnts das Unternehmen mit dem absolut höchsten Gewinn von allen Unternehmen auf der Erde sein. Wenn Sie dieses Buch im Jahr 2025 lesen und die Welt nicht zusammengebrochen ist, kann es sein, dass Tesla einen Marktwert von drei oder gar fünf Billionen US-Dollar hat. Dann wäre Tesla vermutlich das weltweit wertvollste Unternehmen. Wenn es für Sie jetzt 2030 ist, könnten die Annahmen ernst zu nehmender Analysten und Investoren durchaus zutreffen, die für Tesla von einem Unternehmenswert über zehn Billionen US-Dollar ausgehen. Meine Zukunftsannahme ist vorsichtiger. Ich gehe davon aus, dass Tesla im Jahr 2030 mindestens sechsmal so viel wert sein wird wie heute, also etwa fünf Billionen US-Dollar. Von heute aus gesehen würde ein Investment dann um den Faktor 6,7 gewachsen sein.

Verschuldung ist ein zentrales Messkriterium für die Stabilität eines Unternehmens. Tesla ist, wie erwähnt, praktisch schuldenfrei. Ganz im Gegensatz zu den meisten Konkurrenten. Gibt man einige Zahlen aus der Bilanz und Erfolgsrechnung und die Marktkapitalisierung von Tesla in die »Altman Z«-Formel[122] ein, zeigt sich, wie zukunftssicher Tesla gegenüber den Konkurrenten ist. Dieser Indikator wurde in den 1960er-Jahren zur Konkursprognose entwickelt. Wer liegt dort in der roten Zone, die für »Distress« steht? Beispielsweise BMW, Ford, Stellantis, VW, GM, Daimler und Toyota. Was kaum jemandem bewusst ist: Tesla ist finanziell mit riesigem Abstand zukunftssicherer als die bekannten Automobilhersteller.

Wenn wir nun alle sieben vorherigen Eigenschaften eines zukunftssicheren Bright Future Business berücksichtigen und wenn wir uns zusätzlich die finanzielle Situation und die realistischen Aussichten ansehen, können wir eine letzte, achte Eigenschaft identifizieren: Ihr Unternehmen ist eine Freude für die Anteilseigner.

Wie machen Sie Ihr eigenes Unternehmen zu einer Freude für seine Anteilseigner?

10.2. Ihr zukunftssicheres Bright Future Business

Wie eingangs gesagt, wollen Eigentümer eines Unternehmens drei Dinge: 1. Erfolg, 2. Sicherheit, 3. Freude. Im ersten Kapitel habe ich gefordert, dass wir alles dafür tun müssen, dass möglichst viele Menschen Anteile an Unternehmen halten. Wenn ich also über Freude für Anteilseigner spreche, meine ich nicht nur die viel zu wenigen Unternehmer.

Resümieren wir mal, was den Anteilseignern Freude bringt.

Wirtschaftlicher Erfolg

Wenn Ihr Unternehmen die sieben vorangehenden Eigenschaften erfüllt, ist es kaum vorstellbar, dass es nicht wirtschaftlich erfolgreich ist. Sie sind Ihren Kunden und der Gesellschaft nützlich, weil Sie wesentliche Probleme lösen und sehnlichste Wünsche erfüllen. Sie arbeiten an großen Zukunftschancen und ziehen viele Kunden an, die Ihnen rentable Preise für Ihre Produkte und Leistungen bezahlen. Exzellente Mitarbeiter kommen gerne zu Ihnen und engagieren sich gerne für Ihre gemeinsame Mission. Ihre hohe Produktivität stellt sicher, dass Ihre Kosten niedrig bleiben. Sie haben dann alle Voraussetzungen für hohe Einnahmen und niedrige Kosten und somit für hohe Erträge geschaffen.

Zukunftssicherheit

Mit den eben genannten Eigenschaften ist nicht nur wirtschaftlicher Erfolg fast sicher, sondern Sie haben Ihr Unternehmen auch aktiv zukunftssicherer gemacht. Zudem haben Sie dafür gesorgt, dass Ihre Wettbewerber es schwer haben, Ihr heutiges Geschäft zu kopieren. Und selbst gegen Disruptionen haben Sie sich weitestmöglich abgesichert. Mehr Zukunftssicherheit kann ich mir als lebenslanger Unternehmer kaum vorstellen.

Finanzielle Solidität

Können Sie trotz allem scheitern? Ja. Der eine Faktor, an dem Sie jetzt noch scheitern können, sind allzu abenteuerliche Entscheidungen in Investition und Finanzierung. Sie können inhaltlich alles richtig machen, dabei aber maßlos aggressiv investieren, weil Sie Ihre großen Zukunftschancen schneller verwirklichen wollen, als es vernünftige Überlegungen zulassen. Sie können sich und Ihr Unternehmen so stark verschulden, dass schon eine erwartbare Verzögerung beim Erreichen Ihrer allzu ambitionierten Umsatzziele Ihnen wirtschaftlich den Hals brechen kann. Finanzielle Solidität hätte ich auch zur neunten Eigenschaft erheben können. Ich habe mich jedoch entschieden, es der Freude am Unternehmen zuzurechnen.

Viele Mittelständler sind gut durch die Krisen seit der Jahrtausendwende gekommen, weil sie gerade das nicht gemacht haben, was die betriebswirtschaftliche Theorie nahelegt: mehr Fremdkapital aufnehmen, um über den Renditehebel die Eigenkapitalrendite zu maximieren. Gerade in Zeiten niedriger Zinsen war das verführerisch. In Prozent rechnet sich das so schön. Aber es bringt in absoluten Zahlen nicht unbedingt mehr Ertrag, vor allem aber setzt es ein Unternehmen einem unnötigen und großen Risiko aus. Ich habe es seit Gründung der FutureManagementGroup AG auch so gehandhabt. Wir lagen mit der Eigenkapitalquote immer bei um die 90 Prozent. Wir haben auch heute noch keinen einzigen Euro langfristiges Fremdkapital im Unternehmen.

10.3. Freude am Unternehmen

Was macht den Anteilseignern eines Unternehmens wirklich Freude? Machen wir es noch etwas konkreter und betrachten es aus der Warte eines Unternehmers, der sein Unternehmen selbst im Tagesgeschäft führt. Die Antwort ist vermutlich für jeden einzelnen Menschen ein ganz individueller Mix. Was kann an einem Unternehmen grundsätzlich Freude machen?

Etwas Gutes erschaffen

Es fühlt sich gut an, eine für Kunden nützliche Wirkung zu erzeugen und einen gesellschaftlichen Beitrag zur Steigerung der Lebensqualität zu leisten. Hinzu kommt die Freude daran, eine gelingende Organisation geschaffen oder über längere Zeit erhalten und ausgebaut zu haben.

Anerkennung durch Kunden

Wer seine Arbeit wirklich liebt, empfindet Lob und positives Feedback von Kunden als wahre Freude. Der leidet aber auch intensiv, wenn es Kritik hagelt. Ein Bright Future Business sollte den Kunden weit überwiegend Freude bereiten und damit auch den Beschäftigten und Anteilseignern.

Beruflicher Freundeskreis

Ich habe mein Team immer als einen beruflichen Freundeskreis gesehen, an dem ich mich täglich erfreuen möchte. Es ist natürlich nicht immer und in jedem Fall gelungen. Aber weit überwiegend. Eine positive Gemeinschaft macht Freude. Eine angenehme Kultur gibt täglich die Energie, mit der man Höchstleistungen erzielen und auch herausfordernde Situationen meistern kann.

Wirtschaftlicher Erfolg

Geld ist nicht alles, aber es beruhigt die Nerven und es macht Freude. Ab einem bestimmten Ertrag ist das Geld nicht als solches wichtig, sondern nur noch ein leicht zählbares Maß für Erfolg. Genau genommen ist der Ertrag ja die Belohnung für den Wert, den man für Kunden und die Gesellschaft geschaffen hat.

Überschaubare Risiken

Wer als Unternehmer ständig Angst hat, dass etwas existenziell Bedrohliches passieren könnte, hat nicht wirklich Freude an seinem Unternehmen. Ohne Risiken und Bedrohungen geht es nicht. Sie bieten gewissermaßen die Würze im Unternehmerdasein. Aber sie müssen überschaubar sein und Sie müssen das Gefühl von Selbstwirksamkeit haben, dass Sie es schon irgendwie bewältigen können, ganz gleich, was passiert.

Angemessener Einsatz von Zeit und Gesundheit

Irgendwann wird sich auch für Sie die Frage stellen, wer Ihr Unternehmen übernehmen soll. Selbst wenn Ihr Unternehmen ein Weltstar ist: Es wird Ihrer Nachfolgerin oder Ihrem Nachfolger nur dann wirklich Freude bereiten, wenn es sie oder ihn nicht versklavt. Wenn ein Käufer sich hauptsächlich Arbeit kauft oder ein Erbe hauptsächlich Arbeit erbt, hat Ihr Unternehmen nur einen eingeschränkten Wert. Wenn Ihr Unternehmen zum guten Teil nur deshalb funktioniert, weil Sie praktisch durchgehend arbeiten, haben Sie noch eine große Aufgabe vor sich. Ich kann mich übrigens bei diesem Thema nicht ausnehmen. Allerdings beschäftige ich mich zu einem sehr großen Teil mit der Zukunft meines Unternehmens. Es geht nicht darum, es bequem zu haben und viel Freizeit zu genießen, während Ihr Team arbeitet. Es geht darum, dass Sie Freiraum behalten. Einerseits für die anderen angenehmen Dinge des Lebens und für die Bedürfnisse Ihrer Mitmenschen, andererseits auch für Inspiration zur Weiterentwicklung Ihres Bright Future Business zum Wohle Ihrer Kunden, Mitarbeiter und der Gesellschaft.

11. Und jetzt?

Sie haben nun einige Stunden mit mir und meinen Gedanken verbracht. Ich danke Ihnen für unsere gemeinsame Erkenntnisreise. Und jetzt? Welchen konkreten Nutzen können und sollten Sie nun aus diesem Buch ziehen?

11.1. So nutzen Sie das Modell »Bright Future Business«

Sie kennen jetzt die acht Eigenschaften eines zukunftssicheren Bright Future Business. Wie können Sie dieses Modell praktisch nutzen?

Rentabelste Investition Ihrer Zeit

Im ersten Kapitel habe ich beklagt, dass die Zukunft dem menschlichen Gehirn viel zu gleichgültig ist. Ich habe dazu aufgefordert, die Zukunft wichtiger zu machen, indem man sein Zukunfts-Ich und Zukunfts-Wir vor Augen hat und sich von ihm beraten lässt. Dann werde man zukunftsintelligenter handeln. Wo ordnen Sie nun Ihr »Bright Future Business« ein? Es ist ein einfacher Satz, aber er ist zentral:

Ihr zukunftssicheres Bright Future Business soll nicht irgendwann in ferner Zukunft Realität werden, sondern möglichst schnell!

Am Bright Future Business gibt es nichts zu verschieben oder zu vertagen. Die richtige Zeit zu handeln ist jetzt!

Wie groß ist der Anteil Ihres Erfolges oder Misserfolges, der von Ihrem äußeren und inneren Zukunftsbild abhängt? Wenn ich in diesem Buch einigermaßen richtige Gedanken und Zusammenhänge beschrieben habe, dann hängt praktisch alles davon ab. Wie aufwendig ist es, das Zukunftsbild für Ihr Unternehmen zu entwickeln? Wie viel Zeit brauchen Sie dafür? Einen halben Tag pro Woche? Einen Tag pro Monat? Ein paar Tage pro Jahr? Jedenfalls: kleine Investition, enorme Wirkung. Deshalb ist es die rentabelste und profitabelste Investition Ihrer Lebens- und Arbeitszeit, Ihr Zukunftsbild für Ihr Bright Future Business zu entwickeln und zu aktualisieren.

Deshalb: Befreien Sie sich! Nehmen Sie sich die nötige Zeit. Niemand kann Sie daran hindern. Sie haben es in der Hand. Gönnen Sie sich mindestens 20 Prozent Ihrer Zeit für die schönste und wichtigste unternehmerische Aufgabe: Ihr Bright Future Business zu denken und zu schaffen. Sie werden es in der Zukunft bereuen und bedauern, wenn Sie sich heute nicht die Zeit nehmen und nicht die Saat für Ihr Bright Future Business legen.

Vorlage für Ihr inneres Zukunftsbild

Im ersten Teil haben wir gesehen, welche enorme positive Wirkung ein erstrebenswertes Zukunftsbild Ihres Unternehmens haben kann. Ich habe es Ihr inneres Zukunftsbild genannt. Die acht Eigenschaften eines Bright Future Business haben wir gezielt identifiziert, damit es Ihnen leichter fällt, Ihr umfassendes inneres Zukunftsbild zu entwickeln. Diese Eigenschaften dienen Ihnen nun als eine Art Vorlage. Bauen Sie darauf auf und entwickeln Sie Ihr eigenes Zukunftsbild von Ihrem Unternehmen als Bright Future Business.

Innere Gewissheit für Ihre Entscheidungen

Ich bin manchen Führungskräften begegnet, die mit einer beeindruckenden inneren Gewissheit beurteilen, entscheiden und handeln. Irgendwann habe ich verstanden, was ihnen ihre innere Gewissheit gab: Sie hatten ein klares Zukunftsbild davon, wie der Markt der Zukunft sich verändern wird und wie daraus abgeleitet ihr Unternehmen gestaltet sein soll. Mit anderen Worten: Sie hatten ein klares Bild davon, wie ihr zukunftssicheres Bright Future Business aussehen soll. Dieses Bild war ihr Maßstab für das, was falsch und was richtig ist. Was sie ihrem Zukunftsbild näher brachte, war richtig. Was nicht, war falsch.

Diese innere Gewissheit können Sie genießen, wenn Sie selbst Ihr Unternehmen als zukunftssicheres Bright Future Business vor Augen haben.

Referenzrahmen für Ihr äußeres Zukunftsbild

Die acht Eigenschaften dienen Ihnen auch als Referenzrahmen für Ihr äußeres Zukunftsbild. Sie wissen damit genauer, wo Sie hinschauen müssen, um in Ihrem Umfeld Bedrohungen und Chancen frühzeitig zu erkennen.

Klare wirkungsvolle Führung

Ihr Zukunftsbild Ihres Bright Future Business mit seiner Mission, Position, Vision und Kultur ist die perfekte Antwort auf die Frage: »Wohin führen Sie Ihr Team und Ihr Unternehmen?« Sie wissen ja: Ich halte es für Ihre wichtigste und einzige nicht delegierbare Aufgabe, dass Sie mit Ihrem Team ein Zukunftsbild entwickeln und es in der Realität wirksam machen. Mit jeder der acht Eigenschaften können Sie das Soll beschreiben, es mit dem Ist vergleichen und den wichtigsten Handlungsbedarf bestimmen.

Wertsteigerung Ihres Unternehmens

Die acht Eigenschaften sind die perfekte Anleitung, wenn Sie den Wert Ihres Unternehmens steigern wollen. Dabei ist es gleichgültig, ob Sie das Unternehmen zu einem hohen Wert verkaufen oder ob Sie es an Ihre Erben übergeben wollen. Das Unternehmen wertvoller zu machen, ist immer ein gutes Ziel. Aber nicht mit missverstandenem Shareholder-Value, sondern mit nachhaltig geschaffenem Nutzen für Kunden, Mitarbeiter und die Gesellschaft. Und wenn Sie noch zu jung sind für eine Nachfolge, so werden Sie in jedem kommenden Jahr Ihr eigener Nachfolger sein, der sich über Ihre heutigen Entscheidungen möglichst freuen sollte.

Prüf-Checkliste für Investitionen

Die acht Eigenschaften gelten natürlich nicht nur für Ihr eigenes Unternehmen. Ziehen Sie das Modell des zukunftssicheren Bright Future

Business auch heran, wenn Sie ein Unternehmen kaufen oder sich an einem Unternehmen beteiligen wollen. Das gilt selbstverständlich auch, wenn Sie Aktien von Unternehmen kaufen. Die Analysten institutioneller Investoren haben üblicherweise einen viel zu kurzen Zeithorizont von kaum mehr als einem Jahr. Es gibt Ausnahmen, aber wirklich langfristig denken nur wenige. Mit dem Modell des Bright Future Business haben Sie für Ihre Investitionen ein mächtiges Werkzeug.

11.2. Website zu diesem Buch

Auf der Website zu diesem Buch finden Sie Wissen, Werkzeuge und Beispiele zu »Bright Future Business«. Ich führe Interviews mit Unternehmern, die auf dem Weg sind oder es schon geschafft haben. Sie können sie als Video oder Podcast nutzen. Wir entwickeln das Modell »Bright Future Business« permanent weiter. So haben Sie nicht nur ein Buch gelesen, sondern haben zusätzlich einen regelmäßigen kostenfreien Update-Service. Sie finden die Website unter www.micic.com/BFB.

11.3. Einladung zur Gemeinschaft der »Bright Future Leaders«

Beim Schreiben dieses Buches wurde mir immer stärker bewusst, wie bedeutend der Gedanke »Bright Future Business« für Unternehmer und damit für die Gesellschaft ist. Ich bin zutiefst überzeugt davon, dass Unternehmern die Aufgabe zukommt, die großen Probleme der Menschen zu lösen, ihre Wünsche zu erfüllen und die Lebensqualität der Menschheit weiter zu steigern. Wem sonst? Zukunftsweisende und zukunftsintelligente Unternehmer sind die Generatoren des Wohlstands und der Lebensqualität für alle. Eine Vision nach der Art von »Bright Future Business« ist dabei enorm nützlich.

Wäre es nicht fantastisch, wenn sich Unternehmer, die ihr »Bright Future Business« bauen wollen, miteinander vernetzen und voneinander lernen könnten? Deshalb lade ich Sie ein, Mitglied von »Bright Future Leaders« zu werden. Ich werde in dieser Gruppe sehr präsent sein, zusätzliche Inspirationen und Anleitungen geben, Kontakte vermitteln und Fragen beantworten. Der erste einfache Schritt ist eine exklusive Gruppe, zu der ich Sie hiermit einlade. Besuchen Sie die Website zum Buch unter www.micic.com/BFB und folgen Sie dem Link zur Gruppe. Vielleicht wird aus »Bright Future Leaders« eine Bewegung zukunftsintelligenter Unternehmer und Führungskräfte. Die Welt braucht Sie!

Mögen Sie eine glänzende Zukunft haben: Have a Bright Future!

Pero Mićić
Juli 2022

BFB@Micic.com

Anmerkungen

1 Mein vollständiges Video-Interview mit unserem Klienten Johannes Winklhofer finden Sie auf der Website zu diesem Buch.

2 Ich verstehe das generische Maskulinum als geschlechtsneutral, benutze bisweilen aber auch die weibliche Form.

3 https://intelligence.house.gov/social-media-content/

4 https://www.imf.org/en/Publications/WP/Issues/2021/09/23/Still-Not-Getting-Energy-Prices-Right-A-Global-and-Country-Update-of-Fossil-Fuel-Subsidies-466004

5 Yuval Harari, 2016: Homo Deus – Eine Geschichte von morgen. C.H. Beck, 2020

6 Tony Seba, James Arbib: Rethinking Humanity: Five Foundational Sector Disruptions, the Lifecycle of Civilizations, and the Coming Age of Freedom, 2020

7 Daniel Read, George Loewenstein, Kalyanaraman Shobana, 1999: Mixing Virtue and Vice: Combining the Immediacy Effect and the Diversification Heuristic, Journal of Behavioral Decision Making, 12

8 Econ, München 2014

9 Yuval Noah Harari: 21 Lektionen für das 21. Jahrhundert, C.H. Beck, 2018

10 Er nennt das Liberalismus, versteht diesen Begriff aber anders als die meisten Deutschsprachigen. Er versteht Liberalismus als Gegensatz zum Sozialismus.

11 https://www.reuters.com/business/autos-transportation/toyota-heads-into-agm-under-pressure-pension-funds-over-climate-2022-06-14/

12 https://www.transportenvironment.org/wp-content/uploads/2021/07/2021_02_Battery_raw_materials_report_final.pdf

13 https://www.sueddeutsche.de/auto/e-autos-batterieproduktion-studie-1.4709878

14 https://www.mittelstandswiki.de/wissen/Unternehmen_nach_Zahlen

15 Salim Ismail, Michael S. Malone: Exponentielle Organisationen: Das Konstruktionsprinzip für die Transformation von Unternehmen im Informationszeitalter, 2017

16 https://singularityhub.com/2015/10/05/how-to-find-something-you-would-die-for-and-live-for-it/

17 Simon Sinek: Frag immer erst warum: Wie Top-Firmen und Führungskräfte zum Erfolg inspirieren, 2014

18 https://www.socialprogress.org/index/global/methodology

19 https://www.socialprogress.org/?tab=2&code=DEU

20 https://www.stockholmresilience.org/research/research-news/2017-02-28-contributions-to-agenda-2030.html

21 https://sdg-tracker.org/

22 https://www.globaleslernen.de/sites/default/files/files/pages/broschuere_sdg_unterziele_2019_web.pdf

23 www.xprize.org

24 www.herox.com

25 https://www.reptrak.com/rankings/company/lego/

26 https://www.tesla.com/de_DE/blog/secret-tesla-motors-master-plan-just-between-you-and-me

27 https://www.tesla.com/de_DE/blog/master-plan-part-deux

28 https://electrek.co/2022/06/09/elon-musk-reveals-tesla-master-plan-part-3/

29 Dave Lee auf Twitter am 12.02.2022: https://twitter.com/heydave7/status/1492615343159881731/photo/1

30 https://hornsdalepowerreserve.com.au/ und https://en.wikipedia.org/wiki/Hornsdale_Power_Reserve

31 https://www.datagroup.de

32 https://finanzfunk.net/datagroup-aktie-analyse-kursziel-prognose/

33 https://www.palfinger.ag/de/unternehmen/palfinger-21st

34 https://ark-invest.com

35 https://www.3dnatives.com/en/dam-project-wolds-largest-robotic-3d-print-100520224/

36 https://irena.org/publications/2021/Jun/Renewable-Power-Costs-in-2020

37 https://web.stanford.edu/group/efmh/jacobson/Articles/I/145Country/22-145Countries.pdf

38 https://www.imf.org/en/Publications/WP/Issues/2021/09/23/Still-Not-Getting-Energy-Prices-Right-A-Global-and-Country-Update-of-Fossil-Fuel-Subsidies-466004

39 https://www.seattletimes.com/business/teslas-true-believer-owners-volunteer-to-help-musk-make-delivery-deadline/

40 https://wccftech.com/elon-musk-teases-nhtsa-attacks-tesla-safety-critics-in-fresh-statements/

41 https://www.tesmanian.com/de/blogs/tesmanian-blog/tesla-topped-1st-place-in-consumer-reports-owner-satisfaction-survey

42 https://uk.motor1.com/news/592867/tesla-owner-satisfaction-tops-rivals/

43 https://cleantechnica.com/2022/02/14/tesla-benefits-from-polestar-ad/

44 https://tesla-cdn.thron.com/static/IOSHZZ_TSLA_Q1_2022_Update_G9MOZE.pdf

45 https://www.coloplast.de/ueber_uns/unternehmen/coloplast-geschichte/

46 https://www.linkedin.com/company/vanguard/

47 https://www.koenigsegg.com/history

48 https://www.walterknoll.de

49 https://www.cas-mittelstand.de/ueber-uns/auszeichnungen.html

50 Thomas Rupp: Der Weg des Strategen Jürgen Dawo, Verlag strategie.tools, 2022

51 https://joinlivingroom.com/podcast/ich-moechte-eine-gute-chefin-sein-mit-antje-von-dewitz-von-vaude-best-of-seven

52 https://universumglobal.com/rankings/united-states-of-america/2021/

53 Trendence Institut GmbH, Berlin, 2022

54 https://cleantechnica.com/2022/06/03/tesla-scored-100-100-for-7th-consecutive-year-on-lgbtq-equality/

55 https://www.marktundmittelstand.de/zukunftsmaerkte/was-tesla-in-der-geplanten-deutschen-autofabrik-zahlt-1297601/

56 https://www.tesla.com/ns_videos/2021-tesla-impact-report.pdf

57 https://www.youtube.com/user/farzyness

58 https://www.youtube.com/c/JoeJustice0

59 https://www.business-wissen.de/artikel/generation-z-junge-menschen-fuer-den-oeffentlichen-dienst-begeistern/

60 https://www.handelsblatt.com/karriere/traumjob-beamter-amt-statt-autoindustrie-warum-die-meisten-nachwuchstalente-fuer-den-staat-arbeiten-wollen-/26683194.html

61 https://www.capital.de/karriere/oeffentlicher-dienst-wird-als-arbeitgeber-immer-beliebter

62 https://www.pwc.com/workforcehopesandfears

63 https://de.wikipedia.org/wiki/OpenAI

64 https://www.spacex.com/mission/

65 https://rework.withgoogle.com/print/guides/5721312655835136/

66 https://www.handelsblatt.com/unternehmen/industrie/streit-bei-volkswagen-vw-chef-verteidigt-tesla-vergleiche-die-schaffen-ein-auto-in-zehn-stunden-wir-liegen-bei-ueber-30-stunden/27769068.html

67 https://www.wolfsburger-nachrichten.de/wolfsburg/vw-das-werk/article235438827/VW-Trinity-und-Tesla-Das-Maerchen-von-den-10-Stunden.html

68 https://hbr.org/2018/05/agile-at-scale

69 https://www.elektroauto-news.net/2021/tesla-prinzip-agilitaet-geschwindigkeit-automobilindustrie

70 Joe Justice; https://flyntrok.com/2020/09/15/change-that-sticks-3m-and-agile/

71 https://t3n.de/news/tesla-mitarbeiter-handbuch-leak-1254511/

72 https://www.focus.de/finanzen/boerse/aktien/elon-musk-hat-vorgesorgt-chipkrise-tesla-laesst-deutsche-hersteller-ganz-schoen-alt-aussehen_id_24335523.html

73 https://hbr.org/2017/03/great-companies-obsess-over-productivity-not-efficiency

74 https://www.pwc.com/us/en/library/pulse-survey/executive-views-2022.html

75 https://www.bertelsmann-stiftung.de/fileadmin/files/BSt/Publikationen/GrauePublikationen/NW_Produktivitaet_von_KMU.pdf

76 https://hbr.org/2017/07/a-study-of-16-countries-shows-that-the-most-productive-firms-and-their-employees-are-pulling-away-from-everyone-else

77 https://www.aldi-nord.de/content/dam/aldi/germany/corporate/presse/
unternehmensdatenundberichte/ALDI_Nord_Unternehmensleitbild_DE.pdf.
res/1516897379719/ALDI_Nord_Unternehmensleitbild_DE.pdf

78 https://hbr.org/2017/03/great-companies-obsess-over-productivity-not-
efficiency

79 https://www.mckinsey.com/business-functions/people-and-organizational-
performance/our-insights/increasing-the-meaning-quotient-of-work

80 Gunter Dueck: Schwarmdumm: So blöd sind wir nur gemeinsam, Campus,
2015

81 https://rework.withgoogle.com/print/guides/5721312655835136/

82 Salim Ismail , Michael S. Malone: Exponentielle Organisationen: Das Konstruktionsprinzip für die Transformation von Unternehmen im Informationszeitalter, 2017

83 https://research.ark-invest.com/thank-you-big-ideas-2022

84 https://hbr.org/2017/03/great-companies-obsess-over-productivity-not-
efficiency

85 https://cleantechnica.com/2020/09/29/tesla-as-17-different-companies/

86 https://www.tesmanian.com/blogs/tesmanian-blog/tesla-is-a-many-
technology-startups

87 https://nickelinstitute.org/en/blog/2022/march/four-million-mile-battery-is-
now-a-reality/

88 https://ourworldindata.org/battery-price-decline

89 https://insideevs.com/news/534083/most-efficient-bev-us-20210918/

90 https://cleantechnica.com/2021/07/23/teslas-competitive-advantages-
batteries/

91 https://insideevs.com/news/533576/major-players-electric-car-batteries/

92 https://teslamag.de/news/wer-mit-wem-wie-viel-bank-batterie-plaene-
elektroauto-hersteller-ueberblick-43458

93 https://www.auto-motor-und-sport.de/verkehr/vw-trinity-volkswagen-baut-
neues-werk-in-wolfsburg-1/

94 https://www.elektroauto-news.net/2021/vw-power-day-und-warum-man-
ewig-hinter-tesla-zurueckbleibt

95 https://electrek.co/2021/10/13/tesla-co-founderjb-straubel-sends-warning-to-
automakers-going-all-electric-do-supply-chain-math/

96 https://www.here.com

97 https://www.fpz.de/gesunde-lebensjahre/So-messen-wir

98 https://www.resociety.net

99 https://www.springerprofessional.de/rohstoffe/werkstofftechnik/was-chinas-
rohstoffpolitik-fuer-die-deutsche-industrie-bedeutet/17841436

100 Joseph Bower & Clayton Christensen: »Disruptive Technologies: Catching the
Wave«, Harvard Business Review, 1995

101 Karl Marx: Das Kapital. Kritik der politischen Ökonomie, 1867f

102 Joseph A. Schumpeter: Theorie der wirtschaftlichen Entwicklung, 1911

103 https://www.lucidmotors.com/de-de/air

104 https://www.mercedes-benz.de/passengercars/mercedes-benz-cars/models/eqs/saloon-v297/explore.html

105 https://www.newscientist.com/question/lithium-battery-alternatives/

106 https://www.springerprofessional.de/battery/electric-vehicles/catl-introduces-first-generation-sodium-ion-battery/19604728

107 https://natron.energy/product/

108 https://www.quantumscape.com/resources/blog/white-paper-a-deep-dive-into-quantumscapes-fast-charging-performance/

109 https://solidpowerbattery.com/solid-power-meets-all-2021-milestones/

110 https://investors.ses.ai/news/news-details/2022/Letter-to-Our-March-2022-Shareholders/default.aspx

111 https://www.statista.com/chart/27080/ad-and-r-d-spend-per-car-sales-tesla/ und https://www.visualcapitalist.com/comparing-teslas-spending-on-rd-and-marketing-per-car-to-other-automakers/

112 https://www.handelsblatt.com/technik/forschung-innovation/raumfahrt-code-name-themis-ariane-arbeitet-an-wiederverwendbaren-raketen/24416746.html

113 https://www.wiwo.de/unternehmen/industrie/mehr-veggie-als-fleisch-ruegenwalder-muehle-mit-dem-erfolg-kommen-die-probleme/28311624.html

114 https://www.spiegel.de/wissenschaft/natur/malaria-bekaempfung-forscher-grillen-moskitos-mit-laserwaffe-a-613770.html

115 https://www.britannica.com/topic/Strategic-Defense-Initiative

116 https://www.mapegy.com

117 https://www.ipa.fraunhofer.de/de/referenzprojekte/X-Forge_FABaaS.html

118 https://findustrial.io/de

119 https://vention.io/de

120 https://www.tapio.one/

121 https://teslapricetargets.com/

122 https://www.gurufocus.com/term/zscore/NAS:TSLA/Altman-Z-Score/Tesla

Über den Autor

Prof. Dr. Pero Mićić gründete 1991 das erste Unternehmen für Zukunftsmanagement in Europa, die FutureManagementGroup AG, deren Vorstandsvorsitzender er ist. Er spricht täglich mit den Spitzen der Wirtschaft. Als Investor, unter anderem im Feld der Künstlichen Intelligenz, ist Pero Mićić hautnah am Puls der Trends, Zukunftstechnologien und Geschäftsmodelle. Mit mehreren Tausend Unternehmen hat er Zukunftsmärkte analysiert, Zukunftsstrategien entwickelt und die Umsetzung begleitet.

Dr. Mićić ist Autor preisgekrönter Bücher und Professor für Foresight und Strategie. Das Leader's Foresight Institute in Luzern führt er als Präsident. Er ist Gründungsmitglied des Berufsverbandes »Association of Professional Futurists« in den USA und war Vorsitzender des Beirats der European Futurists Conference.

Dr. Mićić begeistert in seinen Vorträgen und in den Medien mit faszinierenden Szenarien und konkreten Strategien und Methoden und macht sie dabei leicht verständlich und nützlich.

www.FutureManagementGroup.com